FANTAISIES
SCIENTIFIQUES
DE SAM

—

TROISIÈME SÉRIE

FANTAISIES
SCIENTIFIQUES
DE SAM

PAR

S. HENRY BERTHOUD

DEUXIÈME ÉDITION

REVUE PAR L'AUTEUR

TROISIÈME SÉRIE

NÉGOCE ET MÉTIERS

MÉDECINE

MINÉRALOGIE — ETHNOLOGIE

PARIS

GARNIER FRÈRES, LIBRAIRES-ÉDITEURS

6, RUE DES SAINTS-PÈRES, ET PALAIS-ROYAL, 215

1867

NÉGOCE ET MÉTIERS

PERLE-D'OR

I

UNE FEMME A L'EAU

Le 3 septembre 1792, Augustine Boniment, marchande de friture, se tenait sous son auvent, au coin du pont Neuf. Augustine était une petite bossue à peine haute de quatre pieds et dont l'apparence chétive et les traits déformés par la gibbosité faisaient une des plus laides créatures que jamais eût flétries la misère. On la nommait généralement *Perle-d'Or*, à cause d'une grosse boule de cuivre qui surmontait son échoppe en guise de girouette, et sous laquelle étaient écrits ces mots : A LA PAIRLE D'OR. Pourquoi et comment Augustine avait-elle adopté ce symbole ? La chose reste un mystère que personne n'a jamais éclairci. L'opinion la plus commune et la plus vraisemblable prétend néanmoins que, de temps immémorial, une baraque ayant pour enseigne la *Perle-d'Or* s'élevait à cet endroit du pont Neuf, et qu'Augustine n'avait fait qu'adopter et conserver l'emblème parlant de ses prédécesseurs.

Depuis quarante ans, Augustine passait sa vie assise à la même place près d'un grand réchaud, et les yeux attachés sur la poêle où frissonnaient les légumes et le lard qu'elle jetait dans la friture bouillante. Dès cinq heures du matin, elle quittait le grenier qu'elle occupait en face du pont Saint-Michel et venait s'installer à sa place ordinaire, sans autre abri contre le froid, le vent et la pluie qu'un toit frêle, large de quatre pieds, formé de trois perches mal emmanchées ensemble, et que recouvrait un mauvais morceau de toile.

Augustine, en échange de tant de peine, ne gagnait guère plus de trente sous par jour. Au milieu de cette fatigue et de cette misère, la pauvre femme se trouvait presque satisfaite de son sort. Elle jouissait d'une grande popularité parmi les habitués du pont Neuf. Si ce n'est les rhumatismes qui, trop fréquemment, torturaient ses membres difformes et là retenaient au logis, sans lui permettre de gagner son pain, elle n'eût rien désiré en ce monde, où elle se savait jetée pour souffrir.

Le 3 septembre, la recette d'Augustine avait été bonne et ne s'était pas élevée à moins de cinquante-six sous, ce qui lui formait un fort honnête bénéfice. Comme il pleuvait à verse et que le froid crispait douloureusement ses jambes, elle résolut de se donner la jouissance de rentrer chez elle de meilleure heure que d'habitude et de passer la soirée sous un toit abrité et en face d'une cheminée bien flambante. Déjà, pour mettre à exécution ce projet, elle avait éteint les braises de son grand réchaud, versé la friture dans un pot de terre et préparé la petite brouette sur laquelle elle chargeait, le soir, ses ustensiles pour les reporter chez elle, lorsqu'elle entendit au loin des cris. Elle se haussa sur le bout de ses gros pieds le mieux qu'elle put et leva bien fort sa large tête : elle ne parvint, malgré ces efforts, à rien voir, et il fallut qu'un de ses voisins, mis en éveil comme elle par le tumulte, satisfît la curiosité de la vieille femme.

« C'est, lui répondit-il, une femme poursuivie par une grande foule et qui se sauve à toutes jambes. La voilà qui se dirige de ce côté. Gare à nous ! Il n'y a rien de bon à gagner avec les égorgeurs ! Assurément ceux qui sont sur la piste de cette femme viennent de faire de la besogne dans quelque prison; leurs bras et leurs vêtements portent des taches de sang. Les couteaux, les haches et les gourdins qu'ils tiennent en disent assez. »

Comme il parlait encore, la femme poursuivie se jeta sur le pont Neuf. Aussitôt tout ceux qui s'y trouvaient prirent la fuite pour éviter le choc terrible de la populace furieuse que l'infortunée entraînait après elle. La pauvre Augustine, mourante de peur et retenue par ses rhumatismes, resta seule devant sa boutique. La femme lui jeta dans les bras un enfant évanoui qu'elle pressait contre sa poitrine.

« Au nom de votre mère, s'écria t-elle, sauvez-le ! »

Puis elle s'élança par un mouvement brusque sur le parapet, fit le signe de la croix, parut réciter une courte prière et se précipita dans la Seine.

A cette vue, les assassins, qui se croyaient au moment de saisir leur victime, s'arrêtèrent en poussant des cris de rage. Quelques-uns descendirent sur la grève s'emparèrent des barques qui se trouvaient sur le bord, les mirent à flot et parvinrent à ressaisir leur proie ; mais les crocs ne ramenèrent sur le rivage qu'un cadavre insensible aux insultes. La populace lui coupa la tête et les mains ; on les attacha au bout d'une pique ; on rejeta le corps dans la Seine, et les traqueurs allèrent rejoindre leurs complices, qui s'amusaient à faire danser, sous les fenêtres des prisonniers du Temple, la tête et le cœur de la princesse de Lamballe.

Pendant que ces horreurs s'accomplissaient, Augustine cachait sous son tablier l'enfant toujours sans mouvement. Elle s'attendait à voir les assassins venir redemander leur proie, et elle était résolue à mourir plutôt que de la leur livrer volontairement. Mais, grâce à Dieu, la chétive créature n'eut rien à subir de ces terribles épreuves. On crut l'enfant noyé avec sa mère dans la Seine, et personne ne songea à visiter l'auvent de Perle-d'Or. Celle-ci, dès que la foule se fût dissipée, et avant que les marchands du pont Neuf fussent revenus à leur boutique, plaça le petit garçon sur la brouette, le cacha dans la toile de l'auvent, mit autour de lui le réchaud et la poêle, de manière à ne point le blesser, et gagna, du plus vite possible, sa demeure. Malgré la violence avec laquelle battait son cœur et les émotions qui rendaient ses jambes tremblantes, elle marchait si lestement, que le tondeur de chiens, établi près d'elle sur le pont Neuf, en fit la remarque.

« Sapristi ! dit-il au décrotteur qui venait reprendre sa

sellette : la peur donne à Perle-d'Or des jambes de quinze ans. On dirait qu'elle ne souffre point de ses rhumatismes et que sa brouette ne pèse pas une once. »

Arrivée devant la maison qu'elle habitait, Augustine poussa au fond d'un corridor obscur, comme elle avait l'habitude de le faire chaque soir, la brouette et les ustensiles de friture. Elle prit ensuite l'enfant et grimpa, sans s'arrêter un instant pour souffler, les trois cents marches qui menaient à son grenier.

Arrivée, enfin, sans avoir rencontré personne, elle ferma soigneusement la porte à double tour, et, encore haletante, approcha l'enfant inanimé de la fenêtre qu'elle ouvrit. Là, elle s'efforça de faire reprendre connaissance à l'orphelin. Ce fut long. D'abord Perle-d'Or y perdit ses efforts et ses soins. Mais, à force de lui frotter les tempes avec du vinaigre et de baigner son visage d'eau fraîche, elle vit celui qu'elle regardait quasi comme mort faire un léger mouvement et pousser un imperceptible soupir. Peu à peu, la respiration devint plus facile, les yeux s'entr'ouvrirent, et l'enfant jeta une plainte. Augustine s'empressa d'étouffer ce cri en plaçant la main sur la bouche de l'enfant. Elle reprit ensuite dans ses bras le petit garçon qu'elle avait déposé sur son lit, le réchauffa contre son sein, le berça de son mieux, et essaya même de lui fredonner une chanson, la première qui jamais fût sortie de ses lèvres. Puis elle avisa qu'il pouvait avoir faim. Elle replaça donc l'enfant sur le lit, et sans hésiter; sans penser à ses rhumatismes et à son asthme, elle descendit quatre à quatre le long escalier, et revint presque aussitôt après s'être procuré du lait.

Elle regrimpa les trois cents marches tout d'un trait,
alluma du feu, fit chauffer le lait, et vit avec une joie indicible le petit garçon boire avidement le breuvage tiède.
Ce repas terminé, il s'endormit paisiblement sur les genoux de la bossue, et celle-ci, sans oser faire le moindre
mouvement, même pour attiser le feu qui finit par s'é-
teindre, passa la soirée à regarder le visage frais et blanc
de l'enfantelet. Dans cette contemplation, elle oubliait
presque la scène horrible dont elle avait été témoin, les
périls auxquels elle s'était elle-même exposée et les difficultés où la jetait son protégé. Ces difficultés d'ailleurs,
elle les aplanissait successivement, avec plus d'adresse et
de ruse que l'on aurait dû peut-être en attendre de cette
intelligence peu développée. Pour ne pas éveiller les
soupçons et rendre invraisemblable la présence de l'enfant près d'elle sur le pont Neuf, — car elle ne pouvait le
laisser au logis pendant la journée, — elle résolut de venir
le lendemain, pendant que le petit garçon dormirait, préparer ses voies et ourdir la trame de son roman. Pour
cela, il fallait conter aux marchands installés près d'elle
qu'elle se voyait dans la nécessité d'aller, à douze lieues
de Paris, chercher le fils de sa sœur ; car sa sœur venait
de mourir. Ces précautions prises près de ses voisines en
plein vent, elle passerait chez elle trois jours sans sortir,
et reparaîtrait, après ce temps écoulé, avec l'enfant qu'elle
dirait être son neveu. Quant à ses voisins de la maison,
habitués à la savoir sortie dès quatre heures du matin, et
à sortir eux-mêmes de très-bonne heure, ils ignoreraient
si elle restait enfermée dans son logis, ou bien si elle
était partie pour la campagne.

Ces combinaisons trouvées, et ce ne fut pas sans labeur, je vous l'assure, Perle-d'Or porta doucement l'enfant dans son lit, se coucha près de lui avec précaution, et s'éveilla plusieurs fois dans la nuit pour bien s'assurer qu'il n'avait besoin de rien et reposait paisiblement. -

Le lendemain, elle mit son projet à exécution! Ce fut un grand événement sur le pont Neuf, que la mort supposée de la sœur d'Augustine, sœur dont elle n'avait jamais parlé, et qui, en réalité, n'existait pas. Chacun approuva l'adoption qu'elle comptait faire de son neveu et lui donna des conseils. Ce fut à qui lui répéterait des protestations d'amitié et lui adresserait des offres de services ; car il fallait de l'argent pour faire le voyage. Elle répondit que sa bourse se trouvait suffisamment garnie, embrassa la femme du tondeur de chiens et celle du décrotteur, reçut l'accolade de leurs maris, et regagna son grenier après avoir acheté les provisions qui lui étaient nécessaires pour passer trois jours sans sortir. Personne ne la vit rentrer, par l'excellente raison que la maison n'avait point de portier et que ceux qui l'habitaient, je vous l'ai dit, étaient, comme Augustine, des ouvriers ou des marchands en plein vent retenus toute la journée au dehors par leurs occupations.

Pour la pauvre bossue, un pareil mystère n'était pas chose facile à mener à bonne fin. Elle s'en tira pourtant à son honneur ; on ne soupçonna pas le moins du monde qu'elle se tenait cachée chez elle, au lieu de voyager. Elle passa donc trois nuits délicieuses, malgré les transes perpétuelles dont la tourmentait son secret, trois nuits à veiller et à soigner l'enfant. Enfin, elle put sortir de sa cachette, et elle arriva, le matin, comme d'ordinaire sur le pont Neuf, avec sa brouette et ses ustensiles. Elle apportait, de plus, un joli petit berceau d'osier, bien doublé de futaine, muni d'un paillasson mollet, et enveloppé d'épais rideaux qui le protégeaient contre le froid.

Dès que l'on sut le retour d'Augustine, chacun accourut d'abord voir le neveu et ensuite accabler la tante de questions. Elle se tira de toutes les difficultés qui l'entouraient avec une présence d'esprit et une adresse qui tenaient du prodige. Elle ne se coupa point une seule fois, répondit d'une façon brève, et, dans les moments critiques, fit crier sa friture de manière à couvrir sa voix chevrotante et à ne laisser entendre que des paroles inintelligibles. Ce fut encore là une rude journée pour Perle-d'Or.

Mais, toutes ces épreuves enfin subies, elle n'eut qu'à jouir du bonheur de ne plus se trouver seule au monde et d'avoir un enfant à aimer. Bientôt même cette affection fut partagée ; le petit garçon, qui ne comptait guère plus de deux ans, eut de charmants sourires pour la vieille femme, et lui donna le doux nom de maman.

Philippe, car elle lui avait donné ce nom, ne tarda point à se voir l'objet de l'affection générale et à devenir l'enfant gâté des marchandes du pont Neuf. Le charme de ses traits, la blancheur de son teint et la merveilleuse beauté de ses cheveux le faisaient admirer des passants. Perle-d'Or ne le quittait pas des yeux une minute ; elle en était comme affolée. S'il riait, elle riait ; s'il devenait sérieux, elle sentait son cœur se serrer ; s'il versait quel-

ques larmes, elle se mettait elle-même à pleurer. A la
plus légère indisposition de l'enfant, elle perdait la tête,
courait chez les médecins, et passait les nuits à son chevet. Cependant c'étaient là de rares épreuves; l'enfant
venait à merveille, grandissait, se fortifiait, et se livrait
sur le pont Neuf à des courses qui comblaient de joie
Augustine et lui causaient des effrois à en mourir. Si l'enfant ralentissait sa marche, elle s'inquiétait; s'il venait à
trébucher, elle accourait en jetant des cris d'effroi; s'il
tombait et se faisait la moindre écorchure, la pauvre
femme, pâle, éperdue, pressait le blessé contre sa poitrine, et ne se sentait même pas encore rassurée quand il
lui avait souri. Elle passait sa vie au milieu de ces agitations à la fois douces et cruelles ; elle était la plus heureuse et la plus tourmentée des femmes.

Lorsque Philippe eut atteint huit ans, les agitations ré-
volutionnaires commençaient à se calmer, et les institu-
tions publiques à reprendre quelque vigueur. Augustine,
qui ne savait point lire, résolut de profiter de la réouver-
ture des écoles pour donner quelque éducation à son fils
adoptif; elle le mit chez un maître de pension. Ce fut là
un grand sacrifice pour elle, que de se séparer de Philippe pendant la journée; de ne plus l'avoir assis à ses
côtés près du réchaud; de ne plus entendre sa douce et
fraîche voix ; de ne plus jouir de ses joyeuses reparties ;
de ne plus assister de loin à ses courses sur le pont et à
ses hardies promenades sur la grève, durant lesquelles
elle tremblait de peur et se pâmait d'admiration! Et puis,
ce qu'il y avait de dur surtout, c'était de ne plus l'embrasser cent fois par jour ! Car elle l'embrassait pour le

gronder, elle l'embrassait pour le récompenser, elle l'embrassait toujours, sans relâche, sans motifs. Les premiers jours, elle eut bien de la peine à ne pas courir à l'école le chercher et le ramener. Ses yeux s'emplissaient de grosses larmes; elle n'avait de cœur à rien. Elle tint bon néanmoins, et surmonta la douleur que lui causa une si cruelle privation; c'était pour le bien de Philippe qu'elle souffrait. Le soir venu, elle prenait sa brouette, allait à la pension, demandait Philippe qui accourait en gambadant, le plaçait sur sa brouette, et malgré ses rhumatismes et la faiblesse de ses jambes, le ramenait ainsi en triomphe au logis. Alors éclataient des baisers mille fois répétés, des tendresses inexprimables, des larmes, des caresses à n'en plus finir! Il fallait qu'il lui contât tout ce qu'il avait fait pendant la classe; ce que lui avait dit le maître; ce qu'il avait appris; si l'on avait été satisfait de sa conduite! Avait-il mérité quelque réprimande ? elle pleurait à chaudes larmes. Au contraire s'était-il acquitté de ses devoirs avec exactitude ?—et il en était presque toujours ainsi, — elle inventait mille moyens de le récompenser, lui donnait des fruits, lui achetait des jouets et le parait comme un fils de reine.

Un soir de samedi, il raconta qu'un de ses petits camarades avait été à la comédie; cela avait fait sensation à l'école. Elle entreprit le lendemain le voyage du boulevard, et mena Philippe au théâtre des Jeunes-Élèves. C'était la première fois de sa vie qu'elle mettait le pied dans un spectacle ! Rien ne lui coûtait pour Philippe ! Elle eût vendu son âme, elle dévote et sainte fille, pour satisfaire un des caprices du jeune garçon.

Philippe partageait l'affection que lui vouait Augustine : il n'abusait point trop de la tendresse excessive dont elle l'accablait : la douceur de son caractère rendait à peu près sans danger l'adoration de la bossue pour lui. Un jour, un voiturier ivre insulta la marchande de friture : l'enfant si faible encore se jeta sur le rustre et l'attaqua. Une autre fois, Augustine tomba malade, et Philippe ne quitta point le chevet de sa mère adoptive, jusqu'à ce que tout danger eût cessé. Il fallait le voir, lorsqu'elle entra en convalescence, la promener doucement au soleil, lui dire quelques joyeux propos pour la faire rire, et la soutenir de ses petits bras comme s'il eût été un homme. Quant à Augustine, elle remerciait Dieu d'avoir été malade, puisque sa maladie lui valait tant de tendresse et de bonheur.

Cependant le général Bonaparte devenait l'empereur Napoléon, et les émigrés rentraient en France. La plupart d'entre eux se ralliaient au nouveau gouvernement, et Augustine, quand elle entendait raconter cela autour d'elle, s'inquiétait et s'attristait. Un de ces jours, se disait-elle, les parents de Philippe viendront me réclamer mon enfant. Que deviendrai-je alors, moi seule au monde, après avoir eu un fils ?

Rien de ce qu'elle redoutait n'arriva cependant ; Philippe avait atteint sa quatorzième année avant qu'une révélation quelconque fût venue jeter le moindre jour sur le nom de sa famille. Sans être rassurée tout à fait, Perle-d'Or ne commençait pas moins à se livrer avec plus de calme au bonheur que lui apportait chaque jour Philippe.

II

LE CONCOURS GÉNÉRAL

Ce n'était point une médiocre charge pour la pauvre femme qui gagnait trente sous dans ses bonnes journées de bénéfices, que de subvenir au prix de la pension de Philippe, quelque minime que fût ce prix. Et puis il fallait sans cesse acheter des livres, du papier et des plumes. En outre, elle ne voulait pas que l'enfant allât moins bien vêtu que ses camarades. Peu à peu, les économies assez rondelettes de la marchande de friture y passèrent. Quand elle eut épuisé cette réserve, elle dut en venir aux privations. Elle y courut sans hésiter et résolut de se passer de feu durant les soirées d'hiver. Il ne serait point possible de vous dire ce qu'elle souffrit de cet acte d'héroïsme. La pauvre femme, exposée toute la journée au froid, et à demi percluse de rhumatismes, n'en persista pas moins dans sa résolution. Elle allait chercher Philippe à sa pension, l'enveloppait d'une chaude redingote qu'elle lui avait façonnée avec son meilleur jupon de laine, le couchait en rentrant, après l'avoir fait souper ; et se mettait près de lui à travailler, jusque bien avant dans la nuit. Elle avait obtenu à confectionner de gros ouvrages de couture d'une de ces marchandes qui vendent du linge commun. Grâce à ce travail, elle parvenait à gagner trois ou quatre sous par soirée, en outre du prix de la lumière qu'elle consumait.

Malgré tant d'efforts, l'éducation de Phillippe absorbait plus que les ressources de sa mère. Perle-d'Or, désolée, eut recours au moyen qui pouvait lui répugner le plus ; à un moyen qui lui semblait une mauvaise action : à l'emprunt. Bientôt elle dut de petites sommes à tous ses voisins du pont Neuf. Ce n'était plus qu'avec la mort dans le cœur et la honte au visage qu'elle arrivait, le matin, pour dresser sa boutique en plein vent. Il semblait à cette créature honnête et timorée lire sur tout les visages le reproche et le mépris. Et cependant elle était arrivée au terme extrême de ses ressources. Malgré sa persévérance et son dévouement, elle se trouvait près de l'instituteur, arriérée de trois moins du prix de la pension. Aussi la voyait-on, morne, accablée, les yeux sans cesse pleins de larmes, subir les fatals effets d'un chagrin secret et maigrir d'une manière inquiétante.

Tous ceux qui connaissaient Augustine aimaient la bonne fille et prirent souci de la voir triste et malade. Ils l'interrogèrent et elle laissa échapper son secret. Aussitôt les braves gens se concertèrent entre eux, et sans en prévenir Perle-d'Or. Le tondeur de chiens, comme le plus beau parleur, reçut à l'unanimité le mandat d'aller trouver le maître de pension, et de le prévenir que, désormais, les marchands en plein vent du pont Neuf se chargeaient collectivement de payer les frais d'éducation de Philippe. L'instituteur, touché de la généreuse résolution de ces braves gens, répondit que, s'il avait pu soupçonner l'état de gêne d'Augustine, depuis longtemps il lui aurait fait remise

du prix de la pension. « Mais, ajouta-t-il, la digne fille,
dans la crainte sans doute que, si l'on connaissait sa
pauvreté, Philippe ne reçût de moins bonnes leçons, n'en
laissait rien paraître.

« Du reste, continua-t-il, en faisant gratuitement chez
moi l'éducation de Philippe, je suis beaucoup moins généreux que vous ne le pensez. Ce jeune garçon promet
de devenir un sujet brillant et de faire honneur à mon
institution. Les concours généraux approchent : sans
doute Philippe obtiendra des prix : vous comprenez dès
lors combien je dois m'estimer heureux de compter un
pareil sujet parmi mes élèves. »

Les voisins d'Augustine vinrent en triomphe lui rapporter cette bonne nouvelle. Il n'est pas besoin de dire
qu'elle fut la joie de la vieille femme.

« Ce n'est pas tout, reprit le tondeur de chiens, vous
vous êtes mise dans la gêne, mère Perle-d'Or, et vous
devez par-ci par-là de petites sommes. Il a été convenu
que l'on en ferait cadeau à Philippe. C'est l'enfant du
pont Neuf, et il peut bien accepter ça de ceux qui le connaissent et qui l'aiment, pour ainsi dire, depuis qu'il est
au monde.

Augustine se débattit longtemps avant d'accepter ; pourtant il lui fallut bien consentir, et il y eut ce soir-là, dans
un cabaret voisin, un splendide souper à quinze sous par
tête, où l'on but à la santé d'Augustine, de Philippe, du
maître de pension, des marchands du pont Neuf ; de
tout le monde, en un mot.

Peu à peu l'aisance se rétablit dans le ménage de
Perle-d'Or. Grâce aux heureux changements survenus à

sa position; elle put même recommencer à faire quelques économies, et leur donna pour but l'achat d'un remplaçant à Philippe, lorsque, plus tard, la conscription l'appellerait au service militaire. Il fallait qu'elle s'occupât sans cesse du présent et de l'avenir de Philippe. Philippe, hélas! ne revenait plus chaque soir au logis de sa bienfaitrice. Le maître de pension le gardait chez lui comme interné : la pauvre femme ne voyait son enfant que les jours de sortie, c'est-à-dire de quinze jours en quinze jours. Une fois que l'idée du remplaçant lui fut venue en tête, la marchande de friture s'y livra avec une sorte de féroce enthousiasme. Elle se reprochait la plus légère, la plus indispensable dépense. Elle aurait grimpé six fois de suite au sommet des tours de Notre-Dame, elle, pauvre boiteuse essoufflée, pour gagner six francs! Elle s'ingénia de joindre à son commerce de pommes de terre frites une petite boutique de fruits. Elle se levait donc à trois heures du matin, se rendait à la halle, achetait les marchandises qui lui étaient nécessaires, et venait les étaler dans un grand panier dressé en face de sa poêle et de son réchaud. Il faut ajouter, que, tout en surveillant sa friture, elle se mit à tricoter de gros bas de laine. Puis elle devint agioteuse et brocanteuse : elle faisait mille petits trafics avec ses voisins : ceux-ci, presque aussi pauvres qu'elle, se faisaient un plaisir de lui payer quelques sous de plus qu'elle n'en eût reçu autrefois, tant l'idée de ces bénéfices faisait joyeusement briller les yeux de la chétive bossue.

Au milieu de ces soins, de ces travaux et de ces projets, le mois d'août arriva. Philippe vint un matin embrasser sa mère et lui dire qu'elle mit sa plus belle robe.

Il fallait qu'elle assistât à la distribution des prix du concours général de tous les collèges de Paris. Il ne lui cacha point son espoir de remporter au moins une couronne. Augustine, ivre de joie, se fit belle à mourir de rire. Elle emprunta à sa voisine la tondeuse tout ce que celle-ci possédait de magnifique ; elle se para de la chaîne d'or, des bagues et des boucles de diamants de la poissarde de la halle qui lui vendait des fruits et des légumes. Elle se rendit au lieu de la distribution des prix, deux heures avant le moment indiqué, perça la foule avec audace, se plaça aussi en avant qu'elle le pût et attendit, le cœur palpitant de crainte et d'espoir.

Enfin, après des discours qui lui parurent bien longs, on proclama les prix, et le tour de la quatrième classe arriva.

Le premier prix et le premier nom que l'on appela furent le prix de version latine et le nom de Philippe Boniment.

Ce nom, elle l'entendit répéter cinq fois ! cinq fois au milieu des applaudissements enthousiastes des specteurs ! La dernière fois, Philippe, le bras chargé de couronnes, vint sauter, en pleurant au cou de sa mère, et celle-ci entendit les applaudissements éclater près d'elle. Les voix de ceux qui l'entouraient lui adressaient mille félicitations. Elle versait des larmes ; elle voulait parler ; elle tendait les bras à la foule ; elle saisissait frénétiquement Philippe et le serrait à l'étouffer contre sa poitrine. Jamais dans cette solennité, témoin habituelle de tant de joies maternelles, on n'avait vu de pareilles émotions. L'attendrissement était général, et cet épisode touchant interrompit quelques moments la distribution des prix.

Enfin Perle-d'Or maîtrisa un peu son émotion, et elle assista jusqu'à la fin de la solennité, ses deux mains tremblantes dans la main de Philippe ; étrangère à tout ce qui se passait autour d'elle, et portant tout à tour ses yeux avides des couronnes de Philippe à son visage rayonnant de l'animation gracieuse du triomphe. Là beauté de l'enfant formait un frappant contraste avec la laideur souffreteuse de celle que l'on croyait sa mère. Grand, svelte, élégamment développé, il portait avec fierté sa tête charmante. Une distinction naturelle se trahissait jusque dans ses moindres mouvements. Aussi, lorsqu'il sortit, accablé sous le poids de ses prix et appuyé sur le bras de Perle-d'Or, la foule s'ouvrit pour leur livrer passage, et de nouveaux applaudissements les saluèrent. Le ministre de l'instruction publique, M. de Fontanes, s'avança vers eux, et devant tout le monde invita Philippe à dîner pour le lendemain.

« Je désire que votre mère vous accompagne, dit-il, et j'espère qu'elle me fera cet honneur. »

Les spectateurs applaudirent encore une fois pour féliciter le ministre de ce qu'il venait de faire, et Augustine revint au pont Neuf presque folle de joie. Là, il lui fallut conter vingt fois les détails de la distribution des prix, l'invitation du ministre, et les triomphes de Philippe.

Elle ne rentra chez elle qu'à la nuit, fiévreuse de son bonheur et de l'inquiétude où la plongeait l'attente du dîner du lendemain.

Ce n'était point peu de chose pour l'humble femme que de s'asseoir à la table d'un ministre. Elle ne ferma pas l'œil, passa la journée entière à se parer, et poussa la prodigalité et la recherche jusqu'à faire venir un fiacre pour se rendre chez M. de Fontanes:

Le ministre la reçut avec affabilité, et mit à lui parler tant de cordiale bienveillance, qu'elle finit par se sentir à l'aise près du grand seigneur. Le dîner se passa moins solennellement que ne le redoutait Perle-d'Or, et son hôte lui épargna les mille petits embarras où aurait pu la jeter son ignorance des usages du monde. Au sortir de table, il lui remit deux papiers :

« Tenez, dit-il, vous lirez cela quand vous serez rentrée chez vous. »

Augustine avoua qu'elle ne savait point lire.

« Eh bien ! reprit-il en souriant, vous vous ferez lire ces papiers par votre neveu. »

Et il la congédia avec un sourire qui semblait présager que les papiers contenaient quelque heureuse nouvelle. Elle ne se trompait point : c'était la nomination de Philippe à une bourse entière au lycée Napoléon, et le titre d'une pension de quatre cents livres à Augustine Boniment, dite Perle-d'Or. Augustine se trouvait posséder bien au delà de tout ce que pouvaient désirer ses rêves les plus brillants. Riche, glorieuse en son fils d'adoption, et sûre de voir s'ouvrir un bel avenir à cet enfant ! Dieu la comblait de bénédictions.

Hélas ! elle ne savait pas qu'une épreuve, la plus affreuse de celles qui pouvaient la frapper, allait détruire tant de bonheur !

Le ministre avait invité publiquement à dîner Augustine et Philippe. Les journaux parlèrent du succès de l'écolier. On sut que l'empereur avait, de lui-même, donné la pension de quatre cents livres à la vieille femme. Tout cela mit à la mode la marchande de friture, et ce fut à qui suivrait l'exemple du ministre et la fêterait. Augustine ne voyait dans les invitations dont on l'accablait qu'un triomphe de plus pour Philippe, et ressentait trop de bonheur à s'enorgueillir de son enfant pour refuser personne. Ce fut ainsi qu'elle alla dîner, un jour, chez l'un des chambellans de l'empereur.

En entrant dans le salon du baron de Baumée, qui avait réuni, pour ce banquet, son neveu, condisciple de Philippe, et quelques amis du jeune homme, Augustine devint pâle tout à coup, et pensa défaillir. Malgré les soins qu'on lui prodigua, elle resta agitée, durant toute la soirée, d'un tremblement nerveux. La pauvre femme avait reconnu, dans un grand tableau en pied qui ornait le salon, les traits de la mère de Philippe. Il n'y avait point à en douter, c'était bien elle. Malgré le désespoir qui décomposait les traits de l'infortunée, lorsqu'elle avait jeté son fils dans les bras d'Augustine, celle-ci ne pouvait méconnaître l'irrécusable ressemblance. D'ailleurs Philippe était le vivant portrait de sa mère. Elle s'attendait sans cesse à voir les assistants proclamer cette ressemblance, et c'est là ce qui la faisait mourir de douleur. Si Philippe retrouvait ses parents, il se séparerait à jamais d'elle ! il en aimerait d'autres que Perle-d'Or ! Perle-d'Or ne serait plus sa tante ! Il l'aimerait moins ! Il finirait peut-être même par l'oublier. Oh ! la mort cent fois plutôt que ce malheur !

Telles furent les angoisses d'Augustine pendant le dîner,

Elles prirent une nouvelle violence, lorsqu'au sortir de table le baron s'approcha d'elle.

« Je vous ai vue regarder avec attention et à diverses reprises le portrait de cette infortunée, dit-il ; l'auriez-vous connue? »

Augustine voulut répondre : non. Ses dents se serrèrent convulsivement et la voix s'étouffa dans son gosier.

« Hélas ! continua le chambellan, sa destinée a été bien cruelle. Mariée depuis deux ans, mère d'un fils qui aurait aujourd'hui à peu près l'âge de votre neveu, jeune, belle, riche, aimée, en 1792, elle a été massacrée avec son enfant par la populace. »

Augustine étouffait. Une invisible main étreignait son cœur à l'écraser. Le sang battait avec violence dans son cerveau : Elle se sentait devenir folle.

« J'étais en émigration; ma femme et mon enfant furent arrêtés sur la frontière au moment où ils allaient la passer pour me rejoindre. On les ramena à la Conciergerie; je rentrai en France au prix de mille périls. Hélas? je n'arrivai que pour apprendre leur mort funeste! »

Il essuya une larme. Augustine succomba de nouveau à une crise nerveuse, et il fallut la transporter chez elle, où Philippe passa la nuit à veiller près de son chevet.

La pauvre créature, en proie au délire le plus violent, balbutiait au hasard des paroles incohérentes. Un médecin, appelé, reconnut les symptômes d'une fièvre cérébrale des plus graves.

Pendant quinze jours, Augustine resta de la sorte entre la vie et la mort.

A la fin, elle reprit un peu de connaissance, aperçut

Philippe près d'elle, et lui saisit le bras, comme si on eût voulu lui enlever le jeune homme. Elle ne consentit plus désormais à le laisser éloigner ni d'un pas, ni d'un moment. Pour s'endormir, il fallait qu'elle tînt sa main dans les siennes ; encore s'éveillait-elle en sursaut au plus léger mouvement qu'il faisait. Tantôt elle lui faisait jurer qu'il ne la quitterait jamais. Une autre fois, elle lui demandait s'il ne préférerait pas devenir riche, noble, et appartenir à une grande famille, plutôt que de rester le neveu d'une pauvre femme comme elle. Les protestations de tendresse les plus passionnées que lui prodiguait Philippe ne lui suffisaient pas. Il était obligé sans cesse de répéter qu'il aimait sa tante. Cette agitation inquiète retardait la convalescence de la malade et la compromettait même gravement. Le médecin qui n'en soupçonnait point la cause n'y pouvait rien comprendre et se perdait en conjectures sur des symptômes d'une pareille étrangeté.

Lorsque Augustine put commencer à quitter son lit, les vacances touchaient à leur fin, et il fallait que, dans peu de jours, Philippe se rendît au lycée Napoléon. La pauvre fille, à cette pensée, perdait presque la raison. Philippe avait beau lui répéter qu'elle pourrait, comme par le passé, venir le voir souvent, et que tous les quinze jours il aurait une sortie, Augustine ne se calmait point à ces assurances et ne répondait que par des larmes.

Enfin, la veille de la rentrée des classes, elle témoigna à son fils le désir d'assister à la messe pour sa première sortie. Appuyée sur le bras de son neveu, elle se dirigea vers Notre-Dame, s'agenouilla devant une des chapelles, pria avec ferveur et versa des larmes pendant toute la durée de l'office. Quand elle se releva, elle semblait avoir pris une grande résolution, et elle pria Philippe de la mener à une voiture parce qu'elle avait une visite importante à faire. Mais, quand Philippe eut fait avancer le fiacre, elle perdit courage, s'évanouit dans les bras du jeune homme, et la voiture ne servit qu'à la ramener chez elle. Cette commotion, du reste, eut, grâce à Dieu, des suites peu fâcheuses. Perle-d'Or reprit bientôt connaissance, et, quoique sans cesse absorbée dans une pensée triste, elle témoigna plus de présence d'esprit qu'elle n'avait coutume depuis longtemps d'en montrer. Elle se mit à préparer le trousseau de Philippe tout en tenant au jeune homme des discours singuliers.

« Tu n'aimes que moi, n'est-ce pas, Philippe? disait-elle; tu ne saurais désormais t'habituer à d'autres affections? Je suis ta mère, ta seule véritable mère, puisque l'autre est morte! Un père n'aime pas ses enfants comme les aime une mère! Et puis les enfants aiment bien mieux leur mère que leur père! Ton père serait là que tu ne me quitterais pas pour lui, j'en suis sûre!...

— Mon père! Il vit donc encore, chère tante?

— Ne m'appelle point ta tante; je suis ta mère! interrompit-elle avec colère. »

Puis elle ajouta plus doucement.

« Ton père? Que t'importe qu'il vive ou qu'il soit mort? Ne suis-je pas toute ta famille? Sans moi ne serais-tu point mort? Quel droit ton père aurait-il sur toi? Tu m'appartiens, tu es mon bien! Ton père lui-même serait là, qu'il me tuerait plutôt que de m'enlever le fils que je lui ai conservé! Si tu aimais une autre personne que moi,

vois-tu, Philippe, je préférerais te voir mort, parce que
je mourrais aussi, et que le bon Dieu nous réunirait dans
le paradis.

« Seigneur! mon Dieu! fit-elle en jetant à terre le paquet de linge qu'elle tenait, si je t'envoyais embrasser
un autre comme tu m'embrasses ! il y aurait là de quoi
devenir folle ! Folle à lier ! Folle à commettre un crime !
Que Dieu me pardonne ce que je dis, car je n'ai plus la
tête à moi ! »

III

OUI OU NON

Lorsque Augustine eut conduit Philippe au lycée Napoléon, elle vint reprendre, sur le rebord du pont Neuf, la
place qu'elle n'y avait point occupée depuis deux mois.
Au lieu du mauvais auvent de toile et de l'échoppe en
plein vent, s'élevait une jolie petite boutique, ménagée
dans une des tourelles du pont et sur laquelle elle lut le
nom d'Augustine. On n'avait point oublié non plus l'emblème parlant de la *Perle-d'Or*. Un voisin lui remit la clef
de cette maisonnette où, désormais, elle n'avait plus à redouter les intempéries de la mauvaise saison. A ces clefs
se trouvait jointe une lettre de M. le comte de Baumée.
Cette lettre lui annonçait la concession viagère et gratuite

de la boutique. Tandis que les amis de la vieille femme
lui faisaient valoir les avantages d'un pareil don et lui
montraient que, derrière le comptoir, se trouvait une
petite chambre commode qu'elle pourrait habiter la nuit,
sans être obligée d'aller chercher bien loin, comme autrefois, pour dormir, un grenier au sixième étage, Augustine
fondait en larmes et semblait affligée de tout ce bonheur.

« Je ne veux rien de lui ! disait-elle à travers ses sanglots ! Non, je n'en veux rien, mon Dieu ! »

Puis, comme effrayée des paroles qu'elle venait de
prononcer, elle regarda autour d'elle avec effroi, et
ajouta d'une voix tremblante et brisée par l'émotion :

« C'est un bien bon seigneur ! Je prierai Dieu pour lui »

En effet, quand elle resta seule, elle s'agenouilla devant
un crucifix placé dans sa chambrette et voulut prier pour
son bienfaiteur. Mais une douleur cruelle, un remords
tenait fermées ses lèvres et empêchait sa tête de penser.
Dieu, se disait-elle, peut-il écouter les prières que tu fais
pour l'homme dont tu as volé l'enfant? Cet homme est
ton bienfaiteur; il te comble de ses dons sans que tu y
aies aucun droit, et tu le laisses seul, abandonné, et sans
son fils? son fils qui comblerait de joie sa vieillesse ! Méchante, rends-lui son fils ! et ne demande pas au bon
Dieu pour ton bienfaiteur un bonheur que tu peux lui
donner en disant une seule parole.

Elle se releva tout à coup violemment, rejeta le rosaire
qu'elle tenait à la main et vint s'asseoir dans sa boutique,
où elle essaya de se distraire par les soins de son métier.
Mais bientôt elle se laissa tomber dans une morne rêverie.
Le couteau avec lequel elle épluchait les pommes de terre

s'échappa de ses mains et vint glisser à ses pieds. Enfin, la friture qui fondait dans la poêle et sur laquelle ne veillait pas un soin assez actif, faute d'être agitée, bouillonna, s'échappa, brûla et jeta sur le pont des nuages d'une suffocante fumée. Perle-d'Or n'entendait rien et ne voyait rien ! Il fallut que le tondeur de chiens accourût et la secouât par le bras pour lui faire apercevoir les dégâts qui se commettaient.

« Ohé ! voisine, dit-il en riant, il paraît que depuis que vous êtes riche vous avez oublié votre métier. Voilà au moins pour dix sous de friture brûlée, sans compter les deux passants qui sont venus vous demander des pommes de terre et à qui vous n'avez pas répondu. Il est vrai qu'il ne s'en trouvait pas même d'épluchées.

— Vous avez raison, voisin, répliqua Augustine, je ne sais plus ce que je fais. L'âge me rend faible et incapable. Et puis j'ai conduit aujourd'hui au lycée mon pauvre Philippe. Quand on a passé près de lui deux mois, il est dur de le quitter ainsi. »

En ce moment elle s'interrompit et jeta un cri.

Elle apercevait, à l'autre extrémité du pont, la voiture du comte dont elle avait reconnu, du premier coup d'œil, la livrée. M. de Baumée, en passant devant l'échoppe, salua Augustine de la main. Augustine n'eut pas la force de faire même un mouvement de tête.

« Excusez ! dit le tondeur, pas plus de cérémonie que ça ! Des seigneurs en carrosse vous disent bonjour et vous ne leur répondez point ! Très-bien ? Et vous ne leur faites même pas une révérence ? Encore mieux ! Sapristi, Augustine, comme vous êtes fière ! »

Augustine regarda d'un œil fauve la voiture qui s'éloignait, et cacha son visage dans ses mains. Après avoir retrouvé un peu de calme, elle affecta un air de sérénité que démentait son trouble fébrile.

C'en était fait de son repos! Désormais, il n'y avait plus pour elle ni calme ni sommeil. Toute la journée, une voix intérieure lui criait : « Voleuse d'enfant! » La nuit, — et les nuits étaient rares où elle pouvait dormir, — des fantômes la torturaient dans ses rêves et lui répétaient ces mots, qui l'enveloppaient sans relâche d'un suaire de souffrance : « Voleuse d'enfant! » En vain elle se redisait que Philippe lui appartenait, puisque sans elle il serait mort et à jamais perdu pour son père, rien ne modérait, rien ne diminuait les reproches de sa conscience! Il y avait, chaque jour, deux moments qui lui apportaient avec régularité les angoisses d'un condamné en face de l'instrument du supplice : c'était lorsque la voiture du baron le menait au sénat et lorsqu'elle l'en ramenait. Toujours le chambellan la saluait amicalement ; parfois même il faisait arrêter sa voiture et, sans en descendre toutefois, disait à Perle-d'Or quelque bonne parole, lui demandait des nouvelles de Philippe et s'informait si elle ne désirait rien qu'il pût lui offrir. Une fois, tandis qu'il lui parlait ainsi, la tabatière d'Augustine éperdue tomba de ses mains et vint se briser sous les roues de la voiture. Aussitôt M. de Baumée fit remettre à la marchande la riche boîte en or dont il se servait; et, pour se soustraire aux remercîments, donna l'ordre au cocher de partir au galop.

On peut juger de la sensation que produisit une pareille générosité parmi les naturels du pont Neuf! Le tondeur de chiens, sa femme et tous leurs voisins accoururent pour considérer de près, pour manier, pour admirer le royal cadeau. Augustine, les joues fiévreuses et l'œil hagard, n'entendait rien de ce qu'on lui disait, et semblait frappée de folie !

« Je voudrais que cet homme me haït ! pensait-elle. Ses bienfaits me rongent le cœur ! »

Cependant le jour où elle devait aller voir Philippe au lycée était arrivé. Ce matin-là, les voisins d'Augustine remarquèrent qu'elle sortit du lugubre abattement qui lui était habituel. Après avoir acheté différents petits objets qu'elle pensait devoir être agréables à l'écolier, elle prit une voiture et se dirigea vers le collége. Arrivée, elle demanda au proviseur l'autorisation de voir son enfant.

Le proviseur la reçut d'un air grave et plein de sévérité.

« J'ai de fâcheuses nouvelles à vous apprendre sur Philippe, dit-il. En ce moment il est aux arrêts, et je crains bien que M. le grand maître de l'université ne décide son renvoi. Moi-même j'ai provoqué cette triste, mais nécessaire rigueur.

— Chasser mon enfant ! chasser Philippe ! s'écria Augustine. Ah ! monsieur le proviseur, vous ne ferez pas cela ! ajouta-t-elle en tombant à genoux. Vous ne le ferez pas ? n'est-il point vrai !

— La faute qu'il a commise est de celles que l'on ne peut pardonner. Hier, un maître d'étude a poussé l'oubli de ses devoirs jusqu'à frapper un élève. Il avait tort, mais ce n'était pas à votre neveu à l'en réprimander. Voilà pourtant ce qu'a fait Philippe. Le maître s'est avancé sur lui pour le châtier. Philippe a lancé à la tête du maître d'étude un dictionnaire qu'il tenait. Le maître d'étude a été blessé dangereusement. Vous voyez qu'il ne reste aucun espoir de pardon. Si Philippe ne quittait pas le lycée, c'en serait fait de toute discipline. »

Augustine restait atterrée.

« J'irai trouver monsieur le grand maître, dit-elle, il peut pardonner, lui !

— Il le peut, mais je ne pense pas qu'il le fasse ! »

Augustine, sans hésiter, se fit conduire chez M. de Fontanes, qui ne consentit point à la recevoir. Il lui fit dire qu'il savait les motifs qui l'amenaient, mais que, placé dans la triste nécessité de refuser, il ne voulait pas avoir le déplaisir de signifier lui-même ce refus.

Alors Augustine pensa au chambellan.

À cette pensée, tout son sang se glaça.

« Non, dit-elle ; non ! Plutôt l'expulsion de Philippe ! plutôt la misère ! Oui, la misère ! Plutôt les plus grands malheurs ! Je dois déjà trop à cet homme. Philippe redeviendra un ouvrier, voilà tout ! Plus près de ma condition, il ne m'en aimera que mieux.... Malheureuse que je suis d'avoir de telles pensées ! Le pauvre enfant mourra de douleur ! Il ne pourra jamais renoncer à ses études, aux triomphes des distributions de prix, à l'avenir brillant dont il m'a parlé tant de fois ! »

En ce moment la voiture du chambellan parut à l'extrémité du pont. Perle-d'Or s'avança précipitamment sur le seuil pour appeler le comte ; mais elle se rejeta aussitôt dans le fond de la boutique. Cependant le protecteur d'Augustine avait remarqué ce mouvement, et sans faire arrêter la voiture :

« Soyez sans crainte, lui dit-il, je sais ce qui vous inquiète ; mon neveu me l'a écrit. Je vais trouver Fontanes, j'arrangerai tout. »

En effet, une heure après, la voiture s'arrêta, cette fois, devant l'échoppe. Le chambellan en descendit avec Philippe, qui sauta au cou d'Augustine.

« J'ai obtenu le pardon de ce jeune fou, dit M. de Baumée. Seulement Philippe va changer de lycée. Je le conduis à Charlemagne. Pourquoi n'être pas venue me trouver de suite? Vous vous seriez épargné bien des inquiétudes. Allons embrassez encore une fois cet étourdi, qui m'a bien promis de se tenir, à l'avenir, en garde contre sa mauvaise tête. Dimanche prochain est jour de sortie. Comme mon neveu se désole d'être séparé de son Philippe (tout le monde aime ce petit drôle), nous ferons dîner les deux amis ensemble. Vous serez des nôtres. Adieu ! »

Philippe embrassa Augustine sans qu'elle trouvât la force de proférer une parole, et la voiture emmena l'écolier et son protecteur, laissant la pauvre femme tout étourdie de ce qu'elle venait de voir et d'entendre.

« Quoi ! se dit-elle lorsqu'elle eut réfléchi longuement au péril dans lequel s'était trouvé Philippe, aux efforts inutiles qu'elle avait faits pour détourner ce péril, et à la facilité avec laquelle le chambellan avait tout conjuré. Quoi ! un mot de cet homme a fait ce que mes larmes et mon désespoir n'ont pu obtenir? Que serait-ce donc si Philippe était reconnu pour son fils? Avec les heureuses dispositions de cet enfant; s'il y joignait le nom d'une grande famille, il pourrait arriver à tout. Au contraire, s'il reste le neveu d'une ouvrière, à chaque pas, des obstacles fatals l'arrêteront et réduiront à rien ses plus grands efforts. Oh! je suis une malheureuse! Je n'aime pas mon enfant! Non je ne l'aime pas! »

Lorsque le dimanche arriva, Perle-d'Or, qui n'était guère sortie de son lit depuis le jour où le chambellan lui avait amené Philippe, voulut à toute force que les personnes qui la soignaient la levassent et la revêtissent de ses habits. Elle se fit conduire ensuite chez le comte, qui s'émut vivement de la voir si pâle et si souffrante. Augustine, dont l'émotion était visible, ne répondit que par une larme silencieuse. Lorsque Philippe entra, elle ne trouva pas la force de quitter le fauteuil dans lequel on l'avait assise. Elle reçut les caresses du jeune homme avec inquiétude et ne répliqua rien aux paroles de tendresse dont il l'accablait.

«Ma tante, dit-il, avez-vous remercié mon bienfaiteur? Il m'a sauvé d'un grand malheur. Sans lui, j'étais perdu à tout jamais!

— Tu aimes donc bien monsieur le comte? demanda-t-elle avec un sourire plein d'amertume.

— Après vous, c'est lui que je chéris le plus au monde.

— Tu l'aimes autant que tu m'aimes! j'en suis sûre! reprit-elle avec une fausse apparence de tranquillité et tandis que le désespoir brûlait son cœur.

— Vous savez bien que cela n'est point possible? Puis-je aimer quelqu'un, même monsieur le comte, autant que vous?

— Oui, parce que je suis ta tante... Mais si j'étais pour toi une étrangère...

— Et que m'importerait? Ne m'avez-vous pas recueilli, moi qui étais abandonné de tous, sans père ni mère? Ne m'avez-vous pas élevé au prix de mille pénibles sacrifices? Pour moi, vous avez supporté le froid, la faim, les privations? Pour moi, chère tante, vous avez contracté des dettes; vous à qui ce mot fait froid par tout le corps, comme vous dites. Oh! non! rien ne saurait changer quelque chose à mon affection pour vous! Mais à quoi sert de discuter sur des questions impossibles. Vous êtes ma tante et je suis votre neveu! votre neveu qui vous aime et qui veut effacer, à force de vous embrasser, les traces de chagrin dont sa folle conduite a pâli votre visage. Je vous ai rendu triste et malade, petite tante! Jamais je ne me pardonnerai cela. Je me le suis déjà bien reproché, soyez-en sûre. »

En parlant ainsi, le jeune homme essuyait ses yeux pleins de larmes.

« Tais-toi, dit-elle, ne pleure pas. Embrasse-moi! Embrasse-moi encore! Souviens-toi que tu es toute ma joie au monde, et que si tu ne m'aimais plus, je mourrais avec autant de désespoir qu'il y en a sur l'échafaud.

— Allons, dit le comte, nous avons assez parlé d'une folie. Elle est réparée, elle est pardonnée; qu'elle soit oubliée! Or çà, dame Perle-d'Or, vous devenez bien maladive depuis quelque temps. Le grand air du pont Neuf et les vents qui sans cesse y soufflent de tous côtés ne vous valent rien, j'en ai peur. Je pensais que vous vous porteriez mieux dans l'échope que je vous ai fait construire, et vous voici plus pâle que jamais, sans compter que vous ne cessez pas de tousser! J'ai un service à vous demander, et qui pourrait, tout en m'obligeant beaucoup, se concilier avec le besoin que vous éprouvez d'habiter un lieu moins glacial que le pont Neuf... Écoutez-moi bien et ne regardez pas ainsi le portrait de cette infortunée, comme s'il allait vous dire quelque chose... C'est moi qui vous parle. Mon jardinier vient de mourir, et il laisse une fille de quinze ans qui se trouve seule au monde. A quinze ans, une jeune fille a besoin de surveillance. Chargez-vous de ce soin; devenez sa mère? Tenez, regardez. Vous habiterez, là-bas, au fond de mon parc, ce joli petit pavillon. La jeune fille est douce et bonne. Que dites-vous de ce projet?

— Je dis, monsieur le comte, que vous êtes le plus généreux des hommes! Je suis une ingrate, indigne de vos bontés... Je ne peux pas! je ne peux pas! ajouta-t-elle. J'en mourrais!

— Quoi! vous tenez à ce point à vos habitudes du pont Neuf?

— Monsieur le comte, il faut que je vous parle! il faut que je vous parle sans témoin.

— Qu'avez-vous donc? demanda le chambellan surpris de l'agitation d'Augustine, et en faisant signe aux deux jeunes gens de se retirer.

— Que Philippe reste! dit-elle. Écoutez-moi bien? Votre femme, dont voici le portrait, a péri le même jour que la princesse de Lamballe, n'est-ce pas?

— Elle était détenue avec la princesse; elle a été massacrée en même temps que cette infortunée.

« — Non ! elle a fui devant les égorgeurs, et elle tenait son enfant dans ses bras. Il y eut une femme qui reçut l'enfant, qui le cacha lorsque la mère se jeta du haut du pont Neuf, pour sauver son fils.

— Et ce fils, ce fils ! vit-il encore ?

— Le voilà ! »

Le comte éperdu saisit Philippe et le serra contre sa poitrine avec une joie frénétique.

Le jeune homme lui rendait ses caresses, et mêlait ses larmes à celles de son père. Augustine les regardait avec désespoir, car tous les deux, dans leur joie, l'avaient oubliée.

Elle se jeta entre eux et les sépara.

« Assez ! dit-elle, assez ! Attendez que je sois morte avant de vous livrer ainsi à des transports qui me tuent ! Cela ne sera pas long, ajouta-t-elle à moitié défaillante.

— Oh ! ma mère, ma bonne mère ! s'écria Philippe, ne dites pas ainsi des paroles de douleur en ce jour de joie ! Rien ne saurait changer ma tendresse pour vous ! »

Il la couvrait de baisers ; il prenait ses mains dans les siennes ; il l'enlaçait d'étreintes étroites et passionnées.

« N'est-ce pas, mon père, rien n'est changé ?

— Rien, répondit le comte en embrassant lui-même Augustine. J'ai un fils, et vous avez un frère de plus ; voilà tout. Nous ne nous séparerons plus tous les trois, ajouta-t-il ; car je veux que Philippe achève son éducation près de moi et près de vous. Voilà trop longtemps que nous sommes séparés ; n'est-ce pas, mon enfant ? Bénie soit à jamais la main qui nous réunit.

— Je voudrais bien pouvoir pleurer comme vous, dit

Perle-d'Or ; j'ai la poitrine oppressée et la tête qui me brûle !

« — Ma tante, ma bonne mère ! » fit le jeune homme en s'agenouillant aux pieds de la pauvre femme.

Elle passa doucement ses mains dans les cheveux de Philippe, comme elle aimait à le faire, et attira de ses bras tremblants, contre ses lèvres, le front du jeune homme.

« Hélas ! dit-elle, il ne s'appellera plus Philippe désormais, n'est-ce pas, monsieur le comte ?

— Si fait, répliqua-t-il ; j'obtiendrai de monseigneur le garde des sceaux d'ajouter ce nom à ceux qu'il porte.

— Philippe ! dit-elle en se parlant à elle-même, Philippe ! ce sera donc toujours comme cela ! Rien ne sera changé ?

— Rien, ma chère Augustine, rien que ma reconnaissance et ma tendresse pour vous, répondit le comte.

— Ma mère, je vous aimerai plus encore, s'il est possible ! je comprends ce que vous avez souffert à révéler ainsi votre secret ! Si vous saviez combien je vous aime !

— Ah ! je sens enfin des larmes dans mes yeux ! Je puis pleurer, Dieu soit loué ! Je peux prier aussi ! je n'ai plus de remords qui m'en empêchent. Sainte femme, dans le paradis où vous êtes, dit-elle en se tournant vers le portrait, vous me bénissez, je le sens. »

Philippe se leva pour aller regarder avec attendrissement le portrait de sa mère. Augustine tressaillit et saisit le bras du jeune homme.

« Ne me quittez pas ! ne me quittez pas ! s'écria-t-elle.

— Eh bien ! venez avec moi, ma mère ! »

Et il la mena doucement vers le portrait qui semblait leur sourire ; ils s'agenouillèrent tous les deux : le comte les imita. Quand ils eurent terminé leur prière :

« Allons, dit maintenant M. dé Baumée, venez que je présente mon fils et ma sœur à toute ma maison. »

Cinq ou six jours après cette heureuse journée, le tondeur de chiens et sa femme, qui s'inquiétaient beaucoup de ne point apprendre de nouvelles d'Augustine, et de voir sa boutique ainsi fermée, aperçurent le carrosse du comte. Les braves gens étaient résolus à faire connaître au grand seigneur les inquiétudes qu'éprouvaient les amis de sa protégée, lorsque la voiture s'arrêta.

IV

TERREUR NOCTURNE

A la surprise générale, ce fut Perle-d'Or qui descendit, respectueusement soutenue par deux laquais. Elle était vêtue avec une grande simplicité, quoiqu'elle eût quitté ses habits d'ouvrière. Elle ouvrit son échoppe, dans laquelle elle pria le tondeur et sa femme de la suivre. Là, elle alluma le feu du réchaud, jeta de la friture dans la poêle, éplucha quelques pommes de terre, et recommanda à son ancienne amie de bien étudier comment elle s'y prenait. Mais le tondeur et sa femme étaient plus occupés à regarder Augustine qu'à profiter de ses leçons. En effet, jamais ils n'avaient vu meilleure mine à Perle-d'Or. Fraîche, reposée, engraissée, elle semblait rajeunie de quinze ans. Quand elle eut frit ses pommes de terre, elle les goûta, parut satisfaite de son œuvre, et, se tournant vers ses deux voisins :

« Mes amis, leur dit-elle, cette boutique vous appartient. Voici un acte qui vous en transmet la jouissance viagère que j'en avais reçue. Ma rente de quatre cents livres devient également votre propriété. Je suis riche et heureuse : il faut bien que vous ayez aussi un peu de ma richesse et de mon bonheur. »

Le tondeur et sa femme croyaient rêver.

Perle-d'Or, tandis qu'ils se remettaient de leur surprise, leur conta l'histoire de Philippe ; histoire qui les jeta en de nouveaux étonnements.

« Adieu, dit-elle en embrassant le tondeur et sa femme, adieu ! Vous voilà désormais en possession d'un meilleur métier que le métier d'écorcher de pauvres bêtes.

— Écorcher ! interrompit le tondeur, blessé dans son amour-propre d'artiste. Cela ne m'est jamais arrivé, madame Augustine.

— Et il ne m'était jamais arrivé, mon voisin, de m'entendre donner de la madame par vous, » répliqua Augustine à son tour.

Le tondeur se sentait presque embarrassé et confus près de son ancienne amie. Il ne répliqua pas. Perle-d'Or reprit avec aisance :

« Vous voilà marchande de friture, c'est ce que je voulais dire. Allons, chère amie, à l'ouvrage donc. Eh bien !

prenez garde de jeter les pommes de terre dans la graisse avant qu'elle noircisse ! Faites surtout attention à remuer, la poêle comme je vais vous le montrer. Sans cela, vous ne feriez que de la mauvaise marchandise. »

Elle secoua la poêle avec dextérité, remonta dans le carrosse, et retourna à l'hôtel du chambellan.

Philippe vint au-devant d'elle sur le perron pour la descendre de voiture et pour l'embrasser ; le comte, appuyé sur le balcon de sa fenêtre, lui dit quelques bonnes paroles.

Augustine se sentait la plus heureuse des femmes.

« Il m'aime aussi tendrement qu'auparavant, » se di-sait-elle.

Tout à coup elle remarqua que Philippe se retournait vers M. de Baumée, et tendait sa main à la main de son père : elle sentit son cœur se serrer de jalousie.

« Il l'aime autant que moi ! se dit-elle. Peut-être l'aime-t-il plus encore ! » Mais elle écarta cette pensée comme les autres de la même nature qui déjà lui étaient venues.

Pendant les deux premières années que Perle-d'Or passa chez le comte de Baumée, sa vie s'écoula d'une façon tout à la fois heureuse et pénible, entre les jalousies et les extases de la tendresse maternelle. Bien souvent elle se retirait dans sa chambre pour y verser, en secret, des larmes amères, parce que, dans ses défiances et ses pré-ventions, il lui semblait voir que Philippe avait mis moins d'affection que de coutume à son bonjour du matin. Elle interrogeait tout le monde pour savoir combien de temps le jeune homme avait passé chez son père ; ce qu'il y avait dit ; ce qu'il y avait fait. Les réponses qu'on lui donnait, de quelque nature qu'elles fussent, n'apportaient jamais de calme à ses douloureuses agitations. Si Philippe avait accordé à son père peu de temps, Augustine se disait :

« On me trompe. Chacun ici, par pitié, me cache la préférence de mon enfant pour son père. »

Au rebours, apprenait-elle qu'il eût devisé longuement assis sur le pied du lit du comte, elle se désolait ; elle se répétait avec désespoir qu'il fallait qu'elle fût aveugle pour ne pas, depuis le premier jour, avoir reconnu que l'amour de Philippe s'était changé en simple reconnaissance. Il avait changé depuis le moment où il avait vu qu'elle n'était point sa tante et son unique parente au monde, mais bien une simple bienfaitrice. Alors le cœur de la pauvre créature battait avec violence et en désordre ; ses yeux, gonflés à force de pleurer, ne trouvaient plus de larmes, et son visage prenait une expression de souffrance devant laquelle se fussent émus les cœurs les plus impitoyables. Le comte et Philippe, qui connaissaient et comprenaient ces sublimes faiblesses d'une tendresse absolue, les ménageaient par mille attentions affectueuses qui ne faisaient, par malheur, qu'envenimer la plaie de la pauvre femme. Avec le subtil regard de la jalousie, elle saisissait, au milieu de la tendresse franche et vive de ses amis, les particules imperceptibles de réserve et de précaution qui s'y trouvaient mêlées.

Elle dissimulait de son côté, feignait de la sérénité et engageait Philippe, par un sourire forcé et par des paroles exagérées, à se rendre près de son père. Quand le jeune homme se trouvait à ses côtés, elle lui répétait qu'il lui suffisait de le savoir heureux et qu'elle se passerait volontiers de le tenir là près d'elle si ses devoirs ou ses plaisirs l'appelaient autre part... Néanmoins, s'il retardait d'une minute le moment de sa visite du matin, si, pendant la journée, il ne venait pas la surprendre par une des apparitions inattendues auxquelles il l'avait accoutumée; si, à l'heure du dîner, en entrant dans la salle à manger, son premier regard ne la cherchait point, son premier pas ne marchait point vers elle, sa première inflexion de voix n'avait point le même accent de tendresse que d'habitude, elle pâlissait, elle s'agitait dans son fauteuil. Sa voix s'étouffait, et l'on voyait sa poitrine haletante s'agiter avec vitesse. Sans appétit, elle s'efforçait à manger. Le cœur brisé, elle tentait de rire ! Les damnés souffrent moins en enfer ! Presque toujours une crise nerveuse ou une indigestion devenaient les résultats de ces commotions disproportionnées avec les forces physiques et morales de Perle-d'Or. Aussi le frêle tempérament de la pauvre créature ne sut point résister à de pareilles secousses. Peu à peu un voile sembla tomber et s'épaissir sur son intelligence, tandis que sa santé s'altérait de plus en plus. Trois années de séjour chez le comte l'avaient plus vieillie que cinquante années de misère et de travail, en plein vent, sur le pont Neuf. L'inaction contribua beaucoup aussi à ces funestes symptômes. Les anciens amis de la bonne femme, quand ils venaient la visiter le dimanche, sortaient chagrins de voir « combien elle baissait, » suivant le terme expressif qu'ils employaient.

« Pauvre Perle-d'Or ! disait le tondeur de chiens à sa femme lorsqu'il rentrait au logis; pauvre Perle-d'Or !

Elle ne quitte pas son fauteuil à roulettes ! ses jambes ne vont plus du tout ! Lorsqu'on arrive, elle est presque toujours à sommeiller ; elle entr'ouvre les yeux ; elle fait bonne mine ; elle dit :

« — Bonjour, voisin, comment va votre femme ?

« Presque aussitôt elle retombe dans son assoupissement, ne répond point à ce qu'on lui raconte, n'écoute pas, et, j'en ai bien peur, n'entend pas... Mais, au moindre bruit de porte, si un chien aboie dans la cour, ou lorsque des pas de cheval se font entendre : elle tressaille, elle regarde autour d'elle ; elle demande ce que c'est et un tremblement général agite tous ses membres.

— Répond-on : Voilà monsieur Philippe ! des gouttes d'eau coulent alors sur son front, et il lui prend, sans motif, des envies de pleurer. Du reste, il faut voir Philippe ! Il n'est pas plus fier qu'au temps où il n'avait d'autre parent qu'Augustine ! Il me donne des poignées de main, m'appelle père Michaud gros comme le bras, me demande des nouvelles de toute la famille, et vient s'asseoir aux pieds de Perle-d'Or. Il lui baise les mains, quasi comme si elle était une reine ou une sainte du paradis ; il lui dit mille choses, l'amuse, la fait rire, la taquine, l'embrasse, la mijote, que ça fait plaisir et que ça fait venir les larmes dans les yeux ! Pendant ce temps-là, Perle-d'Or est heureuse ; elle rajeunit, elle se porte bien. Mais que Philippe s'éloigne, elle retombe aussitôt. Son visage s'éteint comme une chandelle qu'on souffle ! Elle n'y est plus ! Elle n'entend pas ! Elle ne répond pas ! En voilà jusqu'à ce que son fils revienne. »

Les choses se passaient, en effet, comme le digne tondeur le disait à sa femme en quittant ses habits des beaux jours et en les accrochant à la muraille jusqu'à sa prochaine visite à Perle-d'Or.

Les rhumatismes d'Augustine avaient dégénéré en paralysie, et deux fois l'apoplexie avait frappé ce chétif cerveau, dans lequel la passion jetait sans cesse de dangereux afflux de sang. Le chirurgien de l'Empereur, M. Dubois, s'étonnait qu'elle eût résisté à la violence de pareilles attaques, et regardait la vie de Perle-d'Or comme un de ces miracles devant lesquels la science reste déconcertée. Il avait prévenu le comte et Philippe qu'au moindre choc cette existence frêle se briserait en éclats. C'était là une pensée qui troublait tout le bonheur du jeune homme. Au milieu des séductions de la fortune il se sentait malheureux de penser que la mort pourrait bientôt le séparer de celle qu'il aimait comme une mère. Quand cette idée lui venait, c'en était fait de ses joies de toute la journée, et Augustine le voyait aussitôt arriver près d'elle. Là, il oubliait les fêtes, les bals et même deux beaux yeux bleus et une taille charmante qu'il aimait éperdument. Il avait vu plus d'une fois, disons-le pourtant tout bas, les yeux bleus s'arrêter sur lui; il avait senti plus d'une fois aussi la taille souple tressaillir sous sa main à des paroles échangées durant le mouvement rapide d'une valse.

L'état d'Augustine devint si grave et si précaire, que Philippe la fit transporter dans son propre appartement, afin de se trouver constamment près d'elle et de pouvoir, la nuit, accourir à la première alarme. D'après ses ordres, on plaça le lit d'Augustine dans un cabinet séparé par une simple cloison de l'alcôve de son fils: Elle ne faisait pas un geste qu'il ne l'entendît : de son côté Perle-d'Or jouissait du bonheur de savoir tout près d'elle son enfant bien-aimé et de ne point perdre une des paroles de sa voix, un des bruits de ses mouvements. . .

Un matin, au point du jour, elle reposait du sommeil lourd et incomplet des paralytiques, lorsqu'elle entendit Philippe s'éveiller, descendre de son lit et s'habiller avec de grandes précautions.

Il fallait l'oreille défiante et jalouse d'une mère pour deviner ces bruits imperceptibles. Elle suivit avec anxiété chacun des mouvements du jeune homme et se rendit compte de ce qu'il faisait comme si elle l'eût vu de ses yeux. Après s'être revêtu de ses habits, il s'agenouilla, fit une courte prière, s'enveloppa de son manteau et décrocha de la muraille une épée.

Perle-d'Or jeta un cri de terreur.

« Philippe ! Philippe ! » gémit-elle.

Le jeune homme s'arrêta un moment avec hésitation : puis il redoubla de précautions et se glissa dans l'escalier.

Perle-d'Or n'entendit plus rien.

« Marianne ! cria-t-elle à la jeune fille couchée dans un lit voisin du sien, Marianne ! levez-vous ! il faut que j'aille à l'instant trouver M. le comte ! il faut que je lui parle sur l'heure ! »

Marianne, stupéfaite, regarda Augustine. Non-seulement elle se tenait assise sur son séant, ce que la paralysie l'empêchait de faire la veille, mais elle agitait les bras avec une effrayante vivacité.

« M. le comte dort, dame Augustine. Attendez encore

une heure. Dans une heure, il fera jour ; les domestiques seront éveillés, et le valet de chambre de monseigneur le préviendra que vous voulez lui parler. »

Tandis que la jeune fille parlait encore, Augustine était descendue de son lit et se couvrait à la hâte de quelques vêtements.

« Donnez-moi le bras, » dit-elle à Marianne, qui, pleine de frayeur, s'apprêtait à placer l'impotente dans son fauteuil à roulettes et à la charrier chez le comte.

Elle s'appuya sur le bras de la jeune fille. Mais celle-ci n'allait pas assez vite au gré de Perle-d'Or, qui la laissa en chemin, courut chez le comte, et ouvrit brusquement la porte.

« Monseigneur, s'écria-t-elle, monseigneur, il est allé se battre ! »

Le comte, éveillé en sursaut, se jeta hors de son lit, et, désespéré comme Augustine :

« Que faire ! Comment le rejoindre ? Malheureux enfant !

— Montez à cheval. Il ne peut être loin encore ; vous arriverez à temps. Cette femme qu'il aime, madame de Norvelins doit être la cause du combat.

— Une femme qu'il aime ?... madame de Norvelins?... Mais j'ignorais...

— Je sais tout, moi ! J'ai tout deviné. Mais, au nom du ciel partez ! partez, car chaque minute de retard peut causer sa mort ! Allez, suivez-le, suivez mon Philippe ! »

Le comte partit avec précipitation, et dans un désespoir trop facile à comprendre. On rapporta dans sa chambre Augustine, dont l'état était si pitoyable, que l'on oubliait, autour d'elle, l'inquiétude causée par le duel de Philippe; on ne s'occupait que des soins à donner à la pauvre femme. On envoya quérir un médecin; on la replaça dans son lit, et on alla jusqu'à feindre de la tranquillité autour d'elle, pour tâcher de l'apaiser.

« M. le comte a rejoint son fils à la porte de l'hôtel; ils sont sortis ensemble, il ne s'agit point d'un duel, mais d'un rendez-vous, » lui dit-on.

Elle ne répondit même pas à ce généreux mensonge. Rien de ce qui se passait autour d'elle ne semblait agir sur ses sens. Elle attendait, voilà tout! Et quelle attente, mon Dieu! Pâle, frissonnante, brisée, les lèvres blanches, elle serrait convulsivement ses mains nouées par des crispations horribles; elle tenait ses regards fixés sur la porte; elle restait l'oreille aux aguets.

Deux heures s'écoulèrent ainsi.

Deux heures! deux heures sans fin! Deux heures auxquelles l'éternité peut seule se comparer.

Ce temps maudit écoulé, un bruit se fit entendre dans la rue. C'était des pas de chevaux.

Hélas! ceux qui venaient passèrent sans s'arrêter.

Augustine, qui s'était dressée sur son siége, et qui avait joint les mains, retomba.

Ce n'était point lui.

Un quart d'heure après, il s'éleva de nouveaux bruits.

Cette fois, on s'arrêta devant l'hôtel; cette fois la porte s'ouvrit; cette fois c'était des nouvelles de lui!

Oh! qu'on fut long à monter l'escalier!

Le comte revenait, mais seul.

Seul ! mon Dieu !

« Cette pâleur... cette émotion... tout est fini ! Philippe ! Philippe ! Il est mort!

— Il est sauvé !

— Philippe! Philippe!

— Il est sauvé, je vous le répète ! »

Mais elle n'entendait point, elle n'écoutait point.

« Un couteau ! un couteau! que je coupe le cœur de son assassin!

— Il est sauvé, répéta le comte.

— Non! non! je ne vous crois point! Il serait avec vous! Vous me trompez! Philippe ! Philippe! »

M. de Baumée prit les mains de Perle-d'Or dans les siennes :

« Sur l'honneur, sa blessure n'a rien de grave, vous le verrez dans un moment.

— Sa blessure! il est blessé? A quoi sert-il donc d'avoir un empereur pour que l'on blesse ainsi mon Philippe? blessé ! Où est-il? Je veux le voir à l'instant ! tout de suite, sur l'heure! Qu'on me mène près de mon fils! Philippe ! Philippe! je veux voir Philippe !

— Calmez-vous, Augustine ! Serais-je près de vous si mon fils courait le moindre danger? je suis venu pour vous rassurer. C'est lui qui m'en a prié.

— Il a pensé à moi! Il a eu un souvenir pour moi! murmura-t-elle, ressaisie par sa jalousie... C'est bien à lui, car aujourd'hui vous lui avez sauvé la vie comme moi jadis. Vous êtes devenu son père, comme moi j'avais été sa mère.

— Le voici ! j'entends la voiture qui le ramène! »

3

Et il courut au-devant de Philippe, qui n'avait reçu en en effet qu'une blessure sans danger. Bientôt le comte le ramena près d'Augustine. Celle-ci attacha sur Philippe un regard inexprimable et s'écria :

« Mon enfant ! mon enfant ! »

Elle voulut parler, mais elle ne se trouva plus de voix; elle voulut l'embrasser, mais ses bras étaient redevenus paralytiques. Elle ne put que faire un léger signe de tête. Philippe l'entoura de ses étreintes et lui donna un baiser sur le front. Elle tressaillit; le médecin fit un signe.

« Pour tous les deux, dit-il au comte à voix basse, il faut éviter que cette scène passionnée se prolonge. Le blessé a besoin de calme, et je dois saigner sur l'heure madame, car je crains, d'un moment à l'autre, une nouvelle attaque d'apoplexie.

Philippe se laissa emmener par son père.

Augustine le suivit des yeux tant qu'elle put, et écouta les mouvements qui se faisaient dans la pièce voisine, pendant que l'on couchait le blessé. Sur ces entrefaites, le chirurgien pratiquait sa saignée, ordonnait autour de Perle-d'Or le silence le plus absolu, et annonçait une crise prochaine et terrible pour la vieille femme.

En effet, elle succomba bientôt à un affaissement profond. On eût pu penser qu'elle dormait, si les plus légers bruits de la chambre voisine ne l'eussent éveillée et fait tressaillir.

La journée se passa de la sorte. Quand le soir fut venu, elle essaya, d'une voix confuse et embarrassée, de questionner sur l'état de Philippe ceux qui l'entouraient.

« Il va très-bien, répondit à voix basse le chirurgien. Dans quelques jours il sera guéri. »

Elle attacha sur lui un regard sévèrement interrogateur, et reporta ensuite ce regard sur un crucifix placé en face d'elle, comme pour menacer de la vengeance divine le docteur, s'il se trompait.

Il répéta :

« Je vous jure, sur cette image du divin Sauveur, que, dans quelques jours, M. Philippe pourra se lever. Il ne court pas le plus petit danger. »

Perle-d'Or, quand elle entendit ces dernières paroles, laissa redescendre doucement sur l'oreiller sa tête, dont les muscles étaient restés jusque-là douloureusement tendus, et retomba dans un affaissement qui ne laissa plus d'espérance au médecin.

Le comte vint, vers onze heures du soir, demander des nouvelles de la malade ; il ne reçut pour réponse qu'un hochement de tête significatif. Alors il alla rejoindre Philippe.

« Mon enfant, lui dit-il en sanglotant, arme-toi de courage ! »

Philippe s'élança hors de son lit, courut près de Perle-d'Or, et prit dans ses deux mains la tête de l'agonisante. Celle-ci ouvrit les yeux, sourit de ses lèvres sans force, murmura le nom de Philippe et referma les yeux.

Tout était fini ! il y avait dans le ciel deux mères aux pieds de Dieu qui priaient pour le même enfant.

BALJEE

Le mot hollandais *brood* ne doit pas se traduire en français par le mot *pain*, comme le font tous les dictionnaires consacrés aux langues de ces deux pays. On ne saurait trouver dans la Hollande entière un morceau de véritable pain. Ce qu'on nomme *brood* est une matière poreuse en apparence, et compacte en réalité. Revêtue d'une pellicule molle et blafarde, improprement appelée croûte, sans doute faute d'un mot plus caractéristique, il suffit de la presser une seule fois dans la main pour la transformer en une pâte gluante, dont l'estomac le plus robuste ne peut digérer les sucs aigres et nauséabonds. Ce *brood* est façonné en petites tablettes rondes, convexes, et que peut contenir le creux de la main. Il y a bien encore un autre mélange de raisin de Corinthe et de farine de seigle qui reçoit également le nom de *brood*; enfin on voit apparaître sur les tables néerlandaises de petites tranches noires, humides, d'un goût odieux, et qui rappellent avec désavantage le pain de munition que les soldats mangeaient autrefois; mais tous ces *brood*, on le voit, n'ont rien de commun avec notre véritable pain de France, si blanc, si doré, si salubre !

Le vrai pain des Hollandais, c'est-à-dire l'aliment qui leur en tient lieu, consiste en de petites plies, pêchées sur les côtes, séchées au soleil et sans autre préparation. On ne saurait rencontrer un homme du peuple, un ouvrier ou un marin, sans qu'il ne répande les vives exhalaisons de ce mets singulier. Jamais ils ne sortent, à moins d'emporter avec eux une provision de cette manne peu attrayante pour les étrangers. Il y a des plies sèches dans toutes les poches de vestes, de pantalons et dejupes. Après le paquet de tabac qu'il fourre entre sa joue et ses dents, le matelot ne connaît pas de distraction plus chère que celle de déchiqueter à belles dents ces plies, qui ressemblent à un morceau tordu et saumâtre de vieux parchemin. On ne mange guère autre chose jusqu'au soir ; chaque fois que la faim se fait sentir, on y a recours. Quand la nuit vient mettre un terme aux travaux, chacun songe sérieusement à faire un véritable repas, et voici en quoi ce repas consiste ; prenons Amsterdam pour exemple.

Amsterdam compte deux cent quatre-vingt-dix ponts de pierre ou de bois. Dès que le soleil commence à descendre vers la mer, deux boutiques en plein vent s'installent à chacun des deux bouts de ces deux cent quatre-vingt-dix ponts, ce qui fait, soit dit en passant, un total de onze cent soixante boutiques nomades et improvisées.

Les marchandes qui tiennent ces comptoirs nocturnes, sous leur auvents de toile, vendent d'abord et avant tout des plies séchées ; les plies, enfilées par une ficelle, pendent en guirlande autour de la boutique, s'élèvent en piles sur des planches et débordent de deux ou trois tonneaux ; tout cela suffit à peine aux achats considérables faits par des centaines d'acheteurs qui ne cessent de se succéder. Les cornichons, les concombres et autres préparations acétiques et de haut goût, n'obtiennent pas moins de débit ; enfin, autour de chaque établissement, on voit une queue de huit ou dix habitués qui attendent patiemment que ce soit leur tour d'arriver devant un immense plat de terre cuite à fleurs bleues.

Une compagne de la marchande, — presque toujours une jeune fille, — ne cesse de remplir ce plat de grandes moules qu'elle ouvre à l'aide d'un couteau et avec une dextérité digne de nos poissardes de la halle. Au moyen d'un léger mouvement de son couteau, elle détache la moule de manière qu'elle ne tienne plus à l'écaille que par un long fil. Chacun des postulants gastronomes s'avance gravement vers le comptoir, tire un sou de sa poche, prend une moule, la plonge dans une petite tasse de vinaigre et la gobe prestement. Il continue ce manége jusqu'à ce qu'il vienne à tousser ; alors il tire un second sou de sa poche, et recommence à manger ; une fois sa faim apaisée, il attend une nouvelle quinte de toux, s'éloigne d'un air compassé et cède la place à un autre.

Un soir, nous examinions près du quartier juif ce com-

merce singulier. C'était, je vous l'assure, une scène
digne des pinceaux du vieux Rembrandt que les groupes
de matelots, avec leurs chemises de laine rouge, leurs
formes athlétiques et l'expression à la fois nonchalante
et hardie de leurs traits, qu'on aurait dit ébauchés, à
grands coups de hache, par un statuaire, dans un bloc
de bois. Les femmes, vêtues de vestes à longues basques,
et la tête ceinte d'un bonnet à tuyaux qui rappelle la
coiffure de madame de Maintenon, circulaient autour de
ces restaurants qui les débarrassent des soucis du ménage et leur fournissent à bas prix une nourriture toute
préparée. Elles veillaient à ce que leurs enfants et leur
mari reçussent une bonne ration et mangeaient elles-
mêmes fort gaiement du poisson sec ; non sans deviser
avec les autres commères leurs amies. Deux chandelles
jetaient alentour les reflets vacillants de leur lumière, et
prodiguaient les jeux pittoresques de leurs ombres sur
toutes les figures en mouvement.

La même scène, je vous l'ai dit, avait lieu aux deux
bouts du pont ; une des boutiques semblait toutefois jouir
de plus de vogue et compter une plus nombreuse clientèle. Elle avait pour marchande une Frisonne, la tête
ceinte du diadème d'or que portent les femmes de ce pays.
En outre, une enseigne peinte sur une plaque de fer-blanc,
et ajustée en guise de girouette au bout d'un des quatre
pieux qui formaient la tente, tournait au moindre souffle
du vent, c'est-à-dire qu'elle s'agitait sans relâche.

Cette enseigne mérite un moment de halte et d'attention dans mon histoire. Peinte sur un fond du rouge le
plus vif, elle montrait une tête grossièremsnt barbouil-

lée, et dans laquelle on ne pouvait guère distinguer que de gros favoris noirs et des cheveux poudrés. Les yeux, le nez, la bouche et les traits du visage n'avaient rien d'humain, et semblaient formés par des couleurs jetées au hasard. Au-dessous de cette œuvre de quelque vitrier, après boire, on lisait le mot : BALJEE.

Nous cherchâmes inutilement si les enseignes des autres boutiques offraient du rapport avec celle-ci ; elles ne lui ressemblaient en aucune façon. L'une consistait en un énorme concombre naturel qui pendillait au bout d'une ficelle ; un chapelet de coquilles de moules formait la seconde ; on ne remarquait à la troisième qu'un drapeau en guenilles, et dont les lambeaux usés et déteints gardaient à peine quelques traces des couleurs nationales de la Hollande.

Plus tard, quand nous fûmes rentrés à l'hôtel, je cherchai dans un gros dictionnaire hollando-français le mot *Baljee*, dont j'ignorais la signification. Je ne pus le trouver. J'en témoignai ma surprise, *mezzo voce*, à mes compagnons de voyage.

Un commis voyageur, témoin de nos inutiles efforts, s'enquit sans façon du mot que nous poursuivions ; nous le lui dîmes. Le missionnaire du commerce français répondit avec l'assurance d'un homme sûr de son fait :

« *Baljee !* J'ai lu ce mot-là tout à l'heure sur une enseigne, en passant près du pont du quartier des Juifs. Ne vous donnez pas la peine de chercher et de feuilleter ce bouquin plus longtemps. *Baljee* signifie en hollandais *moules crues.*

Charmé de cette explication, exprimée en termes positifs, je tirai mon portefeuille, et j'écrivis, à la suite des notes que j'avais prises sur le singulier commerce dont j'avais tout à l'heure été témoin : *Baljee — moules crues.*

Le lendemain matin, à bord du bateau à vapeur de Harlingen, sur lequel nous nous étions embarqués, la première personne que j'aperçus fut mon traducteur de la veille. Je le saluai par reconnaissance du service qu'il m'avait rendu en abrégeant mes recherches dans le dictionnaire hollandais. Il vint à moi, parla longuement de mille choses, et commençait à se perdre dans une description de la Frise, vers laquelle naviguait le steamboat, quand un grand bateau à voiles passa rapidement près de notre embarcation. A la poupe de ce bateau se trouvait sculptée une tête toute semblable à celle de l'enseigne énigmatique de la veille. C'était la même chevelure poudrée, les mêmes gros favoris noirs ; les mêmes airs de tête ; enfin, pour ne laisser aucun doute, au-dessous brillait en lettres d'or le mot de Baljee. Je montrai du doigt au commis voyageur la tête et l'inscription.

Le jeune homme secoua gravement la tête, huma une énorme gorgée de fumée, lança cette fumée en l'air par un mouvement de lèvres plein de fatuité, et me répondit, en traduisant de nouveau l'inscription qu'il m'avait déjà expliquée la veille : « *Baljee — moules crues* ; c'est un bateau qui va à la pêche des moules !

— Mais la tête aux favoris noirs et aux cheveux poudrés ?

— Elle symbolise les pêcheurs ; voyez, tous portent de gros favoris.

« — Mais je n'en ai pas vu un seul qui se poudrât les cheveux !

— Ils ne se les poudrent que les jours de fête, » interrompit-il avec une conviction tellement absolue, tellement tranchante, tellement accentuée, qu'aucun doute ne resta dans ma pensée. J'allai faire part de ma découverte à mes deux amis, le poëte Félix Bogaert et le peintre de marine Sebron ; nous en devisâmes longtemps. Sebron dessina un bateau de pêcheurs, avec la tête fantastique sur sa poupe ; il écrivit au-dessous, avec la meilleure foi du monde : *Bateau spécial pour la pêche des moules.*

Le soir nous débarquâmes à Harlingen, après une délicieuse navigation sur une mer calme et dont chaque vague resplendissait comme une nappe d'or aux feux éclatants d'un soleil radieux. Pas un nuage n'altérait le bleu pur du ciel ; la fumée du bateau s'échappait avec calme de la colonne noire qui lui servait de conduit, et se déployait au loin comme une draperie immense et diaphane. A chaque instant des troupeaux de marsouins sortaient des flots, bondissaient dans les airs et semblaient narguer la vitesse et la grâce de notre bâtiment. Assis sous la tente de l'arrière, chacun des voyageurs respirait voluptueusement un air que la mer pénétrait d'une délicieuse fraîcheur. Une fois débarqués à Harlingen, un trekchuyt reçut les passagers du bateau à vapeur; et à l'allure ardente et rapide de ce dernier succéda la marche la plus pacifique et la plus lente que jamais ait subie patience humaine. Un trekchuyt est une grande barque qui contient une salle étroite et longue, assez semblable à l'intérieur d'un omnibus. Les voyageurs se placent en face l'un de l'autre,

sur sa double banquette, et fument, assis devant une table
chargée de tous les ustensiles nécessaires à cette occupa-
tion. Ils ont pour distraction le loisir de manger, de
boire ou d'aller respirer sur le pont. Ce fut là que nous
nous installâmes pour étudier le pays à travers lequel le
trekchuyt nous promenait avec une lenteur d'environ
deux kilomètres par heure. Cependant personne ne songeait
à se plaindre ; car jamais plus belle soirée n'avait éclairé
plus beau pays. Le trekchuyt, dont on ne sentait même
pas le mouvement, traversait, sur un canal tout ruisselant
des émeraudes des plantes aquatiques, les vastes prairies
qui donnent à la Frise un caractère d'étrangeté sans exemple. Ce sont, à perte de vue, des plaines de gazon sillonnées
par de petits canaux et par quelques écluses, près desquelles
se dressent, en croix, de gigantesques défenses d'élé-
phants fossiles, trouvées dans ces terrains qui regorgent
de trésors antédiluviens. Des moulins qui servent à épurer
les eaux et que fait pivoter ingénieusement sur eux-mêmes
une large girouette, de manière à placer toujours leurs
ailes sous le vent, d'immenses troupeaux, des bouquets
d'arbres, et, de distance en distance, des maisons avec
leur toiture d'un rouge vif, accidentent, sans les interrompre, ces immensités de verdure dont les lignes lointaines finissent par se confondre avec les vapeurs de l'horizon.

Après deux heures de navigation, tout à coup le pays
change d'aspect. On se trouve au milieu d'une ville orientale, avec ses dômes bizarres et ses flèches découpées.
Le soleil couchant donnait un fond de pourpre et de feu
à ce magnifique spectacle. Certes, un enfant de Bagdad,

transporté tout à coup en ces lieux et à cette heure, n'eût point hésité à se croire devant sa ville natale et à reconnaître, dans les chants plaintifs du martin-pêcheur, les voix des prêtres qui annoncent aux vrais croyants, du haut des minarets, le moment de prier Allah et son divin prophète. En vain lui eût-on affirmé que cette ville se nomme Frannaker, et non Bagdad ; en vain lui eût-on dit : — Vous êtes au nord de la Hollande, bien loin de votre ardente patrie ; c'est le Christ et non Mahomet qui impose ici sa loi céleste. Pour toute réponse il eût montré la ville et le ciel, et il se fût tourné vers l'orient pour faire ses ablutions et pour prier.

On arrive à Leuwardeen en pleine nuit. Là l'illusion cesse. On ne se croit plus en Orient ; la tristesse et la sévérité de la Frise apparaissent dans toute leur rigidité. Les féeries elles-mêmes de la lune ne peuvent rien pour poétiser les maisons régulières, noirâtres, monotones, toutes semblables les unes aux autres et qui s'alignent sur deux rangs, dans de larges rues tirées au cordeau. Il n'y a plus rien pour l'imagination ; on est dans l'âpreté rugueuse du positif.

Leuwardeen nous avait semblé triste, la veille de notre arrivée, à dix heures du soir ; mais elle nous apparut encore plus solitaire et plus mélancolique le lendemain au grand jour. C'était un dimanche. Aucune des rares boutiques dont les enseignes apparaissent de loin en loin parmi les façades des maisons bourgeoises ne se trouvait ouverte. On ne rencontrait dans les rues que des personnes au maintien grave, un livre d'heures ou une Bible à la main. Les hommes portaient un costume de couleurs sombres ; la plupart des femmes avaient pour coiffure le *kap-oor*, accompagné des *yzeer-nald*, littéralement la *cape d'oreilles* et le *fer d'aiguilles*.

Le *kap-oor* est une véritable couronne d'or ou d'argent, dont le large cercle embrasse la partie postérieure de la tête, et vient s'épanouir sur le devant du front en deux larges fleurs du même métal: La valeur matérielle de cette parure indique la fortune et le rang de celle qui la porte. La plupart sont en or et coûtent des sommes considérables. On cite des kap-oor du prix de vingt mille florins, c'est-à-dire de quarante-deux mille francs environ. Quelques-unes de ces coiffures, enrichies de diamants, se transmettent, dans les familles, de génération en génération, depuis cinq ou six siècles, et n'ont subi aucune modification.

Le kap-oor se place sur un serre-tête en taffetas noir qui couvre lui-même tous les cheveux, que les Frisonnes portent d'ordinaire taillés ras. Par-dessus le diadème on ajuste un second bonnet de dentelles, serré sur le front ; il laisse à découvert les fleurs du kap-oor et les aiguilles de *yzeer-nald*, et vient retomber en plis larges et légers sur la nuque et sur les épaules, que la forme du corset laisse en partie découvertes. Le corset ne descend point ses manches au delà de l'avant-bras ; il dessine, par une coupe pleine de coquetterie, la taille, qu'il étreint, et se termine par de longues basques, à la façon d'une veste. Ce corset et ces basques, toujours d'une couleur qui tranche avec la large jupe, rappellent la forme de la tunique du treizième siècle. Quant à la jupe, ses immenses plis, rassemblés autour des reins et soutenus par un caleçon de toile empesée, prennent un peu de l'envergure des paniers du dix-huitième siècle.; elle laise voir un pied d'une petitesse et d'une pureté trop souvent calomniées par les voyageurs. Ce pied, fourré dans une mule à haut talon, et sans quartier qui le retienne, montre coquette-ment des proportions que parfois ne désavouerait pas une Andalouse.

Leeuwardeen n'a même pas une simple mention dans les divers *Guides des voyageurs*. Quand nous demandâmes à notre hôtel quels étaient les monuments de cette ville qu'il fallait visiter, il nous fit servir gravement des bécas-ses aux poires cuites et des pommes de terre à l'eau. Nous commençâmes alors à comprendre qu'on ne nous com-prenait plus. En ce moment, le commis voyageur, auquel nous devions déjà des explications si satisfaisantes, entra dans la salle. Témoin de notre embarras, il proposa de nous servir d'interprète et commença ses fonctions par dire au maître d'hôtel quelques paroles qui nous paru-rent du hollandais. Celui à qui s'adressaient ces ques-tions regarda d'un air étonné l'interrogateur et réfléchit gravement en se frottant le front, soit qu'il ne comprit pas, ce qui était peu probable, soit qu'il cherchât à donner une réponse satisfaisante. A la fin, il répondit par un monosyllabe, et reprit sa lecture de la Bible, in-terrompue par cet épisode.

« Il n'y a absolument rien à voir dans la ville; elle ne possède aucun monument qui vaille la peine d'être visité; voilà ce que me répond notre hôte, » dit le commis voyageur, qui, par la manière dont il traduisait le mo-nosyllabe du Frison, nous parut de beaucoup supérieur à Covielle lui-même dans son explication du *belmen* de Cléonte.

Nous résolûmes de borner nos excursions artistiques à la visite du temple de la réformation et surtout de l'église catholique.

Malgré la hardiesse et l'aplomb que mettait le commis voyageur à demander des renseignements, nous restâmes longtemps à découvrir l'église catholique. Nous y parvînmes, après bien des efforts infructueux, en suivant une femme qui tenait à la main un livre d'heures. Après avoir parcouru une partie de la ville, elle entra dans un petit corridor, au bout duquel se dressait un escalier des plus étroits. Le corridor, l'escalier et même la rue, se trouvaient encombrés de fidèles, pieusement agenouillés, et qui priaient avec ferveur. Il fallut que l'office fût terminé et que l'*ite missa est* eût renvoyé la foule pour que nous pussions visiter l'église. Elle est située à un premier étage. Pauvre, nue, avec un autel en bois peint, elle ne possède d'autre ornement qu'un tableau de médiocre exécution. Ce tableau est, à ne pas s'y méprendre, une répétition de la tête poudrée, à favoris noirs, que nous avions déjà vue sur l'enseigne de la marchande de moules et sur la poupe d'un bateau. Si nous eussions pu en douter, le mot de BALJEE, inscrit au-dessous du portrait, eût levé toutes nos incertitudes.

« C'est le portrait de l'inventeur de la pêche aux moules, » proféra aussitôt de sa voix tranchante notre compagnon.

Ici, je l'avoue, un doute sur le savoir hollandais du cicerone, et particulièrement sur la justesse de ses explications, commença à s'emparer de mon esprit. Je me fis observer judicieusement à moi-même que le buste portait le costume du dix-neuvième siècle, que la Hollande n'avait point attendu le dix-neuvième siècle pour découvrir la pêche aux moules, et que *Baljee* ne pouvait signifier à la fois le commerce des moules, la pêche elle-même et l'inventeur de cette pêche. Tandis que je réfléchissais à ma découverte, nous arrivâmes au consistoire protestant. Le premier objet qui frappa nos yeux fut une pierre gravée sur le seuil du temple et qui portait le mot de Baljee.

« C'est pour indiquer la place réservée aux pêcheurs de moules, dit le commis voyageur ; chacun, dans ces églises protestantes, a une place qui lui est assignée. »

Tandis qu'il énonçait cette assertion d'une voix tranchante, un vieillard à physionomie douce tourna vers nous la tête et nous regarda en souriant avec un mélange de raillerie et d'indulgence.

Le ministre donnait pieusement le signal du départ ; je supposais qu'il comprenait notre langue ; je l'accostai. Il répondit à mon salut et à mon interrogation par un : « Soyez le bienvenu, monsieur, » en excellent français, qui me charma autant qu'eût pu le faire la plus délicieuse musique.

« Vous désirez connaître ce que la ville de Leuwardeen renferme de curieux ? ajouta-t-il. Elle ne possède que deux objets dignes d'attention : sa prison et son refuge des orphelins. Les voulez-vous visiter :

— Volontiers, répondis-je, nous acceptons de grand cœur votre offre obligeante. »

Il marcha devant nous et ne tarda point à s'arrêter devant une grande maison d'apparence bourgeoise, qui portait pour fronton un bas-relief du seizième siècle, naïvement taillé et peint plus naïvement encore. Le bas-relief représentait un groupe de jeunes garçons et de jeunes filles qui lisaient et qui priaient. Nous gravîmes les trois marches du perron qui mènent à la porte et à son gros heurtoir en cuivre. Au premier coup la porte s'ouvrit, et nous nous trouvâmes dans un grand parloir, au milieu duquel nous vîmes un buste en plâtre avec la tête poudrée, les gros favoris et l'inscription fatidique de BALJEE.

« Enfin, monsieur, m'écriai-je, grâce à vous, je vais connaître le mot d'une énigme qui nous poursuit depuis trois jours ! » Et je lui racontai les nombreux *Baljee* que nous avions rencontrés, et les explications du commis voyageur. Tout Hollandais qu'il était, il ne put s'empêcher de rire aux éclats.

« Vous êtes bien loin de la réalité, dit-il ; quelques explications vont vous la faire connaître.

« Vers le milieu du siècle dernier, il y avait à Leuwardeen une famille française qui s'y était réfugiée depuis la révocation de l'édit de Nantes, et qui luttait courageusement par son travail contre la pauvreté. Le chef de cette famille mourut ; sa femme ne tarda point à succomber au désespoir, et il ne resta que quatre enfants, qu'on admit, en 1762, au refuge des orphelins.

« Ce refuge n'a rien qui ressemble à vos hôpitaux d'enfants trouvés. C'est une maison paternelle qui s'ouvre pour ceux qui n'ont plus de père, et dans laquelle les orphelins reçoivent une bonne éducation.

« Jacques-Martin Baljee, l'aîné des quatre orphelins de la famille française réfugiée, témoigna d'heureuses dispositions pour l'étude. On l'envoya à l'Université de Groningue, où il remporta tous les prix. Un chirurgien, Dirk Pars, le prit ensuite pour élève, et le légua, en mourant, à un de nos plus célèbres praticiens, Van der Duin, d'Amsterdam. Jacques se gagna l'affection de son nouveau professeur, se fit recevoir docteur en chirurgie, et partit pour les Indes, en 1774, comme médecin de vaisseau. Après de nombreux voyages, il fut nommé, en 1784, chirurgien-major du 1er bataillon d'infanterie à Batavia. Enfin il se maria avec une femme jeune et belle, acheta d'immenses propriétés, et sut si bien en diriger l'exploitation, qu'il devint le bienfaiteur du pays, et qu'il employa plus de cinq mille ouvriers sans compter les esclaves. Dans un voyage que je fis avec mon père à Batavia, je me rappelle avoir vu le docteur Baljee, au milieu de ses immenses exploitations, puissant comme un roi et respecté comme un père. Tous les bonheurs se réunissaient autour de lui : il décuplait chaque année sa fortune ; la maladie ne l'avait jamais atteint, ni lui ni les siens ; enfin sa femme et ses enfants, aimés éperdument par lui, professaient pour cet homme excellent un culte qui allait jusqu'à l'adoration la plus passionnée.

« C'était en 1812 ; je retournai à Batavia au mois de septembre 1815.

« Ma première visite fut pour l'homme dont j'avais admiré le bonheur inouï et sans exemple... Je ne trouvais plus qu'un vieillard infirme et abandonné aux soins mercenaires d'avides domestiques. Trois années avaient suffi pour tout détruire : femme, enfants, santé, repos. Du reste, Baljee était brisé, mais non pas vaincu. Il portait le malheur comme il avait porté la prospérité, avec une résignation pieuse et sereine.

« — Voilà tout ce qui me reste ! dit-il en me montrant les portraits de sa femme et de ses enfants. Rien ! plus rien qu'un souvenir !

« Une larme tomba sur ses joues vénérables ; il l'essuya et voulut se lever, comme pour se soustraire par le mouvement au chagrin.

« — Hélas ! j'oubliais que j'étais perclus ! ajouta-t-il en soupirant. La volonté de Dieu s'accomplisse ! Lui seul est le maître !

« J'étais revenu en Europe depuis plusieurs années, lorsqu'en 1823 une mesure du gouvernement jeta la consternation dans la Frise, et particulièrement dans Leuwardeen. On venait de décréter une loi par laquelle se trouvaient supprimés tous les établissements publics qui ne pouvaient suffire à leurs dépenses par leurs propres revenus, et que soutenaient seuls les dons de la charité publique. Le refuge des orphelins se trouvait dans ces tristes conditions. On arrêta qu'on le fermerait à dater du 1er janvier 1824, et que les enfants qu'il renfermait seraient immédiatement envoyés aux colonies de bienfaisance.

« Cette décision fut accueillie dans Leuwardeen par des larmes de désespoir. Elle frappait presque toutes les familles ; elle enlevait de pauvres enfants à une éducation maternelle, pour les astreindre à des travaux de défrichements, sous les fatigues desquels la plupart ne tarderaient point à succomber infailliblement. Le régime des colonies de bienfaisance est rude, inexorable, et ressemble un peu à l'exploitation que l'on fait des nègres aux colonies véritables. On essaya de former une souscription afin de prévenir la suppression du refuge. Malgré les sacrifices que chaque citoyen s'imposa, on ne put rassembler que le quart de la somme nécessaire pour doter l'établissement des orphelins.

« Le jour même où devait s'accomplir la mesure prescrite par la loi, le 31 décembre 1825, au moment où l'administration faisait disposer les voitures pour le transport des orphelins, un courrier arriva à Leuwardeen ; il était porteur d'un message du gouvernement, et il apportait un legs de cent soixante-sept mille huit cent quatre vingt-dix florins, fait par Baljee, au refuge dans lequel il avait été élevé. Je vous laisse à penser la joie que causa une pareille nouvelle. Il y eut illumination générale ; enfin les ministres des différents cultes que professe la population de Leuwardeen décidèrent que le nom de Baljee serait inscrit dans chacune de leurs diverses églises.

« Vous comprenez maintenant, conclut le vieillard, pourquoi vous avez rencontré si souvent le nom de Baljee, et quels motifs l'ont fait peindre sur l'enseigne d'une Frisonne, sculpter sur la poupe d'un bâtiment de la Frise et placer à la fois dans une chapelle catholique et dans un oratoire protestant. Enfin vous devez être convaincu, je l'espère, que Baljee ne signifie pas : *Inventeur de la pêche aux moules.* »

En disant ces dernières paroles il souriait, et le

commis voyageur se montrait fort attentif à déchiffrer une inscription hollandaise gravée sous le buste de Baljee.

« Ne voulez-vous point, monsieur, traduire ces lignes à vos compagnons? » demanda malignement le Néerlandais à notre interprète.

Le commis voyageur feignit de ne pas entendre, et alla regarder plus loin, à une fenêtre, si le ciel menaçait de pluie ou gardait sa sérénité.

« Cette inscription signifie, reprit le vieillard : *La sainte Frise à l'un de ses fils saints !* »

LA PRINCESSE MARCHANDE DE TABAC

Ce matin-là, de bonne heure, M. Arnault, secrétaire perpétuel de l'Académie française, sortit de l'Institut, qu'il habitait, et se mit à flâner le long des quais, non sans stationner à tout moment devant les étalages des bouquinistes. Il ne tarda point à faire rencontre d'un homme de petite taille, un peu replet, les cheveux légèrement poudrés, et tellement absorbé dans la contemplation d'un in-folio, qu'il n'aperçut point d'abord l'auteur de *Marius à Minturnes*. En outre du volume gigantesque, qui le préoccupait, le bibliophile était, à la lettre, cuirassé de livres depuis les aisselles jusqu'aux talons. Ses énormes et larges poches, qui tombaient presque à terre, avaient déjà englouti six in-quarto et onze in-octávo. Il tenait en outre à la main un paquet de petits in-douze, et il appela le bouquiniste pour faire marché avec lui de l'in-folio qu'il examinait et qui n'était rien moins que la bonne édition de l'*Art de vérifier les dates*.

Le vieux marchand accourut, casquette bas, et demanda vingt francs de l'ouvrage, non sans faire observer que cet exemplaire était d'un parfait état de conservation. L'amateur ne répondit que par un petit sourire, tira de son gousset deux pièces de cinq francs, c'est-à-dire moitié du prix demandé, et les présenta au bouquiniste, qui les prit sans hésiter, et répliqua :

« Je vous enverrai cela tantôt, monsieur Boulard. À laquelle de vos maisons faudra-t-il le porter ? »

M. Boulard écrivit le numéro de la maison (il en avait douze pleines de livres) sur un petit morceau de papier, et se disposait à aller fouiller un tas de brochures qu'il guettait de l'œil, à l'autre extrémité de l'étalage, lorsque M. Arnault vint lui barrer le chemin.

« Je voudrais bien vous donner la main, mais la chose ne me paraît guère possible, » dit le secrétaire perpétuel de l'Académie avec le caustique sourire qui lui était habituel et en jetant les yeux sur les paquets de livres que tenait M. Boulard.

Celui-ci, sans se dessaisir de ses précieux achats, posa sur le parapet son parapluie, tendit sa main, couverte d'un gros gant vert, à M. Arnault, et répliqua gaiement:

« Vous le voyez, je fais ma petite chasse de chaque matin. Que voulez-vous ? On ne réimprime plus d'in-folio, et, si quelques bibliophiles ne les sauvent pas de leur destruction, bientôt ce majestueux format disparaitra comme ont disparu les races antédiluviennes des animaux.

J'éprouve donc une véritable joie quand je puis en acquérir quelques-uns et les mettre en sûreté chez moi.

— Cet hospice de la vieillesse doit être bien peuplé ? demanda M. Arnault.

— Ah ! reprit le bibliophile avec orgueil, sur les cinq cent mille volumes, il y en a au moins deux cent mille in-folio. »

M. Boulard, tout en devisant, avait machinalement entr'ouvert un volume qui se trouvait sous sa main ; puis il l'avait feuilleté, puis il l'avait ouvert tout à fait ; puis il avait regardé la date imprimée au bas du titre, non sans vérifier le nom du typographe, et enfin le titre lui-même. Il commençait à oublier le secrétaire perpétuel de l'Académie française, et cette préoccupation du la Fontaine des bibliophiles amusait beaucoup le malicieux Arnault, lorsqu'une vieille femme qui semblait sortir de dessous les pavés salua le bibliophile d'un ton aigre :

« Bonjour, mon cher monsieur Boulard ! »

A la vue de la créature assez laide, le pauvre savant, cet excellent homme, le plus poli et le plus doux que l'on pût voir, éprouva les symptômes d'une vive contrariété. Il répondit froidement, reprit son parapluie, laissa là le livre qu'il convoitait, et s'éloigna, sans même prendre congé de M. Arnault.

La vieille femme courut à lui et passa son bras sous le bras de sa victime.

« Mon cher monsieur, fit-elle, vous me négligez tout à fait. Voilà dix fois que je vous écris sans recevoir de réponse. Vraiment, vous ne rendez pas à mon rang et à ma haute naissance ce qui leur est dû. »

M. Boulard jeta un regard de détresse sur M. Arnault qui le suivait, de loin, en riant.

M. Arnault prit pitié de sa vieille connaissance, pressa le pas, et rejoignit le bibliophile au moment où il se trouvait en face de l'aile droite de l'Institut.

« Monsieur Boulard, dit-il, madame vous fait oublier que vous déjeunez avec moi. Ma femme vous attend, venez. »

M. Boulard chercha à glisser son bras hors des étreintes de la bavarde ; mais le paquet de brochures qu'il tenait à la main arrêta le poignet du bibliophile au passage, et il n'eut point le cœur de laisser tomber le précieux fardeau, d'autant plus qu'une boue noire couvrait le pavé et aurait indignement souillé cette collection du *Journal de Prud-homme*. Il tira son bras, la vieille femme resserra le sien ; il salua de la tête ; elle ne s'arrêta point dans sa harangue ; il dit cinq ou six fois :

« Monsieur Arnault m'attend ! Monsieur Arnault m'attend ! »

L'impitoyable causeuse n'en continua que plus vite et plus haut ses interminables doléances.

« C'est une injustice ! une honte ! disait-elle. Moi ! moi ! Le gouvernement me traiter ainsi ! Monsieur Boulard, qu'en dites-vous ? Vous êtes indigné, n'est-ce pas ? »

Sa voix glapissait d'une façon si aiguë, ses gestes, son costume, offraient tant d'étrangeté, que les passants commençaient à s'arrêter pour considérer le singulier spectacle qu'offraient le vieillard chargé de livres et l'étrange satellite qui le tenait captif et l'assourdissait de ses cris. M. Boulard reculait peu à peu et s'avançait insensiblement vers la porte de l'Institut. A la fin, il toucha à cette porte, se dégagea le bras par une vive secousse, franchit la porte et la repoussa vivement derrière lui. Il fallut voir alors la colère de celle à qui son prisonnier venait d'échapper. Elle accabla d'injures le digne homme, menaça le concierge qui ne voulait point lui ouvrir, et se tourna vers la populace qui l'entourait pour tenir cent propos étranges dans lesquels elle mêlait les noms de madame la duchesse d'Angoulême et celui de la famille des Condé. Cela dura dix minutes environ, après lesquelles, enfin, la criarde furieuse quitta la place, suivie d'un glorieux cortége de gamins, qui trouvèrent amusant de la saluer d'une nouvelle bordée de huées, et d'y joindre, en guise d'*ultima verba* et de coup de l'étrier, une grêle de trognons de pommes.

L'héroïque créature fit preuve de grand cœur, se retourna vers l'ennemi, au lieu de fuir, chargea la horde des petits lazzaroni, et finit par faire un prisonnier, sur les joues rouges duquel elle appliqua deux soufflets. Tout en riant du sort du vaincu, ses camarades vinrent à son secours ; on saisit la terrible vieille, on la houspilla, et Dieu sait où se seraient arrêtés les mauvais traitements de la populace, toujours si disposée au mal, sans une intervention inattendue, et qui rappelait merveilleusement le *Deus ex machina* des anciens. Une riche voiture, que le hasard amenait près de cette scène tumultueuse, s'arrêta tout à coup. Il en descendit précipitamment un vieillard, décoré de plusieurs ordres, qui s'élança au secours de l'héroïne. Deux laquais le secondèrent, le cocher joua du fouet, et ces efforts réunis enlevèrent la prisonnière à ceux qui se la jetaient les uns aux autres, comme on fait d'un volant. Mais bientôt, revenus de la première surprise causée par cette attaque imprévue, les polissons voulurent ressaisir leur proie. On empêcha le vieillard et sa compagne de monter dans la voiture; on coupa les traits des chevaux, on brisa les roues; le cocher, renversé de dessus son siége, tomba rudement sur le pavé, et les pierres commencèrent à siffler, au lieu des trognons de pommes. Il ne resta d'autre ressource aux défenseurs de l'inconnue que de se réfugier dans l'intérieur de l'Institut. Le concierge ne voulait point d'abord ouvrir; mais, quand le vieillard lui eut dit son nom et son titre, le digne cerbère s'empressa d'obéir et d'opposer aux polissons le rempart de sa porte même, comme il l'avait fait naguère pour protéger M. Boulard contre la vieille. Pendant ce temps-là, les militaires du poste voisin accoururent, le fusil sur l'épaule, et forcèrent les assaillants à s'éloigner. Profitant de ce moment d'armistice, le cocher emmena au pas sa voiture boiteuse.

Tandis que ces scènes et ces combats se passaient, M. Boulard, assis à la table de M. Arnault, tâchait de retrouver sa sérénité habituelle, ce que l'excellent homme ne tarda point à obtenir. Débarrassé de la compagne qui s'était attachée si désagréablement à lui, il n'en savourait même peut-être que mieux le calme qui régnait maintenant autour de lui et l'excellent déjeuner qu'il faisait, car, en sa qualité de poëte, M. Arnault était gourmet... Tout à coup on entendit tinter violemment la sonnette. Un domestique se hâta d'ouvrir, et presque aussitôt deux personnes entrèrent dans la salle à manger. C'étaient le vieillard descendu tout à l'heure de sa voiture, et celle qu'il avait si chevaleresquement protégée. M. Boulard làissa tomber de ses mains le verre qu'il portait à ses lèvres, et M. Arnault courut avec empressement vers le nouveau venu, car c'était M. le marquis de **, pair de France, à la protection et à l'amitié duquel il avait dû sa rentrée en France, lorsqu'un ordre royal le tenait, en 1815, exilé à Bruxelles.

« Monsieur, dit le marquis, vous excuserez l'irrégularité de ma visite, puisqu'il s'agit de secourir madame la comtesse de Mont-Car-Zain. »

Il déposa doucement sur un fauteuil la vieille femme qu'il soutenait évanouie dans ses bras, et se mit à lui prodiguer, avec l'empressement le plus respectueux, des secours qui ne tardèrent point à ranimer la mourante. Le premier soin de celle-ci, en revenant à elle, fut d'essuyer son rouge pour se donner une intéressante pâleur ; puis elle promena languissamment les yeux autour d'elle, tourna de la prunelle et retomba sans connaissance. Le marquis se désespérait et s'inquiétait ; mais M. Arnault, avec sa malicieuse brusquerie, saisit une carafe pleine d'eau et inonda tellement la comtesse, qu'elle revint à elle sur-le-champ et perdit tout à fait la fantaisie d'avoir des vapeurs et des syncopes. Elle déclara même, après avoir jeté sur M. Boulard un regard de colère et sur M. Arnault un coup d'œil de crainte, qu'elle se sentait assez bien pour regagner son logis. Le marquis prit aussitôt son chapeau et lui présenta le bras : elle le refusa, demanda qu'on envoyât chercher un fiacre, monta dans la voiture de louage, après avoir été conduite jusqu'au marchepied par son chevalier, tête nue, et qui la pria de lui permettre d'aller savoir le lendemain de ses nouvelles.

« Pauvre femme ! soupira le marquis en suivant la voiture des yeux. Pauvre femme ! » répéta-t-il.

Puis, se tournant vers M. Arnault et vers M. Boulard :

« Vous voyez, messieurs, un des exemples les plus douloureux de la fatalité. Si vous saviez l'histoire de cette infortunée, si vous connaissiez son nom !

— Mais M. Boulard connait, je pense, cette dame ? interrompit M. Arnault avec son sourire plein de malice. Si je ne me trompe, elle l'a tout à l'heure accosté sur le quai.

— Je connais, en effet, cette dame, répondit le bibliophile. Voici comment j'en ai fait rencontre. Je me trouvais à Orléans il y a plusieurs années : j'entrai dans un débit de tabac pour y renouveler ma provision. La personne qui tenait le comptoir était précisément celle à qui monsieur le marquis vient de donner le titre de comtesse. Je m'amusai à feuilleter les vieux papiers destinés à être transformés en cornets. Jugez de ma surprise et de ma joie ! J'y trouvai une de ces brochures sans prix pour les bibliophiles, un petit livre imprimé chez le duc de Bourbon, qui se piquait, vous le savez, d'être un habile typographe, le *Véritable Tarif de ces Dames et de ces Demoiselles*. En un mot, j'eus la faiblesse de laisser voir l'admiration que me causait cette trouvaille et d'en expliquer l'origine aristocratique à la marchande de tabac. Alors la vieille femme, qui m'avait abandonné d'abord, moyennant dix sous, la brochure, l'arracha de mes mains, s'écria que c'était pour elle une précieuse relique, et ne voulut accepter aucune

des propositions que je lui fis. En vain je lui présentai
ma bourse pleine d'or, en vain je me mis presque à ses
pieds, elle refusa tout.

« Il fallut m'en aller sans le précieux pamphlet. Cependant, messieurs, je ne pouvais point laisser perdu, mé-
connu, un livre de cette valeur, un exemplaire sans doute
unique au monde; car M. le prince de Bourbon ne tirait
ses productions typographiques qu'à quatre exemplaires :
l'un était destiné à une dame célèbre, le second à M. le
comte de Provence, le troisième était envoyé à M. le
comte d'Artois, qui rédigeait parfois le texte, et le dernier
restait dans la bibliothèque du prince-imprimeur. Enfin,
comme pour ajouter encore plus de rareté au trésor que
je convoitais, trois des exemplaires avaient été déchirés
des propres mains de Louis XVI, indigné de quelques
plaisanteries dirigées, dans l'opuscule, contre plusieurs
dames de la cour. Je ne pus dormir de la nuit. Je revins
le lendemain matin chez la marchande de tabac. Rien ne
put là séduire, rien ne put l'émouvoir. Enfin, désespéré,
tandis qu'elle servait un de ses chalands qui venait
acheter chez elle du tabac, je jetai vingt-cinq louis sur
le comptoir, je saisis la brochure, et je pris la fuite
comme un véritable voleur que j'étais.

« A peine arrivé à l'auberge, je m'élançai dans ma
voiture, à laquelle des chevaux de poste se trouvaient heureusement attelés; car, avant d'aller essayer une nouvelle
tentative près de la marchande de tabac, j'avais ordonné
de tout préparer pour mon départ retardé, depuis la
veille, dans le seul but de tâcher d'acquérir la relique de
typographie. Grâce à Dieu, je pus l'emporter sans entraves

et arriver à Paris avec ce volume sans pareil, qui fait l'admiration et la jalousie de tous ceux qui aiment les livres.

« Un mois après, je reçus une lettre signée Amélie-Gabrielle-Stéphanie-Louise, princesse de Bourbon-Conti. Je ne sais comment la marchande de tabac avait appris mon nom et mon adresse ; elle me faisait des reproches sur mon vol, finissait, néanmoins, par me céder en toute propriété le *Véritable Tarif*, et terminait en sollicitant quelques secours. Depuis cette lettre, il m'arrive de temps à autre de semblables demandes, auxquelles je m'empresse toujours d'accéder. Enfin, depuis que la princesse, si princesse il y a, habite Paris, elle ne manque jamais de lever quelque légère contribution sur ma bourse.

« Voilà tout ce que je sais de la personne que monsieur le marquis semble connaître beaucoup mieux que moi. »

Le marquis sourit tristement et répondit :

« Jamais infortune ne fut plus grande et plus opiniâtre que celle qui frappe cette auguste victime de la destinée.

— Nous serions mieux dans mon cabinet pour écouter votre histoire, interrompit M. Arnault, dont les yeux commençaient à se charger de sommeil rien qu'au préambule de ce récit ; remontons et prenons-y place au coin du feu. »

M. Boulard aurait préféré continuer sa flânerie sur les quais. Midi sonnait à peine, et, jusqu'à cinq heures, il pouvait encore acheter quinze ou vingt bouquins ; mais il n'en fallut pas moins remonter chez Arnault, s'asseoir et entendre le récit du marquis.

« Celle dont je vais vous parler, dit ce dernier, ne fut

pas toujours une vieille femme que l'âge et la misère ont insensiblement rendue folle et ridicule. En 1778, jamais on n'avait vu de jeune personne plus charmante et plus spirituelle. Elle vivait modestement à Lons-le-Saulnier, près d'une personne âgée qui s'appelait madame Delorme, et dont elle passait pour la fille. Or il était assez extraordinaire qu'une femme qui comptait soixante et dix ans pour le moins eût une fille de dix-sept ans. Madame Delorme, d'ailleurs, témoignait peu d'affection à Gabrielle. Elle se montrait exigeante et sévère à son égard, sans jamais donner une caresse à la pauvre enfant. Les seules joies que cette dernière connût étaient les rares visites d'un vieillard qui arrivait, tous les sept ou huit mois, en chaise de poste. Dès que madame Delorme avait avis d'une de ces visites, tout changeait pour Gabrielle. On la traitait avec douceur, on prévenait ses moindres désirs, on lui prodiguait les présents et l'on s'efforçait de réprimer les plaintes qu'elle aurait été tenté de faire à son protecteur. Celui-ci, à la vue de la jeune fille, témoignait une vive émotion, l'embrassait tendrement, se réjouissait de sa beauté merveilleuse et lui donnait le nom de fille. Il ne repartait jamais sans l'avoir comblée de riches cadeaux.

« La dernière fois qu'il vint, ce fut le 25 juillet 1776 ; il semblait fort souffrant, et il dit à Gabrielle :

« Mon enfant, j'ai bien peur de n'avoir plus que peu de temps à vivre. Je voudrais cependant que Dieu m'accordât encore quelque temps d'existence, car j'ai de grands devoirs à remplir envers toi et envers la mémoire de ta mère.

« — Ma mère n'est donc point madame Delorme ? s'écria la jeune fille.

« —Non, reprit l'inconnu, ta mère est une femme bien à plaindre.

« — Oh ! ne me tenez pas plus longtemps dans cette pénible ignorance ! Dites-moi le nom de ma mère, dites-moi le vôtre, mon père !

« — Dans huit jours, tu sauras tout, ma fille. En attendant, reçois ces deux portraits et ce portefeuille. Adieu ! dans huit jours, j'espère pouvoir te donner mon nom, solennellement et sans crainte de te voir jamais perdre le droit de le porter. »

Hélas ! non-seulement huit jours, mais encore plusieurs mois s'écoulèrent sans que l'étranger revînt. Durant cet intervalle, madame Delorme reçut plusieurs paquets qu'elle décacheta mystérieusement, loin de Gabrielle. Dès lors, tout, comme par magie changea subitement dans la manière de vivre de la vieille dame, l'opulence succéda à la médiocrité; elle eut un carrosse, s'entoura d'un nombreux domestique, et tint table ouverte.

« Un matin, elle se fit amener Gabrielle dans sa chambre et lui dit qu'elle venait de décider pour elle un mariage. Elle ajouta que l'époux choisi par elle à sa fille était procureur au baillage et se nommait M. Billet. Gabrielle répondit qu'elle savait ne point être la fille de madame Delorme et qu'elle attendrait les ordres de son père, avant d'accepter le mariage dont on lui parlait.

« —Votre père est mort le 2 août, repartit madame Delorme. Il n'a pu rien réaliser des projets qu'il avait formés pour vous, et vous êtes trop heureuse que je veuille bien vous doter et continuer à vous laisser passer pour ma fille.

« Gabrielle déclara qu'elle ne voulait point épouser
M. Billet; le soir même, elle fut envoyée pensionnaire
chez les religieuses de Sainte-Marie, à Châlons-sur-Saône,
où on la fit jeûner au pain et à l'eau pendant six mois.
Ce traitement rigoureux réduisit la jeune fille à l'obéissance et elle consentit enfin à épouser le procureur au
baillage.

« Deux ans après, madame Delorme mourut, et les papiers que sa fille supposée trouva chez la défunte lui ré-
vélèrent enfin le secret de sa naissance. Gabrielle avait
pour père Louis-François de Bourbon, prince de Conti,
et pour mère la duchesse de M...

« Cette découverte d'une illustré origine lui rendit encore plus intolérable le mariage qu'on l'avait obligé de
faire par violence; elle se sépara bientôt de son mari et se
retira chez les Visitandines de Gray. Là, elle parla de son
secret et prit le nom de comtesse de Mont-Car-Zain, ana-
gramme de Conti-Mazarin. Elle passa dix années au cou-
vent, tandis qu'un ami dévoué recueillait tous les titres
nécessaires pour établir et faire constater sa naisssance,
et elle arriva à Paris en 1788. Elle écrivit aussitôt au
comte de la Marche, devenu prince de Conti, qu'elle était
sa sœur et joignit à cette lettre une foule de pièces justi-
ficatives. Le prince ne lui contesta point ce titre, ne
demanda point d'explication, répondit qu'il n'avait point
le temps de la voir, et termina sa lettre en protestant de
son respect pour celle qui se disait sa sœur. ...

« Cependant les ressources de la jeune femme s'épui-
saient; elle ne voulait point recourir à son mari, et elle
s'adressa aux membres de la famille royale. Tous lui vin-

rent en aide. Un jour, elle rencontra le duc d'Orléans ; il courut à elle et la nomma *sa cousine*. Elle portait alors le cordon bleu, et personne ne lui nia jamais le droit de se parer de cet insigne, que le roi lui avait donné, disait-elle. Enfin, Monsieur (Louis XVIII) la prit sous sa protection spéciale et la mit en pension au Val-de-Grâce.

« Gabrielle, ne pouvant obtenir du prince de Conti qu'une reconnaissance tacite de sa naissance, recourut aux tribunaux pour obliger son frère à lui donner une pension alimentaire. Le prince ne nia point la légitimité de la demanderesse ; il se contenta de requérir des juges qu'ils déclarassent madame Billet dans l'impossibilité de plaider sans l'autorisation de son mari ; autorisation que ce dernier refusa opiniâtrément.

« Il fallut donc qu'elle entamât un nouveau procès avant d'en venir à celui qui intéressait si vivement son honneur et sa fortune. Elle plaida pour que son mariage fût cassé. Mais, en 1791, un jugement la débouta de cette prétention ; et d'ailleurs la révolution qui marchait à grands pas rendait inutiles les procès dont elle s'était jusque-là occupée avec tant d'ardeur. Le prince de Conti avait émigré, et tout recours contre lui devenait inutile. Personne d'ailleurs ne lui contestait plus sa naissance et son nom. Elle divorça et obtint, après un nouveau procès, la restitution de sa dot et de ses diamants. Jusqu'à cette séparation légale, elle s'était trouvée réduite à un tel état de pauvreté, qu'elle avait dû recourir au métier d'écrivain public, louer une échoppe en plein vent et s'astreindre au métier de secrétaire du premier venu.

« Ces rudes épreuves cessèrent enfin, du moins pour

quelque temps. En avril 1795, elle obtint une pension provisoire sur les biens de son père, le prince de Conti, et fut mise en possession d'une maison rue Cassette. Là, elle s'occupa d'écrire ses mémoires, ou plutôt de les faire écrire par Corentin Royou. Malheureusement, cet homme brocha une sorte de roman, plein de mensonges ridicules et d'aventures absurdes. Cette imprudente publication devint le signal d'attaques acharnées de la part d'un écrivain qui se nommait Barruel. Entre l'apologiste menteur et l'antagoniste mortel, la légitimité de la naissance de Gabrielle redevint obscure et douteuse; la misère acheva la ruine de la pauvre femme. La pension cessa, la maison fut reprise à celle qui la possédait, et il fallut recourir, pour vivre, à ces mille moyens qui faisaient dire à Voltaire : que pauvreté n'était point vice, mais que c'était bien pis. La vieillesse survint. Bref, un jour, la princesse de Bourbon-Conti s'estima heureuse de solliciter et d'obtenir un bureau de tabac à Lons-le-Saulnier, où elle vécut obscure et besogneuse, comme vous l'avez connue, monsieur Boulard.

« La Restauration ne lui apporta guère plus de bonheur. Louis XVIII avait oublié ou ne voulut point se souvenir de la pauvre femme; chacun se rit de la vieille folle, sans protecteur, sans argent, qui portait des chapeaux ridicules et des robes surannées. On ne mit plus en doute ses droits à un nom illustre ; personne ne les prit au sérieux et ne songea à s'en occuper; enfin, vous le voyez, la voilà réduite aux avanies des polissons ; heureuse si on consent à l'admettre à l'hôpital pour qu'elle ne meure point au coin d'une borne !

« Que dites-vous de cette histoire, monsieur Arnault? »

M. Arnault releva la tête en sursaut, comme un homme tout décontenancé et qu'on surprend endormi.

Quant à M. Boulard, il avait pris dans la bibliothèque du secrétaire perpétuel de l'Académie un volume rare, une édition princeps, et, absorbé par ce trésor bibliographique, il n'avait point écouté un seul mot du récit du marquis.

LES TARTELETTES DU PRINCE BEDREDDIN

I

Un matin, en 1835, Carême travaillait dans son laboratoire. Le front appuyé sur ses deux mains et plongé dans une rêverie profonde, il méditait sur un de ces problèmes de cuisine transcendante dont il poursuivait la solution avec tant de persévérance et d'ardeur.

Telle était sa préoccupation qu'il n'entendit point ouvrir la porte de son cabinet et qu'il ne s'aperçut pas de l'entrée subite d'une jeune femme enveloppée dans un riche cachemire et le visage à demi caché sous les plis d'un voile d'Angleterre. Celle-ci porta curieusement les yeux autour d'elle, et scruta, par un examen rapide, les lieux singuliers dans lesquels elle venait de pénétrer.

Le laboratoire de Carême se composait d'une vaste pièce, éclairée par deux immenses fenêtres. A travers les rideaux de damas rouges, le soleil jetait sa lumière avec des accidents bizarres et des reflets empourprés. Dans la partie droite s'élevait une bibliothèque composée d'un millier de volumes environ. A gauche, en regard d'un piano, on remarquait un fourneau couvert de casseroles d'argent!

Un portrait de Vatel, peint par Rigaut, une belle gravure représentant Cambacérès, et un croquis de Robert, d'après M. le prince de Talleyrand, étaient les seuls cadres qui tempérassent la sévère nudité des murs tendus d'étoffe brune.

Le bureau de l'illustre maître d'hôtel occupait le milieu du cabinet; Newton n'apportait pas une foi plus religieuse dans les études du système céleste que Carême dans ses élucubrations gastronomiques. Pour le tirer des idées qui le rendaient insensible aux perceptions extérieures, il fallut que la jeune femme posât doucement sa main sur l'épaule du penseur.

Il tressaillit comme un homme que l'on éveille en sursaut, rougit, s'excusa de son incivile distraction, et présenta, en homme qui sait vivre et qui ne manque pas d'élégance dans les manières, un fauteuil à la charmante inconnue.

Celle-ci releva son voile et montra à Carême un des plus délicieux visages que puisse rêver une imagination de poëte. Elle n'était pas belle, elle était adorable.

« Me connaissez-vous, monsieur? demanda-t-elle d'une voix pleine de charme et de mélodie.

— Si j'avais eu l'honneur de voir madame une seule fois, ma mémoire et mon cœur ne l'auraient point oubliée, répondit Carême en s'inclinant.

— Tant mieux ! reprit-elle. La femme ne devra rien à l'artiste ; l'inconnue à la femme célèbre. Je ne serai que plus fière de mon succès et plus reconnaissante de votre obligeance. Monsieur Carême, je viens vous demander un service.

— Il faudrait que ce service fût impossible pour que je ne m'empressasse point d'aller au-devant des désirs de madame. Permettez-moi de vous dire comme M. de Maupas à la reine Marie-Antoinette : Possible, ce que vous me demandez est fait ; impossible, il se fera.

— Je suis charmée de la bonne grâce que vous voulez bien me montrer. Et, cependant, je ne dois point le dissimuler, je viens réclamer de vous quelque chose d'important et de grave. Les femmes, vous le savez, sont exigeantes et audacieuses. »

Carême s'inclina et attendit en silence qu'elle s'expliquât.

« Monsieur Carême, je viens vous prier de composer un dîner pour un de mes amis.

— Le peu que je sais est à la disposition de tous les amateurs de la science, répliqua-t-il en prenant une plume pour écrire un menu.

— Mon exigence va plus loin que vous ne le supposez... Je désire que ce dîner soit tout à fait votre œuvre. »

Carême prit un air sérieux et digne.

« Madame sait, dit-il, que j'ai l'honneur d'appartenir à monseigneur le prince de Talleyrand, et que cette position m'empêche de consacrer mes soins à d'autres qu'à Son Excellence. »

Elle se débarrassa de son châle et de son chapeau par

un geste plein de grâce, courut au piano et se mit à chanter. Jamais voix plus pure et plus divine ne sut donner
aux œuvres sévères de Gluck tant de puissance, de poésie
et de grandeur.

Carême, émue, sentait son cœur battre avec violence.
Les yeux pleins de larmes, il s'agenouilla aux pieds de la
cantatrice et s'écria, séduit et vaincu :

« Je vous obéirai, je ferai tout ce que vous me deman-
derez, madame. »

Elle se leva le front encore rayonnant des transports
de l'inspiration, et tendit la main à Carême.

« Merci ! dit-elle avec une joie d'enfant. Je reçois votre
promesse et j'en prends acte. Mais songez, avant de vous
engager davantage, que votre complaisance va me rendre
exigeante.

— Je vous obéirai aveuglément.

— Attendez, interrompit-elle ; ce n'est pas trop d'un
nouvel air pour ne pas vous laisser regretter votre défaite. »

Elle chanta de nouveau. Cette fois les larmes de Carême
ruisselèrent sur ses joues ; il était transporté.

« Maintenant je dicte mes lois, reprit la jeune femme
avec une emphase plaisante, tandis que l'illustre maître
d'hôtel portait respectueusement à ses lèvres la petite
main blanche sous les doigts de laquelle le clavier du
piano venait de vibrer avec tant d'énergie.

« Vous composerez un dîner pour trois convives, mais
avec luxe et profusion. Personne, pas même l'aide à qui
vous accordez le plus de confiance, ne touchera à la moindre préparation. Le coulis le plus insignifiant, le potage

lui-même sera votre ouvrage. Je n'ajouterai plus qu'un mot : jamais vous n'avez travaillé, jamais vous né travaillerez pour un amateur plus digne et plus capable d'apprécier les merveilles de votre science et les créations de votre art.

— Vous serez ponctuellement obéie, madame.

— Après-demain, à quatre heures précises, on viendra chercher tout ce que vous aurez pu préparer à l'avance ; ensuite vous monterez dans une voiture qui vous attendra à la porte de cet hôtel, vous vous laisserez bander les yeux, et un serviteur intelligent et dévoué vous conduira dans l'office où vous devez terminer votre œuvre. Les mêmes précautions seront sans doute prises pour vous ramener.

—Pourquoi tout ce mystère? demanda Carême, charmé de la tournure romanesque que prenait cette aventure.

— Vous avez juré d'obéir, obéissez donc... Adieu. »

Elle déposa sur le bureau de Carême un petit portefeuille de maroquin à fermoir d'or, et voulut s'enfuir... Carême l'arrêta, sortit en silence les billets de banque renfermés dans le portefeuille, et ajouta d'un ton grave et qui ne souffrait pas de réplique :

« Vous m'offenseriez, madame, en insistant pour me faire accepter ceci. Je garderai le portefeuille comme un précieux souvenir de vous ; quant à son contenu, vous vous chargerez, s'il vous plaît de le distribuer à de pauvres artistes. Voilà mes conditions, les seules que je puisse accepter, » ajouta-t-il.

Elle lui tendit la main, et serra affectueusement celle de l'excellent et digne chef d'hôtel.

« Je me soumets ; mais n'oubliez pas que vous ne devez point chercher à connaître qui je suis ; toute question à ce sujet vous reste interdite. A peine vous permet-on les conjectures ; rien ne doit vous être révélé que par moi. » Elle disparut.

Carême, pendant les deux journées qui s'écoulèrent, se surprit plus d'une fois à oublier ses méditations culinaires pour rêver à la fée qui était venue le frapper de sa baguette et transformer en simple cuisinier le plus illustre maître d'hôtel du dix-neuvième siècle. Fidèle, dans leurs moindres détails, aux engagements qu'il avait contractés, il poussa le scrupule jusqu'à vouloir acheter et choisir lui-même les fruits, les légumes, le gibier, la volaille, les épices et les viandes. Le haut savoir du théoricien, la profonde expérience du praticien, se réunirent pour examiner sévèrement chaque objet et n'admettre rien que d'irréprochable.

Le surlendemain, à quatre heures, comme l'avait annoncé la jeune femme, deux domestiques, vêtus de noir, vinrent enlever les préparatifs de Carême. Quelques instants après un vieillard apporta une lettre ; elle ne contenait que ces mots : « Le bandeau et la voiture vous attendent. »

Carême, sans faire une objection, revêtit son costume de maître d'hôtel, ceignit son épée, et monta dans le remise qui l'attendait à la porte ; les stores s'en trouvaient fermés rigoureusement. Malgré cette précaution, le vieillard n'en couvrit pas moins les yeux de Carême avec un précieux fichu de cachemire.

La voiture marcha durant dix minutes environ. Enfin

elle s'arrêta : deux valets prirent Carême par la main et l'aidèrent respectueusement à descendre le marche-pied ; après quoi ils lui firent monter un escalier et l'introduisirent dans un appartemént dont ils traversèrent plusieurs pièces. Alors il fut permis au héros de l'aventure de dénouer le bandeau qui lui couvrait les yeux.

On l'avait amené dans une petite pièce où se trouvaient disposés deux fourneaux portatifs pour qu'il pût terminer ses opérations culinaires. Un tablier de satin blanc brodé à son chiffre et un élégant bonnet en tapisserie au petit point lui furent présentés par un négrillon qui sortit aussitôt. Une sonnette d'argent reposait sur un coussin de velours, à l'extrémité du plus grand des fourneaux. A cinq heures précises, Carême agita la sonnette ; aussitôt deux domestiques entrèrent et reçurent des mains du maître d'hôtel les plats qu'il avait confectionnés. Ils écoutèrent respectueusement les courtes et lucides instructions qu'il leur donna sur la manière de servir les mets qu'il leur confiait. Puis il quitta le tablier et le bonnet, reprit son habit ; et attendit qu'on vînt le délivrer. On ne tarda pas à rouvrir la porte, que les domestiques, en sortant, avaient fermée à double tour. Comme la première fois, c'était un petit nègre ; il présenta au maître d'hôtel le cachemire dont ce dernier s'était déjà servi, l'invita par un geste à nouer de nouveau le mouchoir sur ses yeux, le prit par la main et l'emmena dans une pièce voisine. On plaça un fauteuil derrière Carême, on le fit asseoir, on ôta son bandeau... L'auteur de l'*Art de la Cuisine au dix-neuvième siècle* se trouva devant le dîner

qu'il avait composé..... Il occupait la place d'honneur
entre l'inconnue et un jeune romancier dont les cheveux,
hélas ! sont aujourd'hui blanchis par l'âge, et plus encore
peut-être par le chagrin.

« Me pardonnerez-vous ma ruse ? demanda ce dernier
en tendant la main à Carême : je voulais vous traiter chez
moi. Mais comment offrir à Carême un dîner digne de lui,
si Carême ne l'avait lui-même préparé ? La plus célèbre
de nos cantatrices, pour laquelle j'ai autant d'affection que
de respect, et qui veut bien m'honorer d'une amitié fra-
ternelle, m'est venue en aide. »

Carême était vivement ému.

« On ne saurait, murmura-t-il d'une voix troublée, honorer mieux et avec une délicatesse plus exquise le talent
d'un artiste. Jamais je n'oublierai la preuve d'estime que
vous me donnez.

— Et moi, pourrai-je oublier votre amitié, mon bon
Carême ; moi, que vous avez accueilli quand j'étais obscur et inconnu ! Votre crédit et votre bourse, je ne rougis
point de le dire, je suis heureux et fier de le proclamer,
me sont venus en aide. Je vous dois la protection de
M. le prince de Talleyrand ; si la fortune et la renommée
me sourient un peu, n'est-ce pas à vous que je le dois
encore ? Mais gardons-nous de laisser refroidir le précieux
dîner qui nous attend. Vous êtes gourmand, avez-vous
dit dans un de vos ouvrages : jamais plus belle et plus
heureuse occasion ne s'est offerte et ne s'offrira de le
prouver. »

Carême approuva ces paroles par un sourire, s'assit à
table, déploya sa serviette et s'arma de sa cuiller.

C'était, je vous l'assure, un spectacle plein d'intérêt et de charme que de voir ce grand maître de la cuisine française dégustant ses propres œuvres, et se complaisant dans les merveilles qu'il avait créées. Tantôt il approuvait hautement ; alors son front, que l'étude avait rendu chauve, s'éclairait de la joie immense d'un poëte, lorsque tout un parterre se lève pour saluer de ses acclamations une scène de la tragédie. Il mangeait à petites bouchées, ménageait ses jouissances et les savourait lentement avec la volupté d'un gourmet qui voit briller un vin de Bordeux vieux de trente ans.

Une bisque de perdreau lui parut tellement mériter les suffrages par la délicatesse de son assaisonnement, l'ineffable supériorité de son fumet et la merveilleuse qualité de la venaison, qu'il y retourna et s'en servit une seconde fois.

Des ortolans à la provençale furent moins heureux. A peine eut-il piqué sa fourchette dans la barde qui entourait l'oisillon, que des plis soucieux s'amassèrent sur le front de Carême. Un soupir plein d'amertume s'échappa de ses lèvres, et il repoussa doucement son assiette. Hélas ! les truffes manquaient de parfum ! L'homme de génie avait échoué dans un détail vulgaire, il s'était laissé tromper là où la plus obscure cuisinière n'eût point été prise. A quoi tient le succès, mon Dieu; et combien l'humiliation se trouve près de la gloire !

Carême resta sombre et silencieux jusqu'au moment où l'on apporta un plat recouvert d'une cloche de vermeil, et que, par une innovation pleine d'audace et d'originalité, il avait voulu qu'on servît seul, entre le troisième service

et le dessert. C'était une de ces hardiesses qui vont bien
au génie.

Après avoir laissé aux deux autres convives les émotions d'une courte curiosité et d'une attente de quelques
secondes, il leva triomphalement la cloche et montra trois
petites tartelettes d'une forme élégante dans sa simplicité.
Leur aspect seul aurait suffi pour réveiller la convoitise
de l'estomac le plus rassasié. Je ne saurais vous dire
quelle appétissante couleur dorait ces tartelettes : elles
excitaient la convoitise, rien qu'à les voir.

Carême servit à chacun de ses convives un de ces
friands entremets et se réserva le troisième pour lui.

Il faut l'avouer, jamais l'art du pâtissier n'avait inventé
ni produit rien de pareil. Vatel, s'il eût été admis à
goûter cette exquise croûte fondante, qui se mêlait déli-
cieusement à la crème, oui, le grand Vatel eût pleuré de
rage et porté une main désespérée à son épée, comme le
jour où la marée lui manqua.

Le poëte et la *prima donna*, par un mouvement bien
naturel d'enthousiasme, tendirent la main à Carême et
serrèrent la sienne avec admiration. Il reçut cet hommage,
non pas avec l'abandon d'un artiste hors-ligne que l'é-
vidence oblige à reconnaître sa supériorité, mais au contraire avec une sorte d'humilité.

« Hélas ! dit-il, je n'ai, dans cette œuvre, que le très-
médiocre et très-subalterne mérite de l'exécution. La
gloire d'avoir inventé une semblable merveille ne m'appartient pas, quoique je sois le seul maître d'hôtel à
Paris qui puisse l'opérer. Le secret d'une combinaison
culinaire si supérieure se trouve aujourd'hui possédé

seulement par trois personnes, y compris moi-même. Jamais peut-être, mon ami, dans vos combinaisons de romancier, n'avez-vous rien imaginé de plus bizarre et de plus étrange que la série de circonstances auxquelles je dois cette recette. Si vous le voulez, je vais vous en dire les détails ; ils conviennent on ne peut mieux à cette petite fête gastronomique, et serviront à démontrer une vérité trop peu répandue : c'est que l'étude de la cuisine devrait entrer dans l'éducation des jeunes personnes, comme on le fait pour la musique et pour le dessin.

« Il y a sept ou huit ans, un soir, fatigué par de longues méditations sur un dîner que Son Excellence monseigneur le prince de Bénévent voulait donner, je quittai mon laboratoire et j'allai me promener au hasard dans les rues de Paris. Rien plus que la marche ne facilite les efforts de la pensée... Il s'agissait de créer un plat nouveau, et je cherchais une combinaison hardie qui pût réunir les qualités si différentes des deux cuisines européennes les plus opposées, la cuisine italienne et la cuisine anglaise.

« Absorbé dans mes recherches, j'entendis tout à coup une voix qui m'appelait ; je relevai la tête, et je sortis de ma méditation pour rentrer dans l'existence réelle.

« La personne qui daignait m'arrêter était monseigneur le prince de Parme, archichancelier de l'Empire. Suivant son habitude, il se promenait dans le passage des Panoramas avant de se rendre au théâtre des Variétés, qu'il honorait tous les soirs de sa présence. Derrière Son Altesse, à deux ou trois pas de distance, marchaient comme d'usage, en habit français, l'épée au côté et le chapeau sous le bras, le marquis de la Villevieille et le marquis d'Aigrefeuille ; le premier était assurément la plus complète personnification que l'on pût inventer de la *malefaim*..Un de mes rêves eût été de pouvoir triompher de sa maigreur de squelette. Je me suis toujours senti triste de voir un gastronome ressembler à un affamé. Le marquis d'Aigrefeuille, au contraire, offrait, dans toute sa ronde personne, les apparences d'un homme qui fait honneur à une bonne table et qui mange par plaisir et non par besoin.

« — Eh bien, me dit Son Altesse, que faites-vous en ce moment, monsieur Carême ? Quel perfectionnement avez-vous, depuis peu, apporté à l'art de la cuisine ?

« — Rien qui mérite l'honneur d'être soumis aux lumières d'un gastronome aussi distingué que monseigneur, répondis-je. J'espère, avant peu néanmoins, avoir à tenter une innovation qu'elle daignera peut-être approuver.

« Je parlai alors de mon projet d'union entre la cuisine italienne et la cuisine anglaise par un pudding à la chipolata. Les marquis d'Aigrefeuille et de Villevieille s'approchèrent pour m'écouter.

« — Carême, me répondit monseigneur, vous donnez en ce moment à votre génie une fausse direction. Il n'y a rien à faire avec les Anglais, dont la cuisine est barbare ; je ne tiens pas en meilleure estime les Italiens, qui prodiguent les épices et ne savent que brûler le palais et lui enlever sa sensibilité. Jamais vous n'empêcherez le pudding d'être indigeste et le macaroni d'être saupoudré de poivre. A votre place, je dirigerais mes recherches vers l'antiquité et vers l'Orient. Les Grecs et les Romains s'entendaient en bonne chère ; et les Indiens, les Persans et les Turcs, avec leurs fruits savoureux, entendent les conserves et les pâtisseries mieux qu'aucun peuple du monde. Si vous voulez imiter, recourez donc à eux. Du reste, il vaudrait encore mieux créer. Personne mieux que vous ne possède le savoir et l'intelligence nécessaires pour le faire.

« Le marquis d'Aigrefeuille et M. de la Villevieille approuvèrent les paroles du prince par un murmure des plus flatteurs pour moi. Je résolus de me montrer digne de si glorieux encouragements, et je repris ma flânerie et mes méditations.

« J'errai longtemps au hasard, comme je l'avais fait déjà et sans prendre garde aux quartiers que je traversais. Enfin la fatigue de la marche éveilla si fort mon appétit, que je laissai là les recherches scientifiques pour m'occuper des moyens de trouver à manger. Je commençai par reconnaître en quels lieux je me trouvais; c'était dans un de ces couloirs étroits et noirs qui s'entrelacent dans la rue Saint-Antoine et forment un réseau fangeux autour de la place Royale.

« Une mauvaise gargote, avec sa viande de cheval et ses équivoques, était devant moi. Mon estomac se révolta rien qu'à l'idée de pareils aliments. Je préférai entrer dans une petite boutique de pâtissier que j'aperçus à cinquante pas de là. Je souriais en songeant que Carême allait être réduit à souper d'un morceau de mauvaise galette. A ma grande surprise, il ne se trouvait point sur le comptoir une seule bribe de cette pâtisserie grossière. Je n'y vis qu'une sorte de tartelette d'assez bonne mine et que me présenta une vieille négresse.

— « J'y portai les lèvres. Jamais surprise n'égala la mienne! Figurez-vous Ovide entendant improviser des vers plus beaux que les siens par un paysan Thrace! Je mangeai une seconde tartelette, car une combinaison du hasard pouvait avoir donné à la première son parfum céleste et son goût indicible. La seconde surpassait peut-être encore en perfection celle qui d'abord m'avait tant émerveillé.

« — Madame, demandai-je à la négresse, qui a façonné ces tartelettes?

« — C'est moi, répliqua-t-elle.

« — Donnez-m'en la recette, ajoutai-je; voici pour la payer.

« Je tirai de mon portefeuille un billet de cinq cents francs et je le présentai à l'Africaine. Elle le refusa et me répondit :

« — Monsieur, je ne puis accepter vos offres. J'ai juré au lit d'une mourante de n'enseigner la recette de ces pâtisseries qu'à sa fille, et sous l'expresse condition que l'enfant elle-même ne la révélerait à personne avant sa dix-huitième année.

« Je n'ai pas besoin d'ajouter que cette réponse, loin de satisfaire ma curiosité, ne fit que la rendre plus vive.

« — Quelle était cette mourante? demandai-je.

« — Je n'ai jamais su son nom! Un soir, je fus appelée à Londres pour donner des soins à une pauvre étrangère, arrivée dans la journée avec une petite fille d'un an; l'étrangère était tombée subitement malade.

« Le médecin, après l'avoir vue, déclara qu'elle ne passerait pas la nuit. Ses prédictions n'étaient que trop vraies; le délire ne tarda pas à se déclarer; deux idées revenaient toujours dans les paroles sans suite de l'infortunée : l'abandon de sa fille et une recette de pâtisserie, qu'elle formulait avec une netteté singulière : elle disait que les tartelettes dont elle parlait avaient été inventées par un prince persan.

. « Le matin, le délire cessa : l'agonisante souleva la tête et me fit signe d'approcher ; elle me répéta d'une voix claire la formule de la recette :

« Souvenez-vous-en bien, ajouta-t-elle, c'est tout l'es-
« poir de bonheur qu'il reste à ma fille ; qu'elle seule avec
« vous la sache jusqu'à ce qu'elle atteigne ses dix-huit ans ;
« jurez-le moi ! c'est un talisman qui la protégera. »

« Elle retomba, monsieur... elle était morte.

« Malgré ma pauvreté, je n'eus pas le courage d'abandonner l'enfant qu'une pauvre mère venait de laisser au monde sans appui. Je vendis le peu de hardes et de bijoux de la défunte ; je la fis inhumer décemment ; avec le reste, je louai une petite boutique, et je me mis à fabriquer des tartelettes selon la formule de la mère de Marguerite. Ce nouveau commerce ne tarda pas à obtenir une vogue qui me permit de renoncer à mon métier de garde-malade et d'élever convenablement ma fille adoptive.

« Douze années s'écoulèrent, au bout desquelles je me trouvai assez riche pour entreprendre le voyage de Paris. C'était là, monsieur, un de mes désirs les plus ardents. La mère de Marguerite était Française, et une main mystérieuse me poussait à ramener cette enfant dans son pays natal. Je partis donc de Londres, et je vins à Paris dès que la paix m'en donna la possibilité.

« Mes tartelettes ont obtenu à Paris le même succès qu'à

Londres ; mais jusqu'à présent elles n'ont amené dans la position de Marguerite aucun des changements heureux que sa mère me prédisait avec tant de confiance à l'heure de sa mort.

« — Ne puis-je voir mademoiselle Marguerite ?

« — Elle dort en ce moment, monsieur ; rentrée de sa pension à sept heures, elles se couche à huit, afin de pouvoir, le lendemain matin, reprendre de bonne heure ses études.

« Je réfléchis quelques instants et je mangeai une troisième tartelette. Après cette nouvelle épreuve, sûr de ne point agir légèrement, je dis à la négresse :

« — Demain, à quatre heures précises, vous viendrez faire six de vos tartelettes à l'hôtel de M. le prince de Bénévent ; voici l'adresse.

« Elle me regarda d'un air de défiance.

« — Ne craignez rien, lui dis-je, je vousjure sur l'honneur de ne point chercher à deviner votre secret. Si j'en agis de la sorte, c'est pour pouvoir servir les tartelettes chaudes et à l'instant même de leur fabrication. Vous apporterez avec vous tous les ingrédients nécessaires.

« Elle vint le lendemain, comme je le lui avais demandé, et confectionna la pâtisserie.

« Je fis servir les tartelettes sur la table de monseigneur, chez lequel dînait précisément Son Altesse l'archichancelier. J'attendis avec anxiété le résultat de mon expérience. Monseigneur ne tarda pas à me faire appeler. Je m'attendais à des félicitations ; M. de Talleyran m'adressa des reproches.

« — Carême, me dit-il, que contenaient donc les tartelettes que vous venez de faire servir? à peine Cambacérès les a-t-il eu goûttées, que le sang lui est monté au visage et qu'il a été pris d'une indigestion subite.

« C'était la première indigestion qu'éprouvait, de sa vie, le prince de Parme !

« Monseigneur Cambacérès, frappé d'indigestion pour la première fois de sa vie, chez monseigneur le prince de Talleyrand, à une table servie sous les ordres de Carême !

« C'était à en mourir de désespoir et de honte, reprit Carême en blêmissant encore à ce fatal souvenir. »

Il ajouta avec un léger frisson :

« Un pareil échec pouvait décider du sort de ma vie entière, détruire ma renommée conquise par tant de glorieux travaux, et me livrer, pieds et poings liés, aux sarcasmes de mes ennemis et de mes rivaux. Le coup était d'autant plus cruel, qu'il me frappait à l'endroit même où je me croyais invulnérable. J'avais professé toute ma vie que le plus grand mérite de ma cuisine consistait à concilier l'hygiène avec la gastronomie... L'estomac le plus illustre, le plus robuste, le plus irréprochable, le plus invincible de l'Europe, succombait par moi !

« Je ne saurais vous dire quelle nuit de désespoir je passai.

« D'heure en heure, j'envoyais demander des nouvelles du prince de Parme à un de mes élèves que ma protection avait placé dans la bouche de Son Altesse. L'archichancelier se trouvait toujours fort souffrant ; il paraissait dans une agitation extrême, et la fièvre était venue compliquer son indisposition. Enfin, vers cinq heures du matin, un billet m'apprit que le malade dormait profondément. Les médecins avaient quitté l'hôtel, en déclarant que, le lendemain, aucun symptôme inquiétant ne se représenterait.

« Rassuré du moins sur la santé de ma victime, je voulus essayer de dormir. Faut-il ajouter que je ne fermai point les yeux?

« Je descendis de bonne heure à mon laboratoire pour demander des distractions à l'art que j'aimais passionnément et qui me valait une déception si cruelle. A peine me fut-il possible de fixer mes idées sur les combinaisons les plus simples. Il m'arriva de sucrer deux fois une crème que je m'amusais à préparer moi-même pour le déjeuner de M. de Talleyrand ; enfin je me surpris tenant sur un réchaud sans feu la casserole de vermeil qui contenait cette crème.

« Vers midi, un valet de pied du prince de Parme vint me notifier que son maître désirait me parler sur l'heure.

« C'était le dernier coup. Son Altesse voulait sans doute me reprocher en face ma faute et mon opprobre. Je me résignai à un châtiment que j'avais mérité par mon aveuglement inouï, et pour avoir servi sur une table princière de misérables pâtisseries trouvées dans le faubourg Saint-Antoine. Comme un soldat qu'on va dégrader et qui se revêt de son uniforme, je pris mon grand costume de maître d'hôtel et je me rendis près du prince. A peine un huissier m'eut-il annoncé, qu'on m'introduisit près de Son Altesse. Elle était pâle, défaite, languissante, abattue. Je tombai à genoux, sans pouvoir retenir mes larmes et mes sanglots.

« —Rassure-toi, Carême, me dit monseigneur avec bonté, rassure-toi ; tu n'es point coupable de mon indigestion.

« — Votre clémence me rend plus repentant, et ajoute encore à la gravité de ma faute ! m'écriai-je.

« Il me fit signe de me relever et de m'asseoir sur une chaise qu'il me désigna du doigt. Puis, passant la main sur son front, où se lisaient encore les souffrances de la nuit :

« — As-tu composé toi-même la recette de ces tartelettes au safran et aux grenades? me demanda-t-il.

« — Non, monseigneur ; elles n'ont même pas été façonnées par mes mains.

« Il se redressa vivement, comme si une vipère l'eût mordu. Maîtrisant cette émotion, il m'ordonna, par un regard, de continuer.

« — J'avouerai ma faute dans toute son étendue, repris-je, cet aveu sera mon châtiment. Oui, monseigneur, frappé de vertige, je n'ai point rougi de faire servir sur la table de mon maître, sur cette table à laquelle Votre Altesse était assise, des tartelettes fabriquées par une vieille négresse qui tient boutique, en plein vent, dans la rue Saint-Antoine.

« — Carême ! s'écria le prince, il faut savoir sur l'heure qu'elle personne lui a enseigné la manière de préparer ces tartelettes.

« Je crus alors, je l'avoue, à une tentative d'empoisonnement contre les jours de l'archichancelier, tant son trouble était extrême.

« — Elle n'a point voulu me l'apprendre ; en vain je lui ai offert de l'or pour obtenir son secret, elle s'est obstinément refusée à me le vendre. Tout ce que je sais, c'est qu'elle arrive d'Angleterre, et qu'une jeune fille l'accompagne.

«—Mon Dieu, murmura Son Altesse, mon Dieu! serais-je enfin sur la trace du secret que je cherche en vain depuis si longtemps!

« Il sonna; un valet de chambre parut.

«— Pierre, dit-il, prenez ma voiture; vous vous rendrez sur-le-champ, avec monsieur Carême, chez une négresse qui vend des pâtisseries rue Saint-Antoine. Vous me ramènerez cette femme, ainsi qu'une jeune fille qui demeure dans le même logement. Allez; que les chevaux courent ventre à terre; chaque minute d'attente aura pour moi la lenteur d'un siècle. Sans les doutes qui me retiennent encore, j'irai moi-même.

« Je l'avoue, une confusion complète s'était emparée de mes idées; je ne comprenais plus rien à ce qui se passait. Le valet de chambre partageait mon étonnement; il m'avoua en route que jamais, depuis vingt ans qu'il avait l'honneur d'appartenir à la personne de son Altesse, il ne l'avait vue dans un pareil émoi.

« Grâce à la rapidité avec laquelle nous menaient les chevaux, nous ne tardâmes point à arriver. La négresse reçut sans inquiétude et même en témoignant de la joie l'injonction de nous suivre.

« —Vous connaissez donc monseigneur Cambacérès? lui demandâmes-nous.

« —Non; mais qu'importe? répliqua-t-elle; n'ai-je pas pour me protéger le talisman de mes tartelettes? Les prédictions de la mourante vont, j'en suis sûre, commencer à s'accomplir.

« Elle appela ensuite une jeune fille d'une rare beauté, et qui pouvait compter quatorze ou quinze ans tout au plus : elle nous la présenta, après lui avoir adressé quelques mots en anglais. La jeune fille prit la main de la vieille femme et leva les yeux au ciel, comme pour le prier et le remercier ; nous rentrâmes à l'hôtel du prince.

« A peine la négresse et la jeune fille eurent-elles paru sur le seuil du cabinet de son Altesse, que l'archichancelier jeta un cri de surprise et de joie. Il courut à la jeune fille, la prit dans ses bras, lui donna un baiser sur le front et s'écria :

« — Mon enfant, voici bien des années que je vous cherche. »

« La discrétion me faisait un devoir de m'éloigner, je sortis du cabinet de monseigneur, et j'attendis ses ordres jusqu'à cinq heures dans l'antichambre. Mes devoirs m'appellant alors chez monseigneur le prince de Talleyrand ; je retournai à l'hôtel pour y donner les ordres que nécessitaient les importantes fonctions qui m'étaient confiées.

« Je m'attendais à être appelé de nouveau près du prince de Parme : il n'en fut rien. Son Altesse ne me parla plus de l'aventure dans laquelle j'avais joué un rôle. Une fois, durant une conférence culinaire que je tenais avec l'éminent gastronome, je me hasardai à faire allusion aux tartelettes mystérieuses. Un regard mécontent du prince m'apprit que j'avais été indiscret et m'arrêta tout court. Je me gardai bien de retomber dans cette faute.

« Cependant, je l'avoue, le secret des romanesques tartelettes me préoccupait, même au milieu de mes études les plus graves. Mes recherches pour découvrir la négresse avaient été inutiles. Un pâtissier (il faut bien lui donner ce nom, puisque la langue française n'en fournit point d'autre), un pâtissier, dis-je, occupait maintenant le comptoir de cette femme et vendait d'ignobles chaussons aux pommes et aux pruneaux. Il n'avait jamais vu la négresse; celle-ci n'était même pas revenue à sa boutique. Des valets de pied de monseigneur Cambacérès avaient enlevé ses hardes et donné congé du loyer en acquittant deux termes à l'avance.

« Je me perdais dans les conjectures les plus bizarres. Était-ce que monseigneur avait trouvé les tartelettes délicieuses et qu'il voulait, par un raffinement digne des beaux jours de la gastronomie, en acquérir le monopole? Jamais on ne servait de ces tartelettes sur sa table. Il ne connaissait point la jeune fille avant qu'elle entrât chez lui; et pourtant il avait témoigné la plus grande joie de la retrouver... Et depuis ce temps personne ne savait même dans la maison du prince, ce qu'étaient devenues la négresse et sa compagne! Jamais elles ne paraissaient à l'hôtel! Vous le voyez, en aucune circonstance, curiosité ne fut mise à une plus rude épreuve que la mienne.

« Trois années s'écoulèrent; j'avais oublié à peu près les détails de cette aventure, lorsqu'un matin monseigneur le prince de Talleyrand daigna descendre à mon laboratoire. Il m'accordait parfois l'honneur d'un si grand témoignage de bienveillance, et, permettez-moi de l'ajouter, d'amitié.

« — Carême, me dit-il en accompagnant ces mots de son indéfinissable sourire, j'ai un secret à vous confier. Je sais que vous tiendrez scrupuleusement et en homme de cœur les engagements que vous allez prendre; jurez-moi donc

que jamais personne n'apprendra le secret que je vais
vous révéler, et que ce secret mourra avec vous ; jurez-le
moi sur l'honneur.

« Le prince me demanda ce serment avec le ton moitié
sérieux et moitié plaisant qu'il prenait d'ordinaire avec
moi. Je lui promis ce qu'il me demandait.

« — Tenez, dit-il, je puis vous confier maintenant sans
danger la recette d'un entremets que, jeudi, vous ferez
figurer dans le menu d'un diner d'apparat que je
donne. »

« Je jetai les yeux sur la recette... c'était, à n'en pas
douter, celle des tartelettes mystérieuses.

« Le prince ne put s'empêcher de rire de ma suprise et
de mon trouble. Il sortit, en se refusant aux explications
et aux éclaircissements que je sollicitais de sa bonté. Je
ne m'en mis pas moins à l'œuvre. Après quelques essais,
je parvins à confectionner les tartelettes de manière à dé-
fier la négresse elle-même.

« C'était un mélange singulier et inattendu des substances les plus opposées en apparence. A lire l'énumération
de chacun des objets qui composaient cette recette, on au-
'rait cru n'obtenir qu'une mauvaise ripopée, résultat d'une
imagination folle et non d'un sentiment habile de l'art
culinaire... Vous avez pu vous-même en juger. Jamais
rien de si délicieux a-t-il emparadisé votre palais ?... Et
cependant le fromage s'y allie au madère, comme dans le
sambayon ; le poivre et le sucre y contractent une union
sans exemple avec le lait et l'huile. Enfin le safran, la can-
nelle et le miel s'étonnent pour la première fois de se confondre avec les jus de la viande, les parfums de l'oran-

ger, l'eau de la grenade et les sucs brûlants du gin-
gembre.

« Le jeudi suivant, quand je me rendis dans la salle à
manger pour surveiller l'ordonnance du repas et diriger
les officiers tranchants, la première personne que j'aperçus fut la jeune fille amenée par la négresse, trois années
auparavant, chez le prince. Couverte de diamants, elle
occupait la place d'honneur à la droite de monseigneur le
prince de Talleyrand. On avait mis à côté d'elle Son Altesse le prince de Parme. J'étais si troublé, que je laissai
tomber mon chapeau que je tenais à la main. En me re-
levant, je faillis renverser un officier de la bouche.

« Quand vint le moment de servir les tartelettes, je les
pris des mains du chef d'office, et, par un mouvement
plein d'audace, j'allai les déposer moi-même en face de
la jeune dame.

« A leur vue, elle ne put retenir une légère exclamation ; puis elle échangea un regard ému avec monseigneur
l'archichancelier. Enfin elle daigna servir de sa main les
tartelettes, et poussa la bienveillance jusqu'à me féliciter,
après les avoir elle-même goûtées, du talent avec lequel
j'avais su les préparer. Le dîner terminé, et quand on
eut quitté la table, je me glissai près de M. le marquis
d'Aigrefeuille, et je lui demandai quel était le nom de la
jeune dame.

« C'est, me répondit-il, madame la duchesse de N... ;
elle a épousé la semaine dernière le jeune duc de N..,
si riche, si brave et si beau, vous le savez ! Elle lui apporte en dot de grands biens patrimoniaux qui s'élèvent
à cinq millions pour le moins.

« Je restai stupéfait.

« Une marchande de tartelettes apporter à son mari cinq millions en dot !.... Et cependant la chose était exacte ; les informations que je recueillis près du notaire de monseigneur me confirmèrent l'exactitude des renseignements donnés par M. d'Aigrefeuille....

« Depuis lors, je n'ai pu découvrir rien qui me mît sur la trace de ce mystère et qui me permît de dénouer un nœud gordien si compliqué. Comme je n'avais pas l'épée d'Alexandre pour le couper, j'ai pris le parti de n'y plus songer.

— Eh bien, dit la *prima donna*, je me charge d'éclaircir ce mystère.

— Vous, madame ? reprit Carême avec étonnement.

— Moi-même.

— Par quel miracle ?

— Hélas ! sans miracle, sans rien de romanesque, par le moyen le plus vulgaire, le plus simple et le plus bourgeois. Je suis l'amie de pension de Diane de P..., aujourd'hui duchesse de N...

— Quel singulier hasard ! murmura Carême.

— Un hasard qui réunissait avec moi deux cents jeunes filles initiées pareillement au secret que vous poursuivez avec tant de curiosité et d'inquiétude. Depuis que vous nous parlez de cette énigme, j'en ai sur les lèvres le mot prêt à m'échapper. »

Ce fut au tour de Carême à écouter avec attention.

« En 1776, dit-elle, deux familles, unies par de bons rapports de voisinage, habitaient à Montpellier deux maisons contiguës. Seulement, l'une de ces maisons était une simple demeure bourgeoise, l'autre un hôtel. La première appartenait à M. Cambacérès, conseiller à la cour des aides ; la seconde au comte de P..., gouverneur de la Picardie.

« Le fils du conseiller avait été élevé dans la plus grande intimité avec la fille du gouverneur. A peu près du même âge, demeurant porte à porte, ils se voyaient librement tous les jours, à la même heure. La vieille tante, chargée en l'absence du comte de l'éducation de Diane, n'avait jamais songé à interrompre une intimité qui durait depuis dix-huit ans.

« Régis passait donc presque toutes ses soirées près des deux femmes dont il formait à lui seul les relations et la société ; à l'exception d'un vieil oncle, archidiacre et grand joueur de piquet, qui venait régulièrement, de cinq heures à neuf, s'asseoir à une table de jeu, en face de madame la comtesse douairière de P...

« Tandis que les vieillards charmaient leurs loisirs par les chances et les combinaisons des cartes, les jeunes gens faisaient des lectures et se jetaient dans le monde idéal et poétique du roman. Les *Mille et une Nuits* était un des livres que leur avait permis la douairière ; ces contes fantastiques si naïfs et si merveilleux, où l'imagination orientale prodigue ses trésors bizarres et innombrables avaient pour eux le charme le plus attrayant. Ils en connaissaient tous les héros par leurs noms ; ils en savaient jusqu'aux moindres aventures ; ils relisaient sans cesse les histoires où un pauvre jeune homme inconnu devenait tout à coup un grand prince et pouvait épouser la fille du calife qu'il aimait et dont il était aimé.

« A ce titre Bedreddin-Hassan, l'époux mystérieux de la Dame-de-Beauté, était leur héros favori.

« Un soir qu'ils relisaient, pour la centième fois, les aventures de ce pauvre prince réduit à vendre des tartelettes aux portes de Damas, il leur prit fantaisie de faire des tartes comme celles que débitait le prince, et dont la recette se trouvait en partie expliquée dans le livre de Galand. On accueillit le projet avec des transports de joie ; on courut à la cuisine ; Régis, qui sentait déjà germer en lui la passion qui devaient le rendre plus tard le plus célèbre gastronome de l'Europe, ne fut pas d'un faible secours dans les essais culinaires de la jeune fille. Après bien des épreuves infructueuses, après mille tentatives extravagantes, ils parvinrent enfin à produire des tartelettes exquises ; ils s'empressèrent de porter leur chef-d'œuvre à la douairière et à l'archidiacre. Ceux-ci ne goûtèrent d'abord qu'avec une défiance bien légitime ce tripotage culinaire, mais ils ne tardèrent point à proclamer son excellence et sa délicatesse. Jamais ils n'avaient mangé rien de si délicieux !

« Tandis que les quatre heureuses personnes se livraient à ce joyeux enfantillage, un bruit de voiture se fit entendre sous les fenêtres de l'hôtel. Une chaise de poste entra dans la cour, et un homme grave et sévère ouvrit la porte du salon. La comtesse douairière courut embrasser le voyageur, et Diane vint lui présenter avec respect son front à baiser. C'était le duc de P...

« Il salua froidement l'archidiacre, jeta un regard glacial sur Régis et se retira dans ses appartements. Le jeune homme retourna près de sa mère, la mort dans le cœur et en proie aux plus sinistres pressentiments. Hélas ! ces pressentiments ne le trompaient point : il ne devait plus revoir Diane qu'une seule fois. Elle partit le surlendemain avec son père, qui l'avait fiancée, sans la consulter, au marquis de V... : .

– «Régis faillit succomber au chagrin de cette séparation.

« L'étude et le temps apportèrent quelque adoucissement à sa douleur. Devenu avocat, il reçut de sa ville natale une pension de douze cents livres, et ne tarda point à se conquérir un nom parmi les membres les plus distingués du barreau de Montpellier. Je n'ai pas besoin de vous dire le reste de son histoire, vous la savez tout entière. L'obscur Régis devint le célèbre et puissant Cambacérès. Cambacérès devint l'archichancelier de l'Empire et le prince de Parme.

« En 1793, au plus fort de la Terreur, Cambacérès, qui avait oublié depuis longtemps le prince Bedreddin et ses tartelettes, reçut une lettre dont l'écriture seule fit battre son cœur et remplit ses yeux de douces larmes. Elle était de Diane.

« J'ai été obligée d'émigrer, disait-elle, mon mari est « mort en combattant à Quiberon; l'exil et la pauvreté « sont désormais mon partage. Je suis mère, et je viens « vous demander votre protection pour mon enfant. Con- « servez-lui, pour des temps meilleurs, l'héritage de son « père, qui se trouve séquestré par le gouvernement fran- « çais. Régis, je vous le demande au nom de la douce « et cruelle soirée des tartelettes du prince Bedreddin.

                                          « DIANE. »

« P. S. Je pars pour l'Angleterre. Une fois arrivée à

« Londres, je vous écrirai de nouveau pour vous donner
« les moyens de me répondre. »

« Cambacérès attendit six mois cette seconde lettre
sans qu'elle arrivât.

« Alors, malgré la guerre, malgré les difficultés d'une
pareille recherche, il envoya en Angleterre des agents
pour découvrir Diane et la ramener en France, où, grâce
à son crédit, il comptait lui faire restituer ses biens. Aucune recherche ne parvint à lui faire savoir ce qu'était
devenue Diane. C'est que Diane, arrivée à Londres dans
la plus effroyable détresse, était morte le jour même de
son arrivée.

« Maintenant vous comprenez tout. Le hasard ou plutôt, ne blasphémons pas, la Providence s'est servie de
vous pour faire rendre à la fille de Diane, par Son Altesse le prince de Parme, les biens séquestrés du marquis de V... Devenu tuteur de la jeune orpheline, Cambacérès l'a placée pour achever son éducation dans l'un
des meilleurs pensionnats de Paris. Plus tard, il l'a mariée au duc de N...

« Aujourd'hui la vieille négresse, devenue la plus heureuse des gouvernantes, occupe un riche appartement
dans l'hôtel de sa fille adoptive, et ne s'occupe plus guère
de pâtisserie que pour servir quelquefois, aux enfants de
la duchesse, des tartelettes du prince Bedreddin. »

Vers la fin du récit de la signora, Carême était tombé
dans une rêverie profonde.

« La gastronomie a donc enfin son roman ! reprit-il.
Quel malheur que cette merveilleuse histoire ne soit point
connue ! Peut-être parviendrait-elle à démontrer l'indis-

pensable nécessité de placer, avant tout, dans l'éducation des femmes, l'étude de l'art culinaire. Cet art développerait la rectitude du jugement, autant, sinon mieux, que les mathématiques, et leur donnerait des moyens de fortune et de succès dans le monde, dont les prive une direction moins sage et moins prévoyante. »

Ce paradoxe bizarre ne nous fit point sourire ; il ne nous parut même pas absurde ou ridicule. Carême était un de ces hommes qui prennent tellement au sérieux leur profession, qu'ils savent, à force d'enthousiasme, en faire un art véritable.

« Mon cher Carême, dit le romancier, j'écrirai un jour cette histoire, je vous le promets ; vous ne tarderez pas à la voir et à la lire. »

Hélas ! Carême ne la lut point, ni la prima donna, ni la duchesse de N... Tous les trois gisent sous la terre des cimetières, l'un à Paris, la seconde à Bruxelles, et la troisième au fond de l'Allemagne.

Cambacérès, M. de la Villevieille, M. d'Aigrefeuille, ont également disparu de la scène du monde. De toutes les personnes qui ont figuré dans cette histoire, il ne reste que celle qui vient d'écrire l'histoire des tartelettes du prince Bedreddin.

II

Laissez-moi vous dire encore une histoire dans laquelle figure l'illustre maître d'hôtel.

En 1814, vers la fin du mois d'août, le prince de Talleyrand rentra chez lui fort tard dans un état de fatigue extrême. Cependant, au lieu de se laisser déshabiller et
mettre au lit par son valet de chambre, il débarrassa ses
poches de quelques papiers qu'il enferma soigneusement
et à double tour au fond d'un tiroir secret de son secrétaire. Ensuite il se dirigea vers une partie de son hôtel
réservée aux employés du service de sa maison. Arrivé
devant la porte d'un appartement qui paraissait plus important que les autres petits logis, il tira vivement la
sonnette : un homme de quarante ans environ, enveloppé
d'une robe de chambre et dont un abat-jour en taffetas
vert protégeait la vue, vint ouvrir au prince, qu'il ne fut
point médiocrement surpris de voir à sa porte. Il se hâta
d'introduire M. de Talleyrand, lui offrit le fauteuil qu'il
occupait lui-même naguère devant une table chargée de
livres, et s'assit en face et modestement sur une chaise.
Le visiteur nocturne jeta des regards curieux autour de
lui. L'appartement, meublée avec une modestie presque
spartiate, se trouvait tapissé de cadres à travers les glaces
desquels on apercevait des dessins représentant les principaux monuments de l'antiquité. Des plans bizarres, et
qui assurément n'étaient l'œuvre ni d'architectes, ni d'in-
génieurs, tenaient attachés à la tapisserie par des épingles;
enfin une cornue, un appareil de distillation, des creu-
sets et divers instruments de chimie se dressaient, çà et
là, sur une autre table, et près d'un fourneau allumé sous
la cheminée. Le prince détacha un des plans dont je viens
de parler, et l'examina avec une attention sérieuse : l'immense feuille de papier représentait une table de cent cou-

verts, avec chacun des plats qui devaient composer le menu de ce gigantesque service. Une petite étiquette, mobile et fixée par une de ses extrémités à la place réservée à chacun des plats, servait à indiquer les changements que le maître d'hôtel pouvait se permettre d'apporter à une œuvre aussi importante. A quelques endroits on comptait jusqu'à douze de ces étiquettes mobiles placées ainsi les unes sur les autres. Après avoir cédé à un premier mouvement de curiosité, le prince rejeta sur la table le papier gastronomique et se tourna vers celui qu'il était venu interrompre dans ses travaux nocturnes.

« Mon cher monsieur Carême, lui dit-il, je vous apporte les compliments de l'empereur de Russie. Hier Sa Majesté, qui me faisait l'honneur de dîner chez moi, m'a dit en sortant de table : « Votre cuisinier est un grand « homme qui surpasse même mon Riquette. Et cepen- « dant Riquette nous a appris à manger : en Russie, nous « ne le savions pas avant son arrivée parmi nous. — « Aussi quelle fortune brillante il a fait à votre cour ! « ajouta le prince Constantin. — Mais cela est justice, « interrompit l'empereur, et, l'eussé-je récompensé dix « fois mieux encore, je n'en resterais pas moins son « obligé. »

Carême, tandis que M. de Talleyrand rapportait les paroles d'Alexandre qui faisaient l'éloge du dîner de la veille, avait tenu les yeux modestement baissés vers la terre ; mais, quand le prince parla de Riquette, le maître d'hôtel releva la tête et montra des regards brillants d'émotion et humides de larmes.

« Oh ! s'écria-t-il, voilà un souverain qui comprend les

bénéfices de son serviteur, et qui estime assez haut le talent ! »

Un de ces sourires sarcastiques qui venaient parfois, même en face de Napoléon, contracter d'une façon presque imperceptible les lèvres minces du diplomate, crispa sa bouche impitoyable. Mais il se hâta de déguiser ce mouvement par une petite toux sèche et reprit d'un ton sérieux :

« L'empereur de Russie m'a chargé de vous exprimer sa satisfaction, et de vous faire savoir le témoignage éclatant qu'il compte vous en accorder. »

Carême s'inclina.

« Un banquet solennel doit réunir le 10 septembre, dans la plaine des Vertus, tous les monarques, tous les princes, tous les généraux qui commandent les armées alliées. Ce banquet est destiné à célébrer la paix rendue à l'Europe, la victoire des armées coalisées et la défaite de Napoléon. »

Carême se leva par un mouvement brusque et plein d'indignation.

« Monseigneur, j'aimerais mieux, de ma vie, ne toucher une casserole que de faire un pareil métier ! Moi ! moi Carême ! ordonner un banquet destiné à célébrer les malheurs de la France, les humiliations de ma patrie et les malheurs d'un grand homme qui m'a tant de fois honoré de ses bontés ! Jamais ! jamais ! »

M. de Talleyrand resta stupéfait d'étonnement devant cet excès inattendu de patriostisme.

« Vous êtes fou ! dit-il enfin.

— Soit, monseigneur, je suis fou, mais un fou honnête

homme! Change qui voudra d'opinions et de sentiments, je ne suis pas diplomate.

— Monsieur Carême!

— Monseigneur, excusez-moi! Plutôt que de subir une pareille honte, je préférerais la mort... je préférerais votre disgrâce. Et cependant, monseigneur, il n'est point d'offres qui puissent me déterminer à quitter votre service, car vous entendez le génie du cuisinier, vous le respectez, vous en êtes le juge le plus compétent; enfin votre dépense est sage et grande tout à la fois.

— Mais songez donc que, par votre refus, vous abandonnez toute la gloire de ce banquet au seul rival que vous ayez au monde, à Riquette.

— Quelque séduisante que soit la gloire, répondit Carême en soupirant, l'honneur lui est encore préférable!

— Que dira l'empereur de Russie, quand il connaîtra votre résistance à ses volontés?

— Sa Majesté l'empereur de Russie a le cœur trop haut placé pour ne pas comprendre les scrupules d'un artiste.

— Au diable le fou! grommela M. de Talleyrand quand il fut sorti de chez Carême. Où la conscience et la fidélité vont-elles donc se nicher? N'importe! je saurai bien le faire obéir... mais sans me compromettre près de lui, toutefois; car il serait homme à me quitter et je ne pourrais jamais retrouver un maître d'hôtel de son mérite. »

Le lendemain, vers midi, Carême se trouvait, en robe de chambre, dans la cuisine de l'hôtel. Entouré des principaux officiers de la bouche de M. de Talleyrand, il leur donnait les ordres nécessaires pour le dîner et allait de fourneau en fourneau et de table en table, interrogeant du regard et du doigt les mets dont la cuisson commençait et ceux qui n'étaient encore qu'ébauchés, lorsque, tout à coup, on entendit dans la cour un grand bruit de chevaux, et l'on vit apparaître une bande de ces hideux Cosaques qui faisaient partie de la garde impériale russe, et dont la longue barbe, le costume rouge, les lances démesurées, les knouts à larges tresses et la réputation de cruauté inspiraient une si vive terreur. Ils cernèrent de toutes parts les cuisines. Un officier d'état-major, qui les commandait, mit pied à terre, demanda en très-bon français M. Carême, et se fit conduire aussitôt devant le maître d'hôtel, pâle mais résigné au martyre qu'il s'était attiré par sa résistance patriotique à des ordres injurieux. L'officier salua Carême avec une extrême politesse et lui remit un ordre ainsi conçu :

« Monsieur Carême est mis en réquisition pour ordon-
« ner et diriger le banquet qui aura lieu le 10 septembre
« 1814, dans la plaine des Vertus. »

Au bas de cet ordre, on voyait la signature de l'empereur Alexandre.

Carême lut deux fois l'ordre, et, le montrant aux officiers de bouche qui l'entouraient :

« Messieurs, dit-il d'un ton héroïque, vous êtes témoins que je ne cède qu'à la violence. Toute résistance de ma part serait inutile devant les barbares qui cernent l'hôtel de monseigneur.

« Je ferai ce que l'on exige de moi, ajouta-t-il en se tournant vers l'officier russe. Je suis père de famille... Sans cela peut-être aurais-je préféré la mort à la honte. Mais je me dois à ma femme et à ma fille ; c'est une nou-

velle preuve que je leur donne de ma tendresse sans
bornes et de mon abnégation personnelle... Célibataire,
ni la prison ni l'échafaud ne m'auraient fait obéir... »

Après avoir reçu cette réponse cornélienne, l'officier et
les Cosaques se retirèrent.

Carême ordonna le banquet impérial et royal de la
plaine des Vertus; mais il refusa les vingt mille francs
qu'on lui offrit comme gratification. « Je ne reçois point
le prix de mon déshonneur! » dit-il. De plus, il ne put jamais pardonner à M. de Talleyrand le rôle que le diplomate avait joué dans cette affaire. Aussi, l'année suivante,
il céda aux sollicitations du prince régent d'Angleterre,
partit pour Brighton avec le brevet de chef de cuisine, et
occupa près de deux ans ce poste éminent. Chaque matin
il rédigeait le menu sous les yeux du prince, aussi blasé
que gourmand, et il lui expliquait les propriétés salutaires
ou nuisibles de chaque mets. Ces entretiens gastronomiques duraient souvent plus d'une heure, et une intimité
véritable y régnait de part et d'autre. Le prince de la
cuisine marchait de pair avec le prince du royaume, et
l'on peut juger de la liberté avec laquelle Carême parlait à Georges par cette réponse qu'il fit un jour à l'héritier du trône d'Angleterre, qui se plaignait de maux
d'estomac.

« Carême, disait-il, le dîner d'hier était excellent. Je
trouve exquis tout ce que vous me servez, mais vous me
ferez mourir d'indigestion.

— Mon prince, interrompit Carême, mon devoir est de
flatter votre appétit, et non de le régler. »

Sans se blesser de cette réponse hardie, Georges ne

s'en montra que meilleur ami du grand cuisinier, continua à le recevoir chaque matin, et à deviser gastronomie avec lui. Un jour il fut curieux de connaître
l'histoire de l'artiste, et par quelles études mystérieuses,
par quelles successions de travaux, il était devenu le plus
grand maître d'hôtel de l'Europe, c'est-à-dire de l'univers.

« Ma destinée a été bien bizarre, milord, répliqua-t-il,
je suis venu au monde dans une chambre de la rue du
Bac, où travaillait mon père, chargé de vingt enfants et
trop pauvre pour les nourrir. Mon père, fils d'un menui-
sier dans l'aisance, s'était épris d'une Bohémienne qui
dansait dans les rues ; la Gitana, non-seulement l'avait
brouillé avec sa famille, mais encore l'avait entrainé dans
des habitudes d'ivrognerie et d'inconduite, qui le réduisi-
rent à la plus affreuse misère. J'étais le dernier venu de
cette famille malheureuse... Pauvre petit garçon, sans
cesse battu, et qui se vit un jour prendre par la main,
emmener de Paris, et conduire au milieu des champs. Là,
mon père tira un morceau de pain de sa poche, me le
donna et dit : « Mon petit Antoine, nous allons nous sé-
« parer ici pour toujours. Ce morceau de pain est le dernier
« que je te donne, Je vais me sauver et je te défends de me
« suivre. Va, petit, va bien ; dans le monde il y a de bons
« métiers ; laisse-nous languir : la misère et l'inconduite
« sont notre lot ; nous devons y mourir. Ce temps-ci est
« celui des belles fortunes, il suffit d'avoir de l'esprit pour
« en faire une, et tu en as. Va, petit, et peut-être que ce
« soir ou demain quelque bonne maison s'ouvrira pour toi,
« va avec ce que Dieu t'a donné. »

« Je ne revis plus mon père ni ma mère, qui moururent jeunes ; ni mes frères et mes sœurs, qui se dispersèrent au hasard. La nuit venue, je me présentai chez un gargotier, qui me recueillit et le lendemain m'engagea à son service. Le futur cuisinier de Votre Majesté commença donc son apprentissage dans une officine de fricassée de lapin !

« A seize ans, je quittai le cabaret de la barrière pour entrer chez Bailly, rue Vivienne, pâtissier renommé qui fournissait la maison de M. de Talleyrand. D'abord simple aide de cuisine, gâte-sauce, *patronet*, comme on dit vulgairement, je ne tardai point à devenir le premier *tourtier* de M. Bailly. Ce bon maître s'intéressait vivement à moi ; il me facilita des sorties pour aller dessiner au cabinet des estampes. Quand je lui eus montré que j'avais une vocation particulière pour son art, il me confia la confection des pièces montées destinées à la table du consul. La paix d'Amiens venait d'être signée (1802), le consul l'avait dictée ! J'employai au service de M. Bailly mes dessins et mes nuits ; ses bontés, il est vrai, payèrent bien mes peines. Chez lui, *je me fis inventeur :* alors florissait dans la pâtisserie l'illustre Avice ; son travail m'instruisit. La connaissance de ses procédés m'enhardit, et je fis tout pour le suivre, mais non pour l'imiter. Devenu capable d'exécuter toutes les parties de l'état, j'exécutai des *extraordinaires* uniques ! Mais, pour parvenir là, que de nuits passées sans sommeil ! Je ne pouvais m'occuper de mes dessins et de mes calculs qu'après neuf ou dix heures ! Je travaillais donc les trois quarts de la nuit. J'eus bientôt composé douze dessins, vingt-quatre, cinquante, cent, puis deux cents, tous soignés; tous fondés sur des choses nouvelles. Je vis que j'étais arrivé! Alors, et les larmes aux yeux, je quittai le bon M. Bailly; j'entrai chez le successeur de M. Gendron, où je fis mes conditions. J'obtins que, quand je serais appelé pour un *extra*, il me serait permis de me faire remplacer [1]. Quelques mois après, je sortis définitivement des maisons pâtissières pour suivre mes seuls grands dîners; c'était bien assez. Je m'élevai de plus en plus, et je gagnai beaucoup d'argent : les envieux affluaient autour de moi, pauvre enfant du travail! Quel bonheur il a! Voyez, il avance toujours! Et ils voyaient cela, abstraction faite de toutes mes veilles, de mon sang brûlé! C'est depuis ce temps que je suis en butte à la jalousie de quelques petits pâtissiers qui ont, je ne crains pas de le dire, bien à travailler avant d'avoir fait ce que j'ai fait. Aux plus infimes, je ne puis répondre ; aux plus habiles, je réponds par mes travaux.

« M. de Talleyrand me prit alors dans sa maison comme chef d'office, et je me vis en relation avec tous les grands hommes de l'art, et entre autres avec Laguépière, le cuisinier de Sa Majesté l'empereur et roi. J'appris de lui à improviser. M. Lasne me perfectionna dans la belle partie du *froid*; MM. Richaud frères, dans celle des sauces, et ce fut sous le bon et habile M. Robert que mes idées sur la dépense et la comptabilité s'arrêtèrent.

« Devenu praticien, il me manquait encore la théorie, j'avais du talent, mais je me sentais du génie. J'étais l'ha-

[1] *Mémoires* de Carême.

bile élève d'habiles maîtres, mais je voulais devenir maître moi-même. Je me mis donc à étudier la cuisine des anciens pour établir la supériorité dans cet art des temps modernes sur les temps antiques. Puis, après avoir perfectionné le goût, je songeai à perfectionner la forme, à plaire aux yeux comme au palais! Tertio, Palladio, Vignolle, me fournirent des documents.

«Ces études marquèrent d'une forme nouvelle mon travail consciencieux ; j'avançai rapidement, comme pressé par une force irrésistible, et je vis crouler sous mes coups l'ignoble fabrication de la routine. Un rival me dit un jour : « Je ne suis pas étonné que votre travail soit si varié, vous êtes toujours fourré à la bibliothèque de l'Empereur, où vous dessinez. — Eh bien, que n'en faites-vous autant? lui répondis-je, mon privilége est public.»

Malgré ces confidences, malgré l'amitié du prince régent, Carême regrettait la France, et, comme il le dit dans un de ses livres, il s'ennuyait sous le *vilain ciel gris* de l'Angleterre. Il revint donc en France, et se vit rappeler bientôt à Londres par une lettre autographe de Georges IV, quand ce prince monta sur le trône. Ce fut encore à cette époque que lady Morgan, dans un de ses livres, parla de Carême en termes si flatteurs, que Carême, habitué cependant aux louanges les plus friandes, ne put s'empêcher d'en témoigner sa reconnaissance et sa joie.

Voici en quels termes il remercia la femme célèbre :

« Madame,

« Quel généreux sentiment vous inspire, quand vous « dites que le talent du cuisinier devrait être encouragé

« par des couronnes comme celles que l'on jette sur la
« scène aux Sontag et aux Taglioni! Je vous remercie,
« madame, au nom de tous les talents de la cuisine fran-
« çaise.

« Je suis avec le plus profond respect, madame, votre
« très-humble et très-obéissant serviteur,

« Marc-Antoine Carême. »

Il me resterait encore à conter bien des événements de
la vie de Carême : son séjour en Russie, comme chef de
cuisine d'Alexandre, son arrivée à Vienne, où il dirigea
quelques grands dîners impériaux, et le dédain avec lequel il quitta lord Stewart, qu'il avait suivi à Londres :
— lord Stewart avait une gastrite ! De retour à Paris, la
seule véritable patrie de la gastronomie, comme il disait,
il voulut renoncer à l'*office* pour *écrire* et *publier*. Mais les
congrès qui se multiplièrent l'enlevèrent « aux muses, »
comme il disait encore, et il lui fallut figurer, tour à tour
et bon gré mal gré, à Aix-la-Chapelle, à Laybach et à Vérone. A Laybach, Carême reçut de l'empereur Alexandre
une bague ornée de magnifiques diamants.

Après cela, il fit un court séjour chez le prince de
Wurtemberg et chez la princesse Bagration, puis enfin
il entra chez M. Rothschild.

« On ne saurait plus vivre que là, écrivait-il, et madame la baronne Rothschild qui fait les honneurs de cette
magnifique hospitalité, mérite d'être comptée parmi les
femmes qui font le plus aimer la richesse, à cause du
charme et du bonheur qu'elles en tirent pour les autres,
de la dignité des habitudes et du luxe délicat de sa table. »

Carême est mort le 12 janvier 1833, pauvre comme tout artiste plus soucieux de sa renommée que de sa fortune. Broussais et le docteur Gobert, ses amis, se tenaient à son chevet quand il rendit le dernier soupir. C'était le soir ; un de ses élèves favoris avait voulu encore une fois entendre la voix chérie de son maître ; Carême ouvrit les yeux et reconnut celui qui se tenait penché sur son lit.

« C'est toi, dit-il déjà en proie au délire de l'agonie. Hier les quenelles de sole étaient bonnes, mais il manquait quelque chose à l'assaisonnement... » Sa main s'agita comme si elle eût secoué un mélange culinaire dans une casserole, ses lèvres balbutièrent quelques paroles inintelligibles... Broussais fit un signe triste et solennel. Tout était fini.

Il faut ajouter que l'on doit à Carême plusieurs livres fort remarquables sur son art, et que le fils de la Gitana, se souvenant qu'il avait été jeté dans le monde sans asile et sans pain — lui qui devait si bien faire manger les autres, — a doté successivement vingt enfants abandonnés.

MÉDECINE

IL FAUT QU'IL PLEURE !

I

Nous nous tenions assis, quatre amis, au coin du feu
du docteur Gewartius. Il était gravement malade, et son
état ne nous inspirait que de trop justes inquiétudes. Gewartius avait perdu sa fille unique. L'âme souffrait chez
lui bien autrement que le corps. Or, si la médecine se
trouve trop souvent réduite à l'inefficacité en face des
souffrances physiques, je vous laisse à penser combien
elle reste impuissante pour alléger les souffrances morales !

Le malheureux père n'avait pu encore verser une larme,
et il fallait qu'il pleurât ou qu'il mourût ! Tous nos efforts
se bornaient donc à provoquer la crise qui devait le sauver.

La conversation se trainait pénible, embarrassée et laborieuse.

Le premier qui essaya de sortir de cet état de malaise et de tirer Gewartius de sa stupeur fatale fut le plus jeune de nous, Gabriel, un jeune écrivain de grand avenir, qui déjà s'est conquis une belle placé dans la profession si périlleuse que la presse périodique crée à ses adeptes.

II

Il y a quelques semaines, dit-il, je m'en allais de par les rues, rêvassant à je ne sais trop quoi, et enfoncé dans mes rêvasseries, lorsque tout à coup je m'éveillai en sursaut, à un cri de *Gare !* poussé avec énergie. En même temps je sentis l'haleine tiède et humide des naseaux d'un cheval mouiller ma joue, et un brancard m'effleurer le flanc ; j'avais failli être écrasé par une voiture, et, soit dit en passant, par la voiture d'un de mes meilleurs amis et de nos plus célèbres médecins, le docteur Frantz, que voici.

Il s'élança près de moi, et, après s'être assuré que j'en étais quitte pour la peur, car je riais de mon innocente mésaventure, il me fit monter auprès de lui dans son coupé.

« Parbleu ! me dit-il, puisque je ne t'ai pas écrasé et

que le hasard te place sur ma route, tu vas venir avec
moi visiter un de mes malades. »

La voiture se remit en route et nous conduisit dans une
des rues qui environnent le Panthéon : elle s'arrêta devant une maison d'humble apparence. Nous mîmes pied à
terre, nous gravimes six étages, et nous entrâmes dans
une petite mansarde meublé d'un lit, d'une table, d'une
chaise et de deux assiettes. Sur le lit, gisait un homme
d'une cinquantaine d'années, d'une laideur extrême et
dont la grosse tête s'enfonçait entre deux épaules bossues
et une poitrine déformée.

« Eh bien, comment vous trouvez-vous aujourd'hui,
Pierre? » demanda le médecin.

Celui à qui s'adressaient ces paroles s'écria :

« Comment se fait-il donc que mes gens laissent ainsi
arriver jusqu'à moi le premier venu? je les chasserai jusqu'au dernier. Ma douce Jeanne, ajouta-t-il en se tournant
vers une de ses assiettes, ma douce Jeanne, quel charmant
entretien viennent d'interrompre ces deux importuns! Ne
cache point ainsi, dans tes deux petites mains, ton adorable visage couvert d'une chaste rougeur ; je vais les
congédier. »

Il fit un effort pour se soulever sur son lit, mais il retomba lourdement ; le malheureux était paralytique.

Après quoi il ferma les yeux et ne parut plus s'occuper
de nous.

« Allons, dit-il, Jeanne, ma jolie Jeanne, ma blonde
fiancée d'hier, ma femme depuis quelques heures, toi
que je viens de ramener de l'autel où Dieu a reçu et consacré nos serments, n'entends-tu pas la musique qui

fait résonner ses harmonieux accords ? Voici le bal qui commence ; on nous attend pour l'ouvrir. Mets ta main dans la mienne, mon ange, ta main qui tremble doucement, et allons rejoindre nos amis rassemblés pour célébrer notre union. Seulement, laisse-moi effleurer de mes lèvres ton front blanc et pur comme ton âme ! »

Une exclamation faillit s'échapper de mes lèvres, mais Frantz la réprima par un geste.

Le malade continua :

« Oh ! que le bal est enivrant, près de celle qu'on aime et dont on est aimé ! Jamais je n'avais compris comme en ce moment le bonheur que donne une immense fortune. Je puis satisfaire à tes moindres fantaisies. Fais un signe, désire, et, mes regards attachés sur les tiens ; je lirai dans tes yeux et je réaliserai jusqu'au moindre de tes caprices ! Seulement prodigue les caprices, mon ange, pour que je puisse avoir le bonheur d'en satisfaire beaucoup. Allons, la musique se fait entendre de nouveau ! Ton bras sous mon bras ! Viens, élançons-nous parmi les danseurs. Oh ! la valse, la valse, avec celle que l'on aime ! Quels enivrements ! Mon Dieu, quand on a vingt ans... à peine. »

Il se tut, et ses lèvres s'agitèrent quelques instants sans proférer de sons.

Tout à coup il tressaillit,

« Laissez-moi ! s'écria-t-il, laissez-moi ! Oui, j'ai fait une découverte sublime ; oui, j'ai rendu à mon pays un de ces services éclatants qui immortalisent le nom d'un inventeur, et qui le transmettent d'âge en âge à la reconnaissance du monde entier. Mais pourquoi voulez-vous que je m'arrache au bonheur paisible dont je jouis, pour me jeter dans les agitations des affaires publiques ? Lais-sez-moi près de ma jeune femme que j'aime ! Cherchez un autre roi pour vous gouverner. Le fardeau du pouvoir me fait peur... »

— Frantz sourit et s'assit.

« Après tout, continua l'autre, ne suis-je point respon-sable devant Dieu de ce refus ? Il n'a point mis dans mon âme le génie, pour que je n'imprime point à mon siècle le grand mouvement par lequel je puis changer sa face et le régénérer glorieusement. Allons, puisqu'il le faut, je régnerai sur la France ! Oh ! que ces acclamations qui me saluent de tous côtés sont douces à mon cœur ! Et maintenant, mon Dieu, soutenez-moi, car je ne puis rien que par vous seul. Vous tenez entre vos mains divines le sort des souverains et des peuples ! »

Il retomba dans le silence, étendit ses mains trem-blantes vers des fantômes imaginaires et balbutia des paroles profondément émues.

« Le ciel s'ouvre ! le Saint des saints n'a plus de mys-tère pour moi ! voici le Très-Haut qui m'apparaît dans toute sa splendeur, entouré des prophètes, des vierges, des martyrs et des célestes hôtes du Paradis ! Oh ! jamais homme n'a éprouvé ce que je ressens ! Cette lu-mière près de laquelle le soleil n'est qu'une ombre pé-nètre au fond de mon âme, m'enivre, me transporte, me donne des joies qu'on ne saurait éprouver que dans le ciel. Oh ! mes forces sont insuffisantes pour éprouver de telles sensations ! »

Sa tête retomba, il s'évanouit, et ce ne fut pas sans peine que mon compagnon parvint à le rendre à la vie.

« Voici, n'est-ce pas? me dit ce dernier en replaçant dans sa trousse chirurgicale le flacon qu'il en avait tiré, voici un bien beau cas d'hallucination, tu l'avoueras !

— Sans doute, lui répondis-je.

— Eh bien, mon ami, avant peu cet homme jouira de toute sa raison.

— Tu veux le rendre à la raison?

— Pardieu, je l'espère bien. Sans compter que cette cure me fera diablement honneur. J'ai un procédé infaillible pour guérir le *delirium tremens*. Cette démence, comme tu le sais, produite par l'abus des boissons alcooliques, cède victorieusement à l'emploi de l'ammoniaque. Il y a un mois, mon malade jouissait de toute sa raison, avant un mois il l'aura complétement retrouvée.

— Le guérir? lui dis-je.

— Je veux le traiter à domicile et lui éviter le triste séjour de Bicêtre. Son délire n'a rien de dangereux, et il y a dans cette maison une vieille portière qui s'entend à merveille à soigner les malades. Quand j'étais interne à l'Hôtel-Dieu, elle se trouvait de mon temps employée dans les salles. C'est là que je l'ai connue. »

Il écrivit une ordonnance sur une page qu'il déchira de son calepin, et me fit signe de le suivre. Nous descendîmes les deux cents marches de l'escalier, et il remit à la portière l'ordonnance avec une pièce d'or. Ce fut en cette pieuse aumône que consistèrent ses honoraires.

Je ne pensais plus à cette visite, quand l'autre jour j'allai voir Frantz. Sept heures du matin sonnaient à peine, car il s'agissait d'aller à l'Hôtel-Dieu voir une opération d'autoplastie que notre célèbre ami devait faire.

Tandis qu'il prenait son chapeau et son paletot, il me montra du doigt un homme assez difforme qui frottait l'appartement; la sueur ruisselait sur le front chauve du pauvre diable, qui mettait à faire sa besogne une ardeur extrême.

« Le reconnais-tu? me demanda-t-il.

— Ma foi non, répliquai-je.

— Quand je te le disais, répliqua-t-il, que j'avais des moyens infaillibles de guérir les hallucinations produites par le *delirium tremens* ! Interroge-le, et tu verras si je t'ai trompé. »

Je m'avançai près du frotteur.

« Vous faites une rude besogne, mon ami ?

— Et je la fais de grand cœur, monsieur, me répliqua-t-il en s'essuyant le front et en s'appuyant sur la haute pince en bois dans les mandibules de laquelle se trouvait fichée la cire. Monsieur le docteur est si bon pour moi ! Il m'a guéri et il m'a donné des secours pendant que j'étais malade, et puis, comme une fois en convalescence je ne trouvais point de travail, parce qu'on disait dans le quartier que j'avais été fou, et que cela faisait peur à ceux qui auraient pu m'employer, il m'a pris chez lui, où je gagne ma vie. Le matin, je frotte son appartement; dans la journée, je fais ses commissions. Je trouve ici un bon gîte, un bon dîner et des égards. Sans les tristes souvenirs qui me reviennent plus que je ne le voudrais, je serais aussi heureux que possible.

— Et quels sont ces souvenirs? » lui demandai-je.

Le pauvre diable me regarda avec hésitation.

« Dame, dit-il, j'éprouve un triste bonheur à parler de

tout cela ; mais je crains que cela ne fatigue monsieur et ne l'intéresse que médiocrement.

— Parlez-moi avec confiance, lui dis-je, en parodiant le fameux

Haud ignara mali, miseris succurrere disco.

J'ai moi-même trop souffert pour ne point compatir à vos chagrins.

— Eh bien, monsieur, je ne sais pas si le docteur vous l'a dit, mais je me suis rendu fou à force de boire. Que voulez-vous, monsieur ? Quoique difforme comme je le suis, j'avais fini par me faire aimer d'une jeune orpheline, aussi pauvre que moi, mais qui m'aimait tendrement, malgré ma laideur, parce qu'elle me savait bon cœur et qu'il n'y avait au monde pour l'aimer personne autre que moi. Dieu avait béni notre humble ménage ; j'avais du travail autant que je pouvais en faire. Ma femme, de son côté, gagnait quelque argent avec son aiguille, et puis il nous était né une petite fille belle comme le jour et que nous aimions tant, que nous nous en aimions plus encore ma femme et moi. Ah ! monsieur, je n'aurais pas alors échangé mon sort pour une couronne ! Ma pauvreté était riante et gaie ; je passais des heures entières à regarder mon enfant, et, quand j'en obtenais un sourire, tous les rois de la terre n'eussent pas été mes cousins ! »

En parlant ainsi son œil s'animait, son regard devenait plus vif, et sa parole pleine d'une indicible expression.

« Ce bonheur dura un peu plus de deux ans, continua-t-il après une courte interruption. Un matin, l'enfant s'é-

veilla pâle et triste. Je courus aussitôt chez M. le docteur, qui à cette époque avait déjà des bontés pour moi.
Il examina ma fille; me serra la main, me prit à part et
me dit : « Mon pauvre Pierre, il vous faut beaucoup de
« courage, votre enfant est bien malade! »

« Et deux mois après, monsieur, deux mois d'angoisses,
de larmes, de veilles, de désespoir, ma pauvre petite fille
était morte! »

Un sanglot s'échappa de sa poitrine, mais s'armant de
courage :

« Ma pauvre femme faisait la forte, et, pour ne pas m'affliger davantage, elle s'efforçait de travailler comme par
le passé et même quelquefois de me sourire ; mais je
voyais bien qu'elle était frappée à mort et qu'elle ne s'en
relèverait pas ! Elle ne mangeait plus, elle s'en allait pâlissant et maigrissant! Quand je n'étais pas là, elle pleurait
et elle regardait le berceau vide de notre fille. Moi-même
je n'en valais guère mieux, car je comprenais que la mère
irait bientôt rejoindre l'enfant ! »

Il s'assit, ou plutôt il se laissa tomber sur une chaise.

« Ce fut alors que je commençai à boire, car du moins,
quand la boisson me portait à la tête, je sentais moins
mes chagrins. Souvent ma femme me reprenait doucement
de cette mauvaise habitude. Je lui promettais toujours
de ne plus recommencer, mais c'était plus fort que moi,
monsieur. J'étais si malheureux, qu'il me fallait oublier à
tout prix. Je devins un ivrogne. Ah ! j'en fus bien sévèrement puni, allez ! Une fois, je restai trois jours sans rentrer au logis; j'avais trouvé d'autres ivrognes qui m'a-
vaient entraîné avec eux, et avec lesquels j'avais passé

trois jours sans recouvrer ma raison ! Quand je revins enfin
chez moi, quand j'ouvris doucement ma porte, honteux,
hébété, abruti par l'ivresse, ma femme était dans son lit.

« Bon ! me dis-je, elle dort ! Il ne faut pas la réveil-
« ler. Tout à l'heure, quand elle ouvrira les yeux, je lui
« demanderai pardon, et elle me pardonnera ; elle est si
« bonne ! »

« Et, en effet, monsieur. je n'ai jamais connu une créature meilleure à mon égard. Comme elle n'avait point de
défauts, elle trouvait dans sa perfection une inépuisable
indulgence pour les défauts des autres.

« Et, me parlant ainsi, je lui pris la main. Cette main
était froide et roide. Plein d'épouvante, je me mis à appeler ma femme, elle ne me répondit pas ! Son regard
était fixe, sa bouche entr'ouverte.... Je jetai un cri... je
tombai à terre ; et depuis ce temps-là, monsieur, il me serait impossible de dire ce qui m'est arrivé, jusqu'au jour
où un matin je me réveillai comme d'un rêve, et que je
trouvai le docteur assis à mon chevet.

« Il me dit : « Pierre, tu l'as échappé belle ; tu as été
« fou, je t'ai guéri ; si tu reprends tes habitudes d'ivrogne,
« je ne réponds plus de toi. »

« Les paroles du docteur sont pour moi comme des
paroles du bon Dieu, de vrais articles de foi. Je n'ai bu
que de l'eau depuis ce temps-là, monsieur, et je suis bien
guéri, vous le voyez, » conclut-il en se remettant à frotter
avec une ardeur fiévreuse.

« La voiture de monsieur le docteur est prête, » vint
dire le cocher.

Je descendis silencieusement, le cœur serré, et je montai avec Frantz dans la voiture sans proférer une parole.

« Eh bien, me dit notre ami, est-ce là une cure complète et radicale? mettras-tu encore en doute la vertu de l'ammoniaque dans les cas de *delirium tremens*? j'espère que personne ne me contestera que Pierre a complétement recouvré la raison.

— Pardieu, ne pus je m'empêcher de répliquer, je te conseille de te vanter de cette cure! Cet homme avait oublié la perte de sa femme et de sa fille, et tu l'as rendu à la conscience de son désespoir! Cet homme se croyait jeune, beau, aimé, riche, puissant, roi, comblé des faveurs de Dieu, et tu en fais, en le rendant à la réalité, un frotteur admis chez toi par charité! Singulier service que tu lui as là rendu! En lui ôtant ses idées fausses pour lui donner des idées justes, en lui ôtant ses hallucinations pour le rejeter dans la vie véritable, d'un heureux tu as fait un misérable, je te conseille vraiment de te vanter de ce service-là !

— A t'en croire, j'aurais dû peut-être le laisser fou ? me demanda-t-il en éclatant de rire. J'ai bien envie de te faire prendre aussi de l'ammoniaque pour te rendre la raison que tu me parais en train de perdre! »

Comme nous étions arrivés à l'Hôtel-Dieu, je ne pus rien lui répondre, et notre conversation en resta là.

En terminant son récit, Gabriel porta ses regards vers Gewartius. Il avait espéré, en racontant cette histoire, faire couler des yeux de notre malheureux ami les larmes qui l'étouffaient, car, je vous l'ai dit, depuis un mois que Dieu l'avait si cruellement frappé, le malheureux père n'avait pu pleurer encore. En voyant qu'il restait là sombre, immobile, anéanti comme par le passé, le docteur Frantz se hâta de prendre la parole.

« Puisque tu voulais nous conter une histoire d'halluciné, tu pouvais, Gabriel, en trouver une plus intéressante, et surtout une moins vulgaire, écoute celle-ci. »

III

On ne saurait trouver une physionomie professionnelle mieux tranchée, et plus amusante que la physionomie du coiffeur. A Paris, suivant la nature de sa clientèle et le quartier où il exerce, le coiffeur se montre respectueux ou familier, empressé ou rogue, parfois spirituel, souvent amusant; il est presque toujours Méridional, toujours bavard. Personne ne sait autant que lui la nouvelle scandaleuse du jour et l'art de la servir chaude à ceux dont il tient la tête entre ses mains. Plus d'un homme grave compte, parmi les bons quarts d'heure de sa journée, le moment qu'il passe dans la boutique du coiffeur; j'aurais dû dire, je crois, l'atelier, le laboratoire ou l'officine.

En province, le type se modifie. Le coiffeur y prend moins la peine de déguiser l'amour-propre inhérent à l'art de fabriquer des postiches (on ne se sert plus du mot perruques), de tailler les cheveux et de les disposer, à l'aide du peigne ou du fer chaud. Moins absorbé par les devoirs de sa profession, mis en contact chaque jour avec les mêmes personnes, il traite ses clients sans façon et en amis. Enfin, à défaut d'autre genre d'éducation, il fait une consommation effrénée de romans, découpe les feuilletons des journaux, les coud en cahiers, les lit, les relit, les commente, et y croit.

Il en résulte que la tête de ces jeunes gens, dans les veines desquels coule le sang ardent du Midi, prennent parfois au sérieux les billeversées des faiseurs de tomes à l'usage des cabinets de lecture. Ils cherchent dans la vie réelle la vie de convention que dépeignent des fictions plus ou moins absurdes ; ils se transforment en héros d'aventures, rêvent des héroïnes, les voient à travers leurs idées préconçues, et se livrent à des extravagances qu'ils croient raisonnables.

Tel était, sans y changer un mot, Joseph Cabirol, charmant garçon de vingt-six ans, dont la main légère et adroite n'avait point de rivale à Marseille dans l'art de disposer en raie les cheveux, ou de les façonner en boucles. Aussi les fashionnables ne voulaient-ils se laisser coiffer que par Cabirol, et le patron de cet habile artiste avait-il de mois en mois augmenté les honoraires de celui qui faisait la fortune de son établissement. Il songeait même à se l'associer.

Le soir venu et l'atelier fermé, Cabirol se dirigeait furtivement vers un des quartiers les plus solitaires de la ville.

Là demeuraient le directeur du bureau de placement des coiffeurs et sa fille, jolie créature de dix-huit ans, vive, alerte, pimpante, la taille fine, le pied mignon et le nez retroussé. Plus d'une fois, Cabirol eut la pensée de venir à ces rendez-vous, enveloppé d'un manteau couleur de muraille, la tête couverte d'un feutre à larges bords et une guitare à la main. Hélas ! il ne tarda point à comprendre que cette mise en scène, si charmante dans les romans à quinze centimes de location par volume, le rendrait ridicule aux yeux de la railleuse Mariette.

Il prit donc à regret la ligne droite, parla de son amour, de la supériorité de son talent, et de la promesse d'une prochaine association que lui avait faite son patron. Mariette ne résista pas aux offres séduisantes d'un gentil garçon, doux et même, malgré sa faconde, un peu timide. Loin de repousser le galant, elle fixa, de concert avec son père, l'époque prochaine de son mariage.

Cabirol, coiffeur, Marseillais et amoureux, raconta son bonheur à tout le monde, et poussa l'imprudence jusqu'à proclamer le secret de l'association qui devait le rendre l'égal de son patron.

En ce monde, le succès s'expie toujours : la jalousie inspirée à ses rivaux par le talent de Cabirol et la déconvenue des prétendants à la main de Mariette valurent au pauvre garçon la haine de cinq ou six mauvais garnements. Ceux-ci organisèrent une conspiration. Ils s'associèrent une intime amie de Mariette, qui eût bien voulu échanger son nom de fille contre le nom de madame Cabirol, et surtout trôner dans le comptoir d'acajou du magasin de parfumerie que devaient fonder les associés. Il résulta de cette méchante complicité que Mariette, à qui l'on remit des lettres supposées, crut avoir entre les mains les preuves irrécusables de l'infidélité de Cabirol.

Les Marseillaises ont la tête vive et agissent plus qu'elles ne raisonnent. Quand le coiffeur, le cœur palpitant de joie, accourut le lendemain faire à sa fiancée la visite de chaque soir, il la trouva debout sur le seuil de la porte et entourée de cinq ou six jeunes filles. Elle le regarda avec dédain des pieds à la tête, lui jeta littéralement au nez les présents d'accordailles qu'elle avait reçus de lui, et le chassa au milieu des éclats de rire des témoins de tant d'humiliations.

Cabirol, éperdu, s'éloigna. Il trouva sur son passage les conspirateurs, qui l'accueillirent de leurs huées et qui le suivirent de loin jusqu'à son logis, en lui criant avec cet accent marseillais qui donne si désagréablement sur les nerfs : « Eh ! à quand donc la noce, Cabirol? »

Le malheureux, le cerveau en feu, enfiévré, haletant, éperdu, rentra chez lui, fit à la hâte un paquet de ses hardes, courut jusqu'à un bureau des diligences, grimpa sur l'impériale de la première voiture venue et partit sans savoir où il allait.

La fraîcheur de la nuit et la vivacité de l'air finirent par le calmer un peu. Il s'adressa tous les raisonnements que le bon sens, en pareil cas, donne au désespoir, qui ne l'écoute point. Plus d'une fois il se sentit près de descendre de voiture et de retourner lâchement à Marseille, même à pied.

L'orgueil finit par obtenir de lui ce dont la raison n'avait pu lui démontrer la nécessité. Il continua sa route, après avoir appris du conducteur que la diligence se dirigeait vers Lyon.

Les condamnés à mort dorment, dit-on, la nuit qui

précède leur exécution. Cabirol, soulagé par d'abondantes larmes qui s'échappèrent enfin de ses paupières
brûlantes, tomba dans un assoupissement inquiet, maladif,
mais pendant lequel, du moins, il oublia quelque temps
sa douleur.

Au premier relais, il se réveilla en sursaut. Le jour
commençait à paraître et rendit le malheureux aux sentiments de ses chagrins. L'inconstance de Mariette, les in-
sultés qu'il avait reçues, les cris qui l'avaient poursuivi,
sa fuite, tout cela lui semblait un rêve. Il cherchait à
rassembler ses idées, quand tout à coup un homme se
dressa au-dessus de la bâche de la voiture, et lui dit :
« Eh ! eh ! à quand la noce? »

Cabirol chercha sous sa main quelque objet pour lui en
briser le crâne. Une seconde tête apparut de l'autre côté,
et adressa, en ricanant, la même question. Puis devant,
puis derrière, puis à droite, puis à gauche, des faces hideuses se pressaient, riant, s'agitant et répétant : « Eh !
eh ! à quand la noce? »

Il se jeta à bas de la voiture. Le cortége maudit le suivit dans la chambre de l'auberge, le suivit dans la cour,
le suivit quand il remonta sur la voiture, braillant en
cœur l'éternelle question : « Eh ! eh ! à quand la
noce? »

Il se crut le jouet des hallucinations de la fièvre, et il
attendit avec angoisse le jour, pour que la lumière dissi-
pât les fantômes.

Le jour, loin de chasser ses persécuteurs, ne les rendit
que plus acharnés et que plus bruyants. Non-seulement
il entendait leurs voix, mais il sentait leur contact; l'ha-

leine infecte qui sortait de leurs bouches avinées frappait de son odieuse moiteur ses joues, son front et ses
oreilles.

Arrivé à Lyon, la foule injurieuse emboîta le pas derrière lui, remplit sa chambre, s'assit à table avec lui, es-
calada même son lit. S'il fermait les yeux, des mains le
tiraillaient par les bras, lui secouaient les pieds, le frappaient sur la tête, et répétaient sans cesse : « Eh ! eh! à
quand la noce ? »

Au point du jour, il n'entendit plus rien. Il se leva,
sortit furtivement sur la pointe des pieds, se glissa hors
de l'auberge, et gagna, en courant au hasard, un quartier quelconque de la ville. O bonheur ! il avait dépisté
cette horde sans pitié ! Il ne la voyait plus, il ne l'entendait plus !

Tandis qu'il respirait et se félicitait d'avoir pu échapper
aux mystificateurs qui, se disait-il, l'avaient poursuivi de
Marseille jusqu'à Lyon, il aperçut une lanterne avec ces
mots : « Bureaux des messageries pour Paris. » Il se hâta
de retenir une place d'intérieur, après s'être toutefois
assuré qu'il n'y restait plus de libre qu'une des six
places : la sienne. Il fit un excellent déjeuner, et monta
presque gaiement en voiture, non sans sourire en lui-
même du désappointement qu'allaient éprouver les drôles
qui avaient perdu ses traces.

Il se blottit donc avec délices dans son coin d'intérieur,
s'établit confortablement pour dormir et jouir avec une
volupté ineffable du calme qu'il goûtait après tant d'agitations. « En résumé, se disait-il en lui-même tandis que
ses paupières s'alourdissaient et qu'un délicieux engour-

dissement s'emparait de tout son être; en résumé, sait-on qui, dans quelque temps, de la perfide Mariette ou de moi, en sera au repentir de notre rupture? Je perds une coquette; mais je possède du talent, et je ne manque pas d'agréments physiques. A Paris... A Paris... la fortune... le bonheur!... »

Il tomba dans un profond sommeil, dont ni le bruit des relais ni le mouvement des voyageurs qui l'entouraient ne parvinrent à le tirer.

A son réveil, il respira largement et se sentit vraiment guilleret. Il s'étira, il passa la main dans ses cheveux, et il songea même à regarder les deux femmes qui se trouvaient, l'une assise à ses côtés, l'autre en face de lui. Tout à coup il pâlit; d'un coup d'œil oblique il venait de reconnaître Mariette dans sa voisine de gauche.

« Ah! se dit-il avec enivrement, elle se repent! elle n'a pu résister à la douleur de notre séparation! elle s'est mise à ma recherche! Combien cette démarche prouve d'amour! »

Mariette se pencha coquettement sur l'épaule de son fiancé, et, d'une voix pleine d'émotion et de tendresse, elle lui demanda doucement :

« Eh! eh! à quand la noce?

— Quand tu le voudras, s'écria-t-il, au comble de l'émotion; quand tu le voudras!

— Tout de suite! » répondit un rugissement.

Ce n'était plus Mariette, mais un démon, l'œil en feu, le front armé de cornes, la bouche sanglante, le pied fourchu.

« Tout de suite! tout de suite! répéta le fantôme, qui

saisit le coiffeur dans ses deux longs bras terminés par des griffes acérées.

— Eh! eh! à quand la noce? ricana un petit nain difforme qui avait remplacé la jolie voyageuse placée naguère en face du malheureux.

— A quand la noce ? mugirent, glapirent, sifflèrent, hurlèrent, grincèrent des milliers de spectres de toute nature. La voiture en regorgeait; ils pendaient en grappes aux parois des cloisons ; ils montraient leurs faces hideuses à travers les glaces des portières; ils surgissaient des banquettes; ils grouillaient et rampaient, ils volaient, ils tournoyaient. Le fouet même du postillon, au lieu de son joyeux clic-clac, répétait en sons cassants et saccadés : « Eh! eh! à quand la noce? »

Paralysé par la terreur, Cabirol n'essaya pas même une seule fois, pendant les quatre jours que dura le voyage, de bouger de sa place. Il sentait d'ailleurs autour de sa ceinture l'étreinte infernale du démon, étreinte qui prenait parfois tant de violence, qu'elle le suffoquait.

Quand il eut mis pied à terre, dans la cour des Messageries royales, tout s'évanouit. A peine se trouva-t-il installé dans une chambre d'hôtel garni, que les apparitions recommencèrent.

Il ne fut bientôt plus question, parmi les commères du quartier où Cabirol avait établi son domicile, que du possédé dont les plaintes empêchaient, la nuit, ses voisins de dormir, et qui, le jour, appelait à grands cris la mort, préférable à la société des démons. Il se donna même, à deux reprises, des coups de couteau dans la poitrine; ces coups le blessèrent gravement, sans le débarrasser des obsessions diaboliques.

Un beau matin on le transporta mourant à Bicêtre.

Une des salles de cet hospice se trouvait alors sous la direction d'un médecin qui occupe aujourd'hui une haute position dans la science, et qu'à la rigueur je pourrais nommer, car c'est aux notes prises à l'un de ses cours que j'emprunte ce récit.

A l'heure de la visite, il rassembla ses élèves, et leur montra Cabirol, qui, la bouche écumante, se tordait sur son lit, malgré les entraves de la camisole de force. Il apostrophait les spectres qui le persécutaient, et demandait à grands cris qu'on les exorcisât.

« Je vais le faire ! dit le docteur d'un ton solennel. Possédé ! regardez cette bouteille que m'apporte un infirmier : elle contient une liqueur magique contre la puissance de laquelle ne sauraient prévaloir les mauvais esprits. Par la vertu de la baguette que tient mon confrère, ajouta-t-il en désignant un spectateur appuyé sur sa canne, vous serez désensorcelé ce soir même !... Otez la camisole de force à monsieur. Qu'il ait foi et qu'il boive ! »

Cabirol saisit la bouteille à deux mains et la vida d'un seul trait.

En effet, le lendemain, à la visite médicale, l'ensorcelé, après une nuit paisible, se sentait un tout autre homme. Il raconta presque gaiement ses aventures de Marseille ; mais, quand il en arriva au récit de ses visions, il pâlit, trembla, et porta des regards effarés autour de lui.

« Donnez une nouvelle bouteille de mon eau à ce malade ! » ordonna le docteur.

Puis, emmenant ses élèves dans une pièce voisine :

« Vous le voyez, messieurs, dit-il, après la vie, rien n'est plus fragile chèz l'homme que sa raison. Cette raison peut nous abandonner tout à l'heure, et même pour tou jours. Qu'une émotion produise une légère sécousse dans le système nerveux et réagisse sur le cerveau ; qu'une gouttelette de sang imperceptible, microscopique, engorge les vaisseaux qui amènent la circulation sous les organes que protége le crâne, et c'en est fait, à jamais peut-être, de cette intelligence qui nous inspire souvent tant d'orgueil ! Je dirai plus, descendons en nous-mêmes : un examen sévère nous y montrera le germe de la folie. Nous constaterons avec effroi quelle légère perturbation suffirait pour y développer ce fatal principe ! Sous toutes les formes, de tous les côtés, le mal assiége l'homme et le frappe ! Les rêves du sommeil et de la fièvre, le rire, que les Orientaux traitent d'insensé, les vertiges de la valse, les surexcitations de la bataille, l'amour, la haine, la vengeance, l'ivresse par le vin ou par l'opium, que sont-ils ? Une nuance imperceptible ne sépare-t-elle pas, sous le nom d'excentricité, l'esprit et le désordre mental ? sous le nom d'idée fixe, le génie n'est-il pas la monomanie ? Enfin, comment appellerez-vous ces grandes douleurs qui s'emparent d'une âme ? dont on ne veut pas être consolé ? qui tuent à jamais la paix en nous ? qui nous tiennent sans relâche face à face avec notre désespoir ? qui nous harcèlent malgré le travail, malgré la prière ? »

Des larmes s'échappèrent de ses yeux. Il laissa tomber sa tête pensive sur sa poitrine, et pendant quelques minutes il se fit autour de lui un silence triste et religieux.

Cabirol, à la troisième bouteille d'eau magique, se trouva complétement guéri. Il subit deux nouvelles rechutes, nous l'avouons : mais, grâce à un héritage inattendu qui lui permit d'acheter une belle clientèle de coiffeur, à Paris, en plein quartier à la mode ; grâce surtout à son mariage avec une charmante personne qu'il adorait, qui le payait de retour, qui trôna dans le comptoir d'acajou du magasin et qui le rendit père de quatre enfants, il se trouva débarrassé à tout jamais des apparitions et des fantômes.

Cabirol fonda, en 1844, l'Académie de coiffure, qui tenait ses séances rue de Grenelle-Saint-Honoré. Il y prononçait des discours et il y couronnait les lauréats. Ceux-ci promenaient glorieusement dans toute la salle la personne dont ils avaient *édifié* les cheveux ; nous nous servons des expressions du programme.

Aujourd'hui, il vit riche, heureux et retiré dans une jolie maison de campagne qui domine la pittoresque vallée de la Marne. Il vient même de marier sa fille aînée à un jeune compositeur d'avenir. D'artiste à artiste, il n'y a que la main, a pensé Cabirol, qui s'est toujours senti au cœur une noble ambition et qui veut que la gloire de son gendre ajoute bientôt un nouveau relief à une fortune conquise par le talent.

J'allais oublier de vous dire comment s'appelle la liqueur magique employée pour guérir les visions de Cabirol : elle se nomme *eau de Sedlitz*.

Gewartius semblait n'avoir point entendu. Il restait là toujours anéanti, sans une parole, sans un regard.

— Laissons là, dit le docteur Fernand, laissons ces

lugubres histoires de fou. L'art médical a bien d'autres
drames et d'autres émotions ; assurément ce que je vais
vous conter dépasse en merveilleux tout ce qu'on a pu lire
jusqu'à présent dans les romans les plus invraisemblables,
et il ne manque pas de ces romans, vous le savez ! Le hasard
m'a fait découvrir quelque chose de cette histoire, perdue
dans un coin de journal médical, et il m'a suffi de remonter à la source pour apprendre tous les détails du drame.

En l'année 1800, il y avait dans un petit port de mer
des côtes de la Bretagne une jolie ouvrière âgée de seize
ans et un fils de bourgeois qui en comptait dix-huit. Ces
enfants étaient voisins et s'aimaient. Le père du jeune
homme, marchand quincaillier dont la boutique entière
valait bien mille écus, ne voulut pas laisser commettre à
son fils une mésalliance en épousant une couturière :
pourtant ce fils avait une faute à réparer : la pauvre fille
allait bientôt devenir mère.

Une lutte violente s'engagea entre le père et le fils. Ce dernier, réduit au désespoir par l'impitoyable obstination du
quincaillier, disparut un beau jour de la ville et alla s'engager comme apprenti marin à bord d'un bâtiment de guerre.

Pour venger la jeune fille qu'il aimait, il l'abandonna
sans protections et presque sans ressources. Trop souvent la passion et l'emportement raisonnent avec cette
déplorable logique et ce cruel égoisme.

Donc le père de l'enfant de Jeanne se rendit à Brest, se
présenta le sac sur le dos et le bâton à la main à un capitaine de vaisseau, s'embarqua sur un beau navire, et
quitta la France après avoir écrit à Jeanne qu'il ne cesse-
rait jamais de l'aimer.

Cependant Jeanne était devenue mère et cherchait à se consoler en embrassant et en couvrant de larmes sa jolie petite fille, preuve vivante de son amour et de sa faute.

Mais elle accepta cette faute avec courage et résignation ; elle travaillait jour et nuit pour son enfant, si bien que tout le monde dans la petite ville s'intéressait à Jeanne, la plaignait et cherchait à lui être utile, à l'exception du père du marin. Il y a des natures sèches et mesquines qui ne savent ni pardonner ni oublier.

On compatissait d'autant plus à cette pauvre jeune mère, qui se tenait humblement, le dimanche, agenouillée derrière tous les autres sur les dalles de la paroisse et tout à l'entrée de l'église, que sa fille, quoiqu'elle eût atteint l'âge de trois ans, non-seulement ne parlait pas, mais encore n'entendait point. Jeanne avait consulté tous les médecins de la ville ; elle avait même, à pied et son enfant sur les bras, entrepris un long et coûteux voyage, pour avoir l'avis d'un médecin célèbre du pays. Hélas ! il n'y avait point d'espoir de guérison : l'innocente créature, venue au monde au milieu de tant de désespoir et de larmes, était à jamais sourde et muette !

Ce fut un coup mortel pour sa mère, épuisée d'ailleurs par le désespoir et par le travail. La consomption ne tarda point à exercer ses ravages sur son organisation délicate et brisée ; un soir, le vieux médecin qui lui donnait gratuitement des soins répondit par des larmes à cette question de Jeanne : — Ai-je encore longtemps à vivre, monsieur ?

Elle prit alors sa fille dans ses bras, sa fille, qu'il lui

fallait laisser seule en ce monde, infirme et sans appui, et elle se rendit chez le père du marin. L'impitoyable vieillard la chassa sans vouloir l'entendre. Que Dieu lui pardonne sa dureté! comme Jeanne le demanda au bon Dieu, en rentrant chez elle, et comme elle l'écrivit dans une lettre qu'on trouva le lendemain sur le berceau de son enfant.

Car Jeanne n'avait pu résister à ce dernier coup, et elle était morte pendant la nuit.

Grâce à un bon et vénérable ecclésiastique, son confesseur, elle fut enterrée décemment et en chrétienne. Quant à l'enfant, son grand-père finit, à force de sollicitations et d'importunités du bon prêtre, par consentir à payer six francs par mois, pour qu'elle fût mise en pension, chez une paysanne, à vingt lieues de la ville qu'il habitait.

Quelques années après le marin revint : il avait fait rapidement son chemin, portait une épaulette et comptait obtenir bientôt un grade de plus.

Il s'informa de Jeanne, non point à son père, il ne l'eût point osé, mais à un de ses amis. Cet ami lui apprit que Jeanne était morte, que son enfant était au village, et qu'on payait pour elle six francs par mois. Le marin porta généreusement le prix de la pension à quinze francs.

Jeanne, la pauvre mère, avait donné son nom à son enfant.

La petite Jeanne, qui n'avait jamais vu son père, et qui gardait dans le fond de son âme un souvenir triste et doux de sa mère, grandit donc au village, où elle allait pieds nus, vêtue à peine, mal nourrie, abandonnée et un peu battue par les autres enfants, qui en faisaient leur jouet et leur souffre-douleur.

Le jour même où elle atteignit sa dix-septième année, son père arbora au mât du vaisseau qu'il montait le pavillon amiral. Il avait été courageux, capable, et surtout heureux.

Au milieu de ces succès, il se souvint de Jeanne, et il se dit que cette enfant pourrait bien plus tard devenir un obstacle à un riche mariage, qu'il ne pouvait manquer de faire un jour ou un autre, grâce à l'éminente position qu'il avait atteinte. Il demanda donc que Jeanne, sa fille, fût placée dans un hospice à Paris. On ne trouva rien de mieux pour complaire à l'amiral que de faire entrer sa protégée à la Salpêtrière parmi les idiotes.

La chose fut d'autant plus facile, que Jeanne, sourde et muette, et que personne n'avait songé à initier au langage dont l'abbé de l'Épée a doté les infortunés atteints de la même infirmité, ne pouvait ni protester, ni dire qu'elle jouissait de toute sa raison. Elle vécut donc, la pauvre fille, à la Salpêtrière, parmi les folles et les abruties, jusqu'au jour où on jugea convenable de disperser un certain nombre de pensionnaires de l'hospice dans divers établissements d'aliénés de la province.

C'était une expérience qu'on voulait faire pour savoir si le changement d'air, de lieux et d'entourage, n'agirait point favorablement sur ces natures dégradées.

Jeanne était habituée au triste séjour de la Salpêtrière, à ses infortunées compagnes, à ses gardiennes, qui, touchées de sa douceur et de sa résignation, lui rendaient moins rude sa captivité : il fallut quitter tout cela en pleurant et obéir. Cinq années s'écoulèrent encore et Jeanne comptait quarante-huit ans.

A cette époque, le marin, comblé d'honneurs et que Dieu avait éprouvé en lui enlevant tour à tour la femme qu'il avait épousée et les enfants dont il était devenu père, sentit la main de la mort s'étendre sur sa tête. Alors il se ressouvint des deux Jeanne, et il se demanda avec effroi comment il oserait paraître devant le Juge suprême avec ce remords et ce crime. Et puis, une nuit, au chevet du lit où l'enchaînaient la douleur et les approches du trépas, il vit un fantôme triste et doux : Jeanne, qui, pâle et belle ainsi qu'au jour où il l'avait abandonnée, lui disait : « Je vous pardonne comme je vous ai toujours pardonné. Mais notre enfant ! notre enfant qui souffre et qui pleure, oh ! n'aurez-vous point pitié d'elle ? »

Si bien que l'amiral fit appeler, dès le point du jour, un de ses amis, lui avoua sa faute, et le supplia de lui amener Jeanne, pour qu'il pût la voir avant de mourir et en obtenir son pardon.

Celui qu'il avait chargé de cette pieuse mission était un homme de cœur : il courut à la Salpêtrière, s'informa de Jeanne, et après avoir assisté aux recherches des employés, apprit qu'elle vivait encore, mais qu'on l'avait reléguée à cent lieues de Paris.

Il partit aussitôt, après avoir appris à l'amiral ce qu'il venait d'apprendre lui-même, et, à deux jours de là, à force d'or, il était arrivé à l'hospice qu'habitait Jeanne, et il demandait à la voir. Comme on l'avait fait à la Salpêtrière, on consulta les registres de l'établissement, on chercha un numéro, et, le numéro trouvé, on conduisit l'étranger dans une grande cour où se trouvaient réunies les idiotes : puis une gardienne, interrogée sur le numéro désigné, montra du doigt une femme qui, vêtue de la triste livrée de la maison, assise sur la marche d'une cellule, travaillait activement à réparer une déchirure qu'avait faite à sa robe de grosse toile une de ses compagnes de captivité. L'ami de l'amiral s'approcha d'elle. Elle leva sur lui ses yeux languissants, et parut s'étonner qu'on prît à elle quelque attention.

« Comment peut-on se faire comprendre de madame? » demanda-t-il à une gardienne.

Celle-ci le regarda avec stupéfaction : jamais elle n'avait entendu appeler madame une de ses pensionnaires, jamais non plus elle n'avait entendu demander comment on pouvait s'entretenir avec la créature délaissée qui lui était arrivée un beau jour de Paris.

L'étranger répéta sa question :

« On ne peut s'entretenir avec elle, répondit-elle enfin : elle est sourde et muette. Quand je dis muette, c'est une manière de dire, car je l'entends fort bien jeter un cri, quand les autres la battent et lui font mal. »

L'ami de l'amiral prit Jeanne par la main : Jeanne eut peur, et se retira doucement.

Il se rapprocha d'elle, lui prit de nouveau la main avec affection, et la lui plaça sur son cœur. Une larme brilla dans les yeux de la pauvre créature.

Il lui fit signe ensuite de l'accompagner, et il y avait tant d'émotion et de bienveillance dans son regard, que la sourde-muette tomba à deux genoux, leva les mains au ciel et se prit à pleurer et à prier.

Après quoi, elle suivit son nouvel ou plutôt son seul ami. Si pressée qu'elle fût de quitter sa prison, elle s'arrêta néanmoins pour baiser la main de sa gardienne. L'étranger lui remit alors une bourse pleine de monnaie : elle la distribua entre ses compages d'infortune : c'était le premier argent qu'elle eût possédé de sa vie, et elle n'en garda pas une seule pièce pour elle.

Une voiture l'attendait au seuil de l'hospice, une belle voiture, douce et commode, qui ne ressemblait en rien à la triste et rude machine toute chargée de grilles et de verrous qui l'avait amenée de Paris à sa dernière prison ; elle y monta, enveloppée d'un manteau, et arriva bientôt dans un hôtel. Là, elle reçut les soins de deux femmes, qui lui ôtèrent son misérable costume et la couvrirent de vêtements convenables. Quand elle revint près de son protecteur, il eut peine à reconnaître dans cette femme au maintien décent et à la physionomie régulière et douce la triste créature qu'il avait tout à l'heure trouvée dans l'hospice.

Il fallut se remettre en route peu d'heures après. Jeanne, penchée à la portière, regardait avec curiosité le paysage qui se déroulait rapidement sous ses yeux, ne détournait la tête que pour considérer celui qui la faisait si heureuse, cherchait à s'assurer qu'elle ne se trouvait point le jouet d'un rêve, et remerciait Dieu, en se signant, comme dans son enfance elle l'avait appris de sa mère.

Cependant la voiture allait toujours, allait toujours, et ne s'arrêtait que quelques instants pour changer de chevaux. Puis, après une journée et une nuit, on hissa cette voiture sur un train de chemin de fer, et le convoi partit,

précédé de la locomotive, qui vomissait des flots de fumée
et qui laissait derrière elle un long sillon de feu. D'abord,
Jeanne eut peur; mais elle regarda son compagnon, et,
voyant qu'il souriait afin de la rassurer, elle posa sa main
sur sa poitrine et sur son front pour exprimer qu'elle
croyait en lui et qu'elle le savait incapable de l'exposer
à un péril; après quoi, vaincue par la fatigue et par les
émotions si nombreuses, si puissantes et si nouvelles
qu'elle subissait depuis deux jours, elle finit par s'endormir d'un sommeil profond et paisible.

Lorsqu'elle s'éveilla, la voiture venait de s'arrêter devant un hôtel tout tendu de noir, et son compagnon,
celui qui l'avait arrachée à l'abandon et à la captivité au
milieu des folles, versait des larmes et s'écriait : « Trop
tard ! mon Dieu ! trop tard ! »

Jeanne lui serra les mains avec effusion, lui montra
son cœur pour exprimer qu'elle partageait sa douleur et
se prit elle-même à pleurer.

Ils descendirent tous les deux de voiture et furent in-
troduits dans une grande salle tendue de noir comme le
seuil de l'hôtel, et au milieu de laquelle se trouvait ex-
posé un cercueil supportant des épaulettes, une épée et
un grand nombre d'ordres, parmi lesquels on remarquait
le grand cordon de la Légion d'honneur. Un prêtre, agenouillé près du catafalque entouré de cierges, psalmo-
diait un livre d'heures à la main. Jeanne se rapprocha de
son protecteur, et de son regard intelligent l'interrogea
avec sollicitude. Il se mit à genoux et il lui fit signe de
l'imiter. Elle se prosterna et pria.

Cependant la salle se remplissait d'officiers revêtus des

riches uniformes de la marine ; des soldats entrèrent dans la cour, et un clergé nombreux vint présider à l'enterrement du corps. Jeanne, en voyant emporter le cercueil, jeta un de ces cris étranges et douloureux qui ne sortent que de la poitrine des sourds-muets, couvrit de baisers et de larmes les funèbres planches de chêne, et tomba évanouie.

Quand elle revint à elle, elle se trouvait dans une belle chambre, richement tendue d'étoffes. Ses regards cherchèrent et rencontrèrent son protecteur, qui, debout près du chevet, donnait des soins à celle qu'il entourait depuis trois jours de tant de sollicitude. A ses côtés étaient un médecin et un vieillard à cheveux blancs, d'une physionomie douce et calme. Le protecteur de Jeanne plaça la main de celle-ci dans la main du vieillard.

...Alors le vieillard se mit à faire des gestes que d'abord Jeanne regarda avec une sorte de stupéfaction. A chacun de ces gestes, un monde nouveau s'ouvrait pour elle ; des idées autres que celles qu'elle avait apprises et formées dans ses longues années de misère et d'abandon arrivaient à son cerveau. Elle comprenait ce qu'on lui disait : elle sentait que bientôt elle pourrait exprimer elle-même ses propres pensées.

En effet, grâce à l'instituteur, sourd-muet lui-même, qui venait de faire pénétrer dans son âme la lumière de l'intelligence, Jeanne fit des progrès rapides, et deux mois s'étaient à peine écoulés, qu'elle pouvait échanger avec son maître ses pensées et ses sentiments. Elle apprit avec la même promptitude à lire et à écrire. Alors elle entra véritablement dans la vie, d'où l'avaient tenue bannie jusque-là les malheurs de sa naissance, la mort de sa mère et le coupable abandon de son père.

Cependant il n'y eut dans son cœur que du pardon et de la tendresse pour ce père qu'elle n'avait jamais pressé dans ses bras. Elle lui éleva un monument funèbre, sur lequel elle fit graver le nom obscur de sa mère à côté du nom célèbre de l'officier supérieur de la marine; enfin, seule héritière, par le testament de l'amiral, d'une fortune immense, elle vit modestement aujourd'hui dans une grande solitude.

Elle ne sort que pour aller prier le Dieu de miséricorde qui a pris enfin pitié de ses souffrances, et pour porter des secours à ceux que la misère a frappés de sa main glacée. Les pauvres honteux de Paris connaissent tous cette femme silencieuse, constamment vêtue de noir, dont les cheveux ont blanchi, et qui, accompagnée d'un domestique habillé de deuil comme elle, n'entre jamais dans une mansarde sans y laisser après elle la consolation, le bien-être et l'espérance. Ils se sentent renaître à son ineffable sourire, à ses signes compatissants, à ses gestes calmes et expressifs qui suppléent presque complétement à la parole.

Plus d'un petit marchand lui doit le salut et l'honneur ; plus d'une pauvre jeune fille se trouve arrachée par elle à la misère, cette funeste conseillère, et, dotée, mariée à un ouvrier laborieux, bénit, en berçant son enfant sur ses genoux, la bienfaitrice qui l'a faite honnête femme et mère heureuse.. .. ....

Tel est le drame réel que je voulais vous conter, dont je rencontre parfois l'héroïne bénie; héroïne qui, suivant l'expression de l'évêque d'Hippone, répand à pleines mains sur les autres un bonheur qui ne saurait exister pour elle.

Il se tut, jetant les yeux sur Gewartius immobile.

— Tentons un coup violent pour le tirer de cette torpeur, murmura-t-il à l'oreille de Frantz. S'il ne pleure pas, il faut qu'il meure. Dieu nous soit en aide à cette heure suprême!

IV

Frantz reprit donc :

Paris n'est vraiment solitaire et muet que de cinq à sept heures du matin : les magasins fermés, les rares artisans qui vont à leur besogne ou qui reviennent de leurs travaux nocturnes, l'absence des voitures et du bruit qu'elles causent lui donnent un aspect d'une originalité dont les dormeurs attardés ne peuvent se faire une idée, et que savent parfaitement exploiter à leur profit les flâneurs, ces demi-poëtes, amoureux des scènes plaisantes, pittoresques ou dramatiques de la grande ville.

Or un de ces flâneurs, il n'y a pas bien longtemps, resta tout surpris de rencontrer à cinq heures du matin, dans une des rues reculées du faubourg Saint-Antoine, la voiture d'un de nos plus célèbres chirurgiens. Le chirurgien ne fut pas moins étonné de voir à pareille heure un de ses amis, peut-être le plus ancien et le plus dévoué, se

promener, un cigare à la main, si loin de la Chaussée-
d'Antin et du boulevard des Italiens. La voiture s'arrêta;
les deux amis s'y placèrent l'un à côté de l'autre : pour
le flâneur, c'était encore flâner.

La voiture repartit avec vivacité, entra dans une pauvre
rue et s'arrêta devant une de ces tristes maisons où s'en-
tassent vingt ou trente familles, dans des chambres mal-
saines, qui manquent d'air, souvent de jour, et qui ne
s'en payent pas moins un prix excessif, si l'on compare
ce prix au loyer des autres appartements de Paris. Mais,
hélas! ne sait-on pas que le pauvre achète à un taux
usuraire ses aliments, ses combustibles et le droit d'occuper un logement incommode?

Les deux amis montèrent un escalier rude, obscur, et
qu'ils n'eussent pu impunément escalader sans une corde,
fixée le long des murs humides, qui les guidait et qui les
soutenait. Ils arrivèrent de la sorte au quatrième étage,
et s'arrêtèrent haletants devant une porte mal close,
qu'ouvrit précipitamment une femme jeune encore.

« Ah! dit-elle en essuyant les larmes qui tombaient de
ses yeux rouges et gonflés sur ses joues livides, ah! Dieu
soit béni, vous voilà! »

Et, saisissant la main du docteur, elle l'entraîna plutôt
qu'elle ne l'emmena vers le lit où gisait un enfant de
trois ou quatre ans.

C'était un pauvre petit être, pâle, un peu rachitique;
une toux sèche soulevait sa poitrine fortement oppressée;
un râle sonore et muqueux s'échappait de ses deux poumons; sa bouche ouverte laissait voir des amygdales
fortement injectées et recouvertes dans plusieurs points

de fausses membranes blanchâtres ; les ganglions semblaient un peu tuméfiés. A chaque instant, il portait les mains à son cou par un mouvement désespéré, et il survenait un accès de toux.

Ce qu'il y avait de plus effrayant dans ces effrayants symptômes, c'était assurément le bruit de la toux : éclatante et enrouée à la fois ; elle ressemblait tour à tour aux aboiements d'un jeune chien ou aux cris d'un coq. Tant que durait l'accès, l'enfant renversait la tête en arrière, se roidissait le tronc et les membres, comme pour élargir sa poitrine, et semblait en proie à des convulsions atroces ; ou bien tout à coup il se relevait brusquement sur son lit, tendait les bras en avant et semblait vouloir s'élancer et courir ; mais il retombait bientôt pâle, brisé, inanimé, et tournait vers le ciel ses regards languissants, comme pour lui demander de mettre un terme à de pareilles souffrances.

« Mes bons messieurs, dit la mère, qui suivait avec anxiété l'examen que le docteur faisait des symptômes funestes, mes bons messieurs, faites qu'il ne meure point comme son frère et sa sœur, que le croup m'a pris au même âge ! Voyez-vous, si ce coup-là m'est encore réservé, je n'y résisterai pas ! Sans mon dernier enfant, je serais devenue folle en perdant les deux autres ! »

Une larme brilla dans l'œil du chirurgien, qui s'efforçait, sans y réussir, de conserver du moins les apparences de l'impassibilité, et qui interrogeait le pouls du petit malade. Ce pouls donnait cent cinquante-huit pulsations ; la respiration n'en avait que dix-huit.

Il prescrivit deux sangsues à la région épigastrique et

une potion de tartre stibié et d'ipécacuana, promit de revenir dans la journée, glissa sur la couche de l'enfant quelques pièces d'argent et sortit.

« Mon ami, dit-il quand ils eurent descendu l'escalier, je ne me pique point d'une sensibilité exagérée ; vous m'avez vu à l'œuvre, dans l'amphithéâtre de mon hôpital, et vous savez si mon cœur a jamais failli, si jamais ma main a tremblé ; mais, quand il s'agit d'enfant, je deviens faible comme une femme. »

Son compagnon, qui n'était point chirurgien, mais dont toute l'existence repose sur un enfant unique, lui serra silencieusement la main ; s'il eût voulu prononcer un seul mot, ses larmes eussent coulé.

Du faubourg Saint-Antoine, le chirurgien, qui, nous l'avons dit, est nn des maîtres de la science, se rendit à l'Hôtel-Dieu, visita le chevet de chacun des nombreux malades confiés à ses soins, et se rendit à l'amphithéâtre, où il fit plusieurs opérations graves, et où il professa avec un talent, une lucidité et une science qui eussent charmé même l'homme le plus étranger à l'art de la chirurgie. Sa clinique et sa leçon terminées, il rémonta dans sa voiture, rêveur et évidemment sous la préoccupation d'une vive inquiétude. Le cocher attendit pendant quelques secondes les ordres de son maître, qui finit par lui dire de le ramener chez lui.

Chemin faisant, il tira brusquement le cordon et cria : « Faubourg Saint-Antoine, rue... »

La voiture fit volte-face, reprit le chemin du faubourg, et s'arrêta devant la maison de l'enfant malade.

La mère se tenait agenouillée devant le lit, et n'eut

point la force de se lever quand les deux amis entrèrent.

L'enfant avait vomi plusieurs fois; les amygdales s'étaient tuméfiées plus encore; les fausses membranes qui les recouvraient semblaient épaissies et noires; l'oppression avait pris un caractère effrayant de suffocation; la face et surtout les lèvres, devenues bleuâtres, présentaient cette teinte fatale qui est pour ainsi dire particulière aux deux plus redoutables maladies de l'espèce humaine : le choléra et le croup.

Le chirurgien éprouva un instant de découragement et d'hésitation; il échangea avec son compagnon un regard morne et qui semblait dire : Tout est fini.

La mère surprit ce regard, se releva par un mouvement convulsif et s'écria :

« Mon enfant ! mon enfant ! Sauvez mon enfant ! »

Il voulut lui recommander du calme et du courage, mais l'émotion l'empêcha quelques instants de parler.

« Si vous êtes forte et résolue, dit-il enfin d'une voix émue, Dieu peut encore récompenser votre courage et sauver votre fils. Pas un mot, pas un geste !... Priez. »

Elle retomba à genoux et cacha son visage dans ses deux mains.

Le chirurgien se découvrit, prit une trousse dans la poche de sa redingote et se tourna vers son compagnon.

« Tu vas me servir d'aide, lui dit-il, ce ne sera point la première fois... Essuie tes larmes, il y va du salut de l'enfant ! »

Il prit l'instrument et pratiqua l'ouverture de la trachée avec la sûreté de main qu'il doit à une science profonde de l'anatomie; il introduisit ensuite dans la plaie une canule garnie de taffetas gommé, et plaça au-devant du pavillon de cette canule un morceau de mousseline humide.

Quelques instants après la suffocation, l'enfant toussa, et dans l'effort qu'il fit expulsa une fausse membrane; puis la respiration devint calme, l'anxiété diminua de plus en plus, et le petit garçon, replacé sur son lit, ne tarda point à s'endormir d'un sommeil paisible.

Alors le chirurgien essuya son front baigné de sueur, et prenant la main de la mère, qui était restée immobile et anéantie pendant toute l'opération, il la souleva pour lui montrer son fils, qui dormait et des traits duquel avaient disparu les symptômes sinistres de la cyanose.

La mère, à cette vue, fut prise d'un tremblement nerveux et regarda longtemps son fils avec une expression de physionomie indicible. Elle se pencha sur le petit malade, effleura son front d'un baiser, et, saisissant la main du chirurgien, elle voulut la porter à ses lèvres : celui-ci la releva brusquement; mais, comme il vit qu'il avait affligé la pauvre femme :

« Occupons-nous d'abord de l'enfant, dit-il; nous nous embrasserons, madame, et bien joyeusement, quand il gambadera dans cette chambre. En attendant, voici les prescriptions qu'il vous faut suivre, et, s'il survenait quelque accident, envoyez sur-le-champ chercher un élève à l'hôpital voisin; j'ai donné des ordres et des instructions en conséquence; je reviendrai ce soir.

— Tout n'est donc pas fini? il y a donc encore du danger pour mon enfant? demanda-t-elle avec angoisse.

— Ne nous affligeons point du mal avant qu'il arrive !

Veillez attentivement ; suivez de point en point ce que je vous ait prescrit, et espérez en Dieu, madame, Dieu est grand et bon ! »

Hélas ! non ! tout n'était pas fini ! Les douleurs de la mère et les incertitudes et les craintes du chirurgien devaient encore se prolonger pendant quarante-huit jours !

Chaque fois que l'on enlevait la canule, l'enfant étouffé se débattait dans des convulsions, et son visage et ses lèvres se couvraient de nouveau des teintes fatales de la cyanose ; un râle muqueux continuait à se faire entendre dans les deux poumons ; des fausses membranes obstruaient obstinément le larynx ; la convalescence, loin de faire des progrès, éloignait de plus en plus ses symptômes ; des accès de toux qui duraient chacun plusieurs heures se succédaient avec une fréquence désespérante ; enfin des bourgeons charnus étaient formés dans la trachée-artère.

Que faire ? le nitrate d'argent produit des accès de toux presque aussi redoutables que la maladie elle-même, et aux secousses et aux efforts desquels le malade épuisé ne peut manquer de succomber bientôt ; l'acide nitrique n'est pas moins dangereux dans ses effets.

Un matin, le chirurgien désespéré portait autour de lui des regards inquiets ; l'enfant, assis sur son séant, le corps baigné de sueur, proférait des sons inarticulés ; tous ses muscles respirateurs se contractaient convulsivement ; le pouls donnait cent quatre-vingts pulsations à la minute. Tout à coup, le chirurgien prend une pointe un peu forte, l'implante, par son extrémité pointue dans un bouchon, en coupe la tête, et fait rougir à blanc l'extré-

mité émoussée de cette pointe. Alors il fait pénétrer
le fer brûlant dans la trachée-artère, cautérise les bourgeons et accomplit cette opération avec l'audace du
génie.

L'enfant ne jette pas un cri, ne donne pas un signe
de douleur, n'éprouve point un accès de toux : il est
sauvé.

Plusieurs fois cette opération fut renouvelée, et la convalescence la suivit, rapide et heureuse. A quelques jours
de là, on enleva la canule de la plaie, et cette plaie, recouverte d'une simple cravate humide, se ferma et se
cicatrisa avec rapidité ; encore quelques jours, et la guérison devait s'accomplir, complète et irrévocable.

En effet, l'enfant ne tarda point à prendre quelques aliments et à quitter son lit de douleur.

Aujourd'hui il est bien portant, rieur, espiègle, même
un peu gamin, quoique toujours d'apparence chétive:
Tous les matins, son panier au bras, il part gaiement
pour la salle d'asile, et sa pétulance et sa belle humeur
en font un charmant petit compère qui fouette une toupie
comme un grand garçon et qui commence à apprendre
joliment ses lettres. Sa mère, son heureuse mère, le
conduit elle-même, et va le reprendre le soir, heureuse
et fière de l'intérêt avec lequel chacun, sur son passage,
regarde cet enfant blond et pâle, que la mort eût écrasé,
sans un miracle de la science. Chaque dimanche elle va
rendre visite, avec lui, au chirurgien qui a opéré ce miracle. L'illustre maître prend le petit garçon sur ses genoux, l'embrasse, lui tape sur la joue, et non-seulement
le comble de friandises; mais encore, sans que la mère

s'en aperçoive, glisse dans la poche de son protégé quelques pièces de monnaie.

Avec cela, la pauvre femme trouve moyen d'acheter à son fils de quoi le faire bien beau, car elle est un peu fière de son enfant, et elle a raison de l'être, — comme toutes les mères.

Pendant la terrible épreuve que tentait Frantz, nous tenions nos regards attachés sur Gewartius.

Nous vîmes enfin ses paupières se gonfler, ses yeux se remplir de pleurs, et deux grosses larmes tomber lentement sur ses joues.

Puis sa poitrine se souleva, des sanglots s'en échappèrent, et il se souleva sur son lit, en prononçant des mots entrecoupés, parmi lesquels nous distinguâmes le nom de sa fille : Marie ! Marie !

Il était sauvé.

Hélas ! était-ce un bien, quand on doit se courber, à jamais, comme lui, sous le fardeau d'une douleur dont on ne peut ni ne veut être consolé !

LA SERVANTE DE L'APOTHICAIRE

Vers la fin de 1822, il y avait, dans un petit bourg de Normandie, une femme d'apothicaire, âgée de trente-quatre ans environ. C'était une épouse dévouée et une excellente mère, mais rude d'humeur, et de manières guerroyantes. Quoiqu'elle remplît au logis l'office d'une domestique laborieuse, quoique les soins de la cuisine, l'achat des denrées et les travaux importants du ménage fussent pour elle une sorte de sacerdoce exclusif, auquel personne, sans encourir sa colère, ne pouvait toucher, pas même son mari, cette femme n'en avait pas moins une servante.

La pauvre fille qui vivait ainsi sous la domination de madame Rusconnetz était une de ces créatures chétives, pâles, laides et rabougries, que la misère prend au berceau, dans ses mains desséchantes, pour ne les quitter qu'après la tombe.

Enfant trouvée au coin d'une borne, élevée aux frais publics, allaitée par une paysanne chargée déjà de trois autres nourrissons, elle était sortie de l'hôpital à seize ans, sans avoir entendu dire une parole de tendresse à son oreille, sans avoir reçu un baiser sur son front étroit et flétri comme le front d'un vieillard. Cependant, quelque rude que lui eût été la vie jusque-là, Françoise tournait vers le temps passé des regards de regret, car les rebuffades, les punitions, la geôle et les férules des maîtres qui voulaient en vain apprendre la lecture à ce stupide cerveau semblaient à la servante de madame Rusconnetz de bons jours de paix et de sérénité, en comparaison de son existence actuelle. Maintenant il fallait se lever avant le jour, tourner pendant douze heures, du pied et de la main, la quenouille et le rouet, recevoir des reproches sans relâche, s'astreindre aux plus rebutants travaux, ne manger de grossiers aliments que la moitié de sa faim et ne dormir ni jour ni nuit; car, la nuit elle veillait près du berceau de l'enfant maladif de sa maîtresse.

La nuit était cependant pour Françoise un moment de bonheur et de repos. D'abord elle n'entendait plus la voix terrible de madame Rusconnetz, cette voix impitoyable qui savait chaque jour aiguiser plus cruellement la pointe douloureuse de ses sarcasmes, émoussée par l'habitude et par la résignation; ensuite elle pouvait regarder à l'aise le petit garçon dans son berceau, soulever son rideau pour le voir dormir, contempler longuement son visage étiolé, lui donner à boire quand il avait soif, le rendormir sur ses genoux s'il s'éveillait, et baiser le front de la petite créature, qui la payait quelquefois de sa tendresse par un de ces sourires divins que Dieu donne aux lèvres des enfants.

Françoise aimait le petit garçon de toutes les facultés de son organisation incomplète; facultés d'autant plus ardentes qu'elles ne savaient sur quoi déverser, autre part, leur besoin de tendresse. Partout la pauvre fille trouvait le mépris et le rebut. Ce n'est point qu'elle eût osé penser à espérer de la réciprocité ou les moindres témoignages d'affection. Non, certes! Il lui eût suffi qu'on l'eût laissée aimer à son aise, qu'on eût reçu son dévouement, qu'on eût pris sa vie pour en faire ce qu'on eût voulu. Mais, hélas! personne ne se souciait d'une tendresse partie de si bas; personne, excepté le petit Paul, qui du moins ne la repoussait point. Aussi, deux fois déjà, Paul devait la vie à sa bonne. Un soir, madame Rusconnetz avait, par l'ordre du médecin, appliqué des sangsues autour du cou mignon et blanc de son fils. Après avoir, suivant l'usage, placé sur les piqûres un cataplasme de farine de graine de lin, elle était allée se coucher, car il s'agissait le lendemain de faire une de ces lessives annuelles qui préoccupent six mois à l'avance les ménagères normandes, et devant lesquelles disparaît toute autre pensée. Françoise, après avoir placé le berceau de Paul près de son lit, voulut s'endormir aussi; mais mille inquiétudes maternelles la tenaient éveillée. Tout l'inquiétait: les points rouges qui jaspaient les draps de l'enfant, le silence profond qu'il gardait, l'immobilité de ses membres : enfin, ne pouvant dompter ses terreurs, elle se pencha sur sa petite couche... Mon Dieu! une mare de sang la couvrait d'une immense tache de pourpre! Françoise, éperdue, arracha le cataplasme ; une sangsue restée au bandeau, et que madame Rusconnetz avait négligé d'ôter, venait de piquer une artère... Le sang coulait à flots, emportant la force et la vie de l'enfant. Françoise, cette crétine presque idiote, avec une intelligence et une présence d'esprit merveilleuses, posa son doigt sur l'artère ouverte, empêcha le sang de continuer à s'échapper et appela au secours.

Personne ne l'entendit, personne ne lui répondit ; car la mansarde dans laquelle on l'avait reléguée se trouvait à l'extrémité de la maison, loin de la chambre de madame Rusconnetz et de son mari.

Elle voulut se lever et porter l'enfant à sa mère ; mais les mouvements qu'exigèrent ces tentatives rouvrirent l'artère et rendirent au sang son issue funeste. Alors Françoise replaça son doigt sur l'ouverture et resta là jusqu'au jour, c'est-à-dire pendant dix longues heures ; car ce fut seulement le lendemain matin que madame Rusconnetz, surprise et furieuse de ne point voir descendre sa servante à l'heure accoutumée, monta, l'injure et la menace aux lèvres, dans la mansarde où Françoise tenait toujours son doigt appuyé sur le cou de l'enfant. Elle voulut raconter à sa maîtresse ce qui était arrivé ; la peur que lui inspirait cette femme la fit bégayer et lui rendit impossible de prononcer une parole. Elle ne put que montrer sa main devenue roide et sans mouvement par une si longue immobilité.

L'artère blessée s'était coagulée et refermée, grâce à la

pression intelligente de Françoise. Le danger était passé, l'accident avait disparu, et la mère de Paul, loin de soupçonner qu'elle dût la vie de son enfant à Françoise, rudoya celle-ci, l'accabla d'injures, lui reprocha amèrement d'avoir ôté le cataplasme qui recouvrait le cou du malade et répéta à la servante éperdue qu'elle la chasserait bientôt.

« Et que deviendrez-vous alors, lui dit-elle, monstre de laideur, de bêtise et de maladresse ? Qui voudra, dans la ville, des services d'une idiote de votre espèce, dont la vue seule inspire le dégoût ? Qui sera assez bon pour la prendre et la garder par charité, comme je le fais, moi. »

Françoise, abasourdie, ne trouva pour répondre que des larmes et de nouveaux bégayements.

Bientôt elle oublia cette scène brutale, à laquelle, chaque jour, en succédaient d'autres, et elle finit même par n'y plus prendre garde, car la maison était devenue pour elle un véritable paradis, grâce à l'amour éperdu qu'elle éprouvait pour Paul et à l'affection que l'enfant témoignait à sa bonne. Sans doute, il la tourmentait de mille façons, abusait de sa tendresse et agissait avec elle d'une façon tyrannique et fantasque ; mais il la préférait à toute autre, même à sa mère, venait à elle dans ses chagrins, l'appelait au secours dans ses terreurs et ne voulait recevoir d'autres soins que les siens quand il tombait malade.

Françoise ne pouvait se trouver en présence de Paul, ni même penser à lui, sans que son cœur se serrât d'émotion, sans qu'une sorte de lumière resplendît devant ses yeux et l'éblouît. Elle n'avait qu'une seule et unique pensée : Paul, toujours Paul ! Si madame Rusconnetz venait à gronder son fils, Françoise, qui se serait laissé écraser sans résistance par sa maîtresse, devenait une véritable lionne, prête à la résistance et à la fureur. Elle justifiait l'enfant, accusait la mère de sévérité et devenait presque folle.

Cinq années s'écoulèrent et ne firent qu'ajouter à la passion frénétique de Françoise. Elle rapportait toutes ses idées à Paul, ne s'occupait que de lui, et eût mis le feu à la ville entière pour réchauffer le bout du petit doigt de son garçon, comme elle l'appelait. La moindre des paroles de l'enfant la faisait se récrier avec admiration; le plus insignifiant de ses gestes lui semblait un prodige, et elle employait à prévenir les fantaisies de l'autocrate en jaquette tout ce qu'elle possédait au monde. Un jour la mère de Paul refusa d'acheter à son fils un polichinelle qu'il convoitait, et qui pendait à l'exhibition d'une baraque foraine. Françoise se leva la nuit à pieds nus, traversa toute la maison sans lumière, prit la clef du comptoir sous le chevet de sa maîtresse, alla dans la pharmacie, vola une pièce de trente sous, rapporta la clef à sa place, et, le lendemain, raconta avec une effronterie dont elle tremblait elle-même de tous ses membres qu'elle avait trouvé de l'argent et qu'elle voulait employer cet argent à l'achat du polichinelle désiré par Paul. Dieu sait ce qu'elle souffrit quand madame Rusconnetz vida son tiroir et fit ses comptes! Elle s'attendait à tout moment aux injures de sa maîtresse et à l'arrivée des gendarmes; mais elle avait obéi à un sentiment impérieux et plus fort que les leçons de morale qu'elle avait reçues à l'hospice, plus fort que sa probité naturelle, plus fort

que la crainte de la justice elle-même! Malgré ses angoisses: elle sentait qu'elle recommencerait encore.

Dieu, qui sans doute avait pardonné à ce vol innocent,
protégea la coupable et permit que madame Rusconnetz,
cette avare et scrutatrice surveillante de la caisse, ne s'a-
perçut point du déficit qui s'y trouvait. Il ne resta donc
plus à Françoise que ses remords; car, loin de se dissimuler sa faute, elle s'en exagérait la gravité, s'accusait en
elle-même d'être une voleuse, et eût donné tout son sang
pour racheter ce qu'elle regardait comme un crime impardonnable.

Quelques mois après cet incident, un jour que Françoise se promenait avec Paul, celui-ci s'avisa de jeter des
pierres à d'autres enfants. Il finit par en atteindre un à la
joue : les parents du blessé vinrent se plaindre aussitôt à
madame Rusconnetz. C'étaient des personnes considérables du pays, et la femme de l'apothicaire déclara qu'elle
allait donner le fouet à Paul. Elle ordonna à Françoise
d'aller chercher le coupable ; Françoise résista ; une que-
relle violente éclata, devant les étrangers, entre la servante et la maîtresse. Celle-ci ordonna à Françoise de
quitter sur-le-champ la maison.

La pauvre fille crut que cet ordre, qu'elle avait déjà
reçu bien souvent, resterait encore, cette fois, sans résultat ; mais madame Rusconnetz, qui ne pouvait pardonner
à Françoise d'avoir rendu des personnes importantes de
la ville témoins d'une pareille résistance à sa volonté,
réitéra à Françoise l'ordre de vider les lieux.

« Madame, vous ne parlez pas sérieusement, n'est-il
pas vrai? s'écria Françoise éperdue.

— Faut-il vous le répéter cent fois ? Je vous chasse !

— Madame, c'est pour me faire peur, n'est-ce pas ?

— Vous n'êtes pas encore sortie ? Dois-je envoyer chercher le commissaire de police pour vous mettre dehors ?

— Vous aurez pitié de moi, madame, vous ne me renverrez pas !

— Sortez !

— Que voulez-vous que je devienne hors d'ici ?

— Ce que vous voudrez. Cela m'importe peu.

— Mais je ne puis pas vivre sans Paul ! Loin de lui je mourrai, madame !

— Rusconnetz, cria la femme de l'apothicaire à son mari, Rusconnetz, viens m'aider à jeter dehors cette insolante créature ! »

Le débonnaire mari arriva lentement à cet ordre impérieux.

« Du moins, vous me laisserez dire adieu à mon enfant, vous me le laisserez embrasser une dernière fois, demanda Françoise, dont tout le corps tremblait convulsivement, et qui portait autour d'elle des yeux hagards et sanglants.

— Sortez !

— Faites-moi un certificat, insista l'infortunée, pour qui sortir c'était mourir.

— Elle a raison, objecta le mari, qui prenait pitié du désespoir de Françoise ; fais-lui un certificat. »

Après cette marque de compassion, il se réfugia bien vite dans le comptoir de la boutique, espèce de lieu d'asile, où la crainte d'être entendus des paysans le ferait épargner par sa femme.

Madame Rusconnetz passa dans une pièce voisine pour écrire le certificat. Françoise resta seule au milieu du laboratoire, où se passait cette scène.

La femme de l'apothicaire, fidèle à son régime économique, faisait sa cuisine dans le laboratoire, pour qu'un seul feu servît aux besoins du ménage et à la confection des médicaments. La pauvre fille n'avait plus la raison à elle ; sa tête brûlait ; des idées de désespoir et de vengeance tournoyaient autour de son grossier cerveau. Tout à coup elle s'élança vers un tiroir dans lequel se trouvait renfermé de l'arsenic, en prit une poignée, la jeta dans la marmite où bouillait le potage et revint, pâle comme une trépassée, reprendre la place qu'elle occupait loin de la cheminée. Quand madame Rusconnetz rentra, le certificat à la main, elle ne put se défendre d'un sentiment de frayeur à la vue du regard sauvage et insensé que Françoise jeta sur elle.

« Vous êtes bien résolue à me renvoyer ? » demanda la servante.

Pour toute réponse, madame Rusconnetz lui jeta au nez le certificat.

Françoise le ramassa.

« Vous êtes cruelle à mon égard ! continua-t-elle, Dieu vous punira ! Et vous, monsieur Rusconnetz, vous n'avez point non plus une parole de consolation et de pardon pour moi ! Si vous le vouliez, je resterais, vous savez que je vous ai toujours servi avec fidélité et dévouement.

— Ces affaires ne me regardent point. Elles sont du ressort de ma femme, répondit l'apothicaire, qui feignait d'être sous la préoccupation d'une potion selon la formule, mais qui sentit des larmes remplir ses yeux.

— Je quitte cette maison sans regret maintenant. Vous êtes sans pitié tous les deux pour moi, je serai sans pitié pour vous. »

Elle sortit, alla s'asseoir sur les marches d'une maison qui se trouvait en face de la boutique du pharmacien, cacha sa tête dans ses deux mains et ne prêta aucune attention aux personnes qui passaient près d'elle. Seulement, elle levait de temps à autre les yeux vers le logis des Rusconnetz, et écoutait avec impatience si l'horloge de la ville n'allait point sonner midi.

Midi est, dans les petites villes de Normandie, surtout chez les marchands, l'heure sacramentelle du diner. Les douze tintements de la cloche publique donnent le signal d'un armistice général et unanime entre les vendeurs et les acheteurs.

Madame Rusconnetz dressa donc la table, appela son mari et son fils, servit le potage et se mit à dîner. L'enfant, qui s'était sauvé pour éviter le courroux de sa mère, pensa que le moment du repas lui offrirait plus que tout autre des chances de réconciliation ; il sortit donc de dessous le comptoir, où il se tenait caché, et se glissait déjà tout doucement près de la table, quand Françoise s'élança dans la chambre.

« Ne lui donnez pas à manger de ce potage! s'écriat-elle.

— Que nous veut encore cette folle ? » cria madame Rusconnetz, qui avait déjà presque mangé la moitié de ce que son assiette contenait.

Françoise renversa la soupière et la brisa.

« Du poison ! du poison ! dit-elle, affolée et en entourant de ses bras le petit Paul. Vous avez voulu me séparer de lui, je vous ai dit que cela me ferait mourir ; eh bien, nous mourrons ensemble.! »

Elle se jeta sur l'assiette de l'apothicaire, dévora le reste du potage qui s'y trouvait, croisa les bras sur sa poitrine et attendit.

M. Rusconnetz se hâta de prendre du contre-poison et d'en administrer à sa femme : des voisins accourus aux cris de désespoir qu'ils jetaient arrêtèrent Françoise. Elle n'opposa aucune résistance, les laissa faire paisiblement et suivit les gendarmes qui vinrent la saisir.

Arrivée à la prison, on voulut lui faire prendre du contre-poison ; elle résista opiniâtrément, serra les dents et les lèvres, et ne céda à aucun des moyens mis en usage pour la contraindre, quelque violents et opiniâtres qu'ils fussent.

Apparemment, la dose d'arsenic qui se trouvait dans l'assiette n'était point assez forte pour tuer Françoise, car, après être restée longtemps entre l'existence et la mort, on parvint à la guérir et à la conserver vivante à la justice.

Six mois après son crime, Françoise comparut devant la cour d'assises.

Pendant les six mois passés en prison avant de comparaître devant la cour d'assises, Françoise avait semblé perdre le peu d'intelligence qu'elle devait au mouvement de la vie domestique, à l'air libre et à sa tendresse pour le petit Paul. Elle restait, des journées entières, accroupie dans un coin sombre de la geôle, ne songeait ni à boire ni à manger, laissait prendre par ses compagnes sa ration de pain et de soupe, et ouvrait stupidement des yeux éffarés quand on lui adressait la parole. Elle n'opposait aucune résistance aux impitoyables mystifications dont la harcalaient les mauvaises créatures détenues avec elle. On la regardait généralement comme une idiote. Personne n'avait de compassion pour elle ; chacun prenait ce qui lui convenait de ses misérables hardes. Quand vint le jour d'aller au tribunal, il fallut qne la geôlière lui prêtât quelques haillons pour que l'accusée ne parût point demi-nue devant les juges.

Couverte d'une jupe en lambeaux, d'un corset qui ne valait guère mieux, et les cheveux enveloppés d'un mouchoir rouge, elle arriva au banc des assises, les pieds nus et toute honteuse de se voir au milieu d'une si grande assemblée. Quand ses yeux, qui osaient se lever à peine, rencontrèrent, parmi les témoins, l'apothicaire et sa femme, elle les salua de la tête, comme si elle n'eût point attenté à leur vie et ne prêta aucune attention aux questions de l'avocat qu'on lui avait donné d'office. Ses yeux, ses pensées, son âme, sa vie, se tenaient attachés sur un seul point de la salle. Elle cherchait quelque chose sans le trouver, et se soulevait sur la pointe des pieds pour tâcher de voir ; son regard s'animait, sa poitrine se soulevait.

« Paul ! Paul ! s'écria-t-elle tout à coup en tendant les bras à l'enfant, qu'elle pouvait apercevoir enfin. Paul ! Paul ! »

Elle voulut s'élancer ; les gendarmes assis à côté d'elle

la retinrent; mais elle lutta comme une tigresse, franchit la balustrade, courut à l'enfant, le saisit dans ses bras le couvrit de baisers frénétiques, et ne le laissa arracher de ses bras qu'après un nouveau combat qui la fit rejeter sur le banc, sanglante et meurtrie.

Les juges entrèrent, sur ces entrefaites, en audience. Le greffier, qui n'avait prêté à cette scène d'autre attention que celle qu'il fallait pour empêcher son encrier de se renverser et ses papiers de se disperser, dit en souriant aux magistrats ;

« Cette femme voulait s'enfuir. »

Le président adressa une réprimande sévère à Françoise, mais Françoise n'entendait rien. Paul était là ; elle regardait Paul, le reste lui était indifférent.

Le greffier lut d'une voix nasillarde l'acte d'accusation, et l'on fit retirer les témoins.

Quand Françoise vit l'enfant s'en aller avec sa mère, elle recommença ses tentatives de fuite et de violence. Rien ne put la calmer. Il fallut qu'on lui mît les menottes.

Les témoins revinrent un à un. Elle ne prêta pas la moindre attention à leurs dépositions. Aux émotions violentes de la pauvre fille avait succédé une prostration absolue ; les questions du président restaient sans réponse et ne faisaient même pas lever la tête à l'accusée.

Enfin Paul parut ; le président déclara qu'on l'entendrait en vertu du pouvoir discrétionnaire qui lui était conféré par la loi. Du moment où le pas de Paul avait commencé à crier sur le plancher de la salle, Françoise avait recommencé à vivre ; ses larmes coulèrent de nouveau ; ses sanglots éclatèrent ; elle s'agita sur son banc, et ne s'apaisa que sur la menace qu'on lui adressa de la faire sortir, si elle continuait à troubler l'audience. Elle se tut aussitôt, se plaça de manière à pouvoir tenir ses yeux attachés sur l'enfant, et ne donna plus un signe d'attention à ce qui se passait autour d'elle.

Le procureur du roi, ou plutôt son substitut, se leva et prononça un réquisitoire, dans lequel il fit ressortir le caractère violent de l'accusée, sa férocité indomptable et son besoin de vengeance et de colère, que ne réprimaient même pas la présence de la cour ni la gravité d'une accusation capitale.

L'avocat d'office présenta sa cliente comme une pauvre idiote qui ne jouissait point de toute sa raison, et finit par s'en rapporter à la justice des jurés.

Les jurés entrèrent en délibération et reparurent quelques minutes après avec un verdict de culpabilité. cependant ils admettaient des circonstances atténuantes.

La cour condamna Françoise aux travaux forcés à perpétuité.

Elle se leva. On crut qu'elle allait exprimer son désespoir. Sans s'inquiéter du terrible arrêt qui venait de la frapper, elle fit un de ses plus beaux sourires à Paul ; elle l'appela du geste et de la voix, et elle s'efforça d'attirer son attention. L'enfant la regardait avec terreur et se tenait pressé contre sa mère.

« Paul, mon enfant chéri, ne veux-tu point embrasser ta bonne ? » dit Françoise.

L'enfant détourna la tête,

« Paul, ne t'en-va pas ainsi ; c'est la dernière fois que je te vois peut-être ! »

Elle lui tendit les bras. Le petit garçon recula vivement avec terreur et poussa un cri. Il avait peur de cette femme en haillons, défigurée par la captivité et par la misère, qui tout à l'heure s'était jetée sur lui, et qu'il n'avait sans doute point reconnue.

Françoise jeta sur l'enfant un regard d'inexprimable désespoir, puis elle se laissa retomber au bord du banc, et l'on entendit le bruit de son corps qui retentissait sur le plancher.

« Elle est évanouie, » cria un gendarme.

Un médecin, qui se trouvait là, accourut, donna des soins à la condamnée et chercha à lui rendre la vie. Un quart d'heure se passa en efforts infructueux ; enfin l'homme de science interrogea le cœur de Françoise, qui ne battait plus, et posa devant ses lèvres décolorées une petite glace que ne ternit aucun souffle.

« Elle est morte ! » dit-il.

UN MARIAGE ENTRE CONSANGUINS

—

Au commencement du dix-neuvième siècle, les médecins n'avaient point, comme aujourd'hui, pris la singulière habitude d'ajouter à leur nom le nom de leur ville
natale. Ils s'appelaient tout bonnement comme leur père,
ce qui ne les empêchait point, par parenthèse, de se conquérir une réputation, une clientèle, de la fortune et l'estime générale : témoin le docteur Lefort.

Le docteur Lefort, naguère médecin attaché à la maison de la Dauphine, et quoiqu'il n'eût cessé de donner
ses soins à la fille de Louis XVI que le jour de son départ
pour l'Autriche, avait, grâce à la popularité de sa science
et à l'ardeur de sa charité, traversé les plus mauvais jours
de la Révolution sans éprouver la moindre inquiétude

personnelle. En culottes courtes, les cheveux poudrés, vêtu d'un large habit noir et appuyé sur sa canne à bec à corbin, il n'avait jamais cessé de faire, le matin à pied, ses visites dans le faubourg Saint-Honoré qu'il habitait, de monter en voiture à midi et d'aller porter l'aide de son savoir à ses clients des autres quartiers. C'était en résumé un cœur d'or, une parole brusque, et une main aussi habile à amputer un membre qu'à glisser une bourse sous la couverture du lit d'un malade pauvre.

À l'époque où, grâce à Dieu et à Napoléon, la France commença à respirer un peu plus librement et à s'affranchir des horreurs de la Convention et des turpitudes du Directoire, le docteur Lefort comptait soixante-quatre ans, et il avait pour élève favori Réné-Théophile Laennec, né à Quimper, interne des hôpitaux militaires.

Comment ces deux hommes en étaient-ils venus à s'accrocher l'un à l'autre et à s'aimer comme l'eussent fait un père et un fils ? Je n'en sais rien, car ils présentaient en toutes choses les contrastes les plus absolus. Sans compter que Laennec n'avait guère que vingt-quatre ans, et qu'il mettait autant d'ardeur à suivre les modes nouvelles que Lefort à pratiquer les anciennes ; chaque jour, et malgré les instances de son vieux maître, il passait deux heures à la salle d'escrime et même chez le professeur de bâton. Or il n'était point encore passé dans les mœurs, comme de notre temps, que le bâton fût un art et le complément indispensable d'une bonne éducation. Quant à la danse, Laennec se contentait de faire, le matin, des battements comme un danseur de profession, et de se placer les pieds de manière à ne rien perdre de leur équerre.

Personne, pas même Trénis, ne battait comme lui un en-
trechat et ne développait un flicflac.

Un « disciple d'Esculape » qui menait de front la danse
et la médecine, se rendait de l'hôpital au bal, remplaçait
le tablier chirurgical par le pantalon de tricot, et faisait
avec sa canne des moulinets de la main qui venait de re-
nouer une artère ou d'amputer une jambe, cela déroutait
naturellement toutes les idées du vieux médecin. Il en
naissait entre le maître et l'élève des discussions qui se
terminaient toujours à l'avantage du dernier, grâce à
quelque argument bouffon qu'il jetait au bonhomme et
qui le faisait rire aux éclats. Et cependant Laennec, à ses
mauvais jours, ne respectait rien. Par exemple, il prétendait qu'Hippocrate n'avait jamais existé ; que le vieillard
de Cos n'était qu'un mythe, un personnage d'invention.
Il voulait prendre ce thème pour sujet de la thèse qu'il
allait soutenir, et Lefort combattait de tous les arguments
de sa logique ce qu'il regardait, non-seulement comme
un paradoxe, mais comme une impiété.

Vers la fin du mois de mai 1804, par un magnifique
soleil, ils agitaient entre eux cet éternel sujet de discus-
sion, tout en se dirigeant vers Saint-Roch, qui venait
d'être rendu au culte catholique. Ils voulaient assister au
mariage du jeune vicomte de V***, qui se célébrait ce
jour-là avec une grande pompe. Les abords de l'église se
trouvaient encombrés d'équipages et de foule : les deux
amis eurent quelque peine à traverser les flots de curieux, à monter les degrés du temple, et à arriver jusqu'à la nef. Au moment où Lefort s'efforçait de se frayer
un passage jusqu'à la nef principale, protégé par Laen-

nec et son inséparable gourdin, le vieux médecin se
trouva face à face avec le père de la mariée, qui pressa
affectueusement les mains de Lefort.

« Merci, mon ami, merci, dit-il, d'être venu prendre
part à cette fête de famille ! Convenez-en ! je suis le plus
heureux des hommes. Marier sa fille unique au fils
unique de sa sœur ! Réunir deux grandes fortunes en
une seule !... Ils sont jeunes, ils sont beaux, ils s'aiment !
Antoinette a dix-sept ans et Georges vingt-cinq ; on le
cite déjà comme une des lumières du conseil d'État. On
leur donne aujourd'hui cent mille livres de rentes et un
magnifique hôtel. J'espère qu'on ne saurait entrer d'une
façon plus riante dans la vie. »

Pendant qu'il s'exprimait ainsi, le docteur Lefort et
Laennec tenaient leurs regards fixés sur les jeunes mariés ; Laennec était ébloui.

Il eût été difficile, en effet, de rencontrer un couple
plus parfait. La mariée, mignonne, svelte, élégante, son
visage rosé et frais, enveloppé d'un de ces voiles vapo-
reux dont Isabey excellait à reproduire l'effet délicieux,
s'appuyait avec tendresse sur le bras de son mari. Les
traits pâles et délicats de ce dernier révélaient une nature
plus intelligente qu'énergique. Ce qui rendait ces deux
enfants encore plus charmants ; c'était une ressemblance
qui les eût fait prendre plutôt pour un frère et pour une
sœur que pour des époux. Blonds tous les deux, tous les
deux frêles, ils avaient tous deux le même type de beauté
et de race, le même regard, le même sourire.

« N'est-ce pas, docteur, que je suis bien heureux et
que l'avenir me réserve une douce vieillesse ? dit M. de V***

— Dieu vous entende et vous exauce ! » monsieur le comte ! répondit le vieillard en soupirant.

Puis il salua M. de V***, et il alla s'agenouiller dans une chapelle latérale, où il pria longtemps avec ferveur.

Quand il sortit de l'église, et qu'il eut repris le bras de Laennec :

« Qu'avez-vous, cher maître ? lui demanda le jeune homme. Vous semblez triste ?

— Je le suis, en effet, mon enfant, répliqua Lefort. M. de V*** est un des hommes que j'aime et que j'estime le plus au monde...

— Et quand il est le plus heureux des hommes, vous prenez une figure désolée ?

— Heureux ! tu me parles du bonheur de cet homme, et tu es médecin ! Tu n'as donc pas remarqué les deux jeunes mariés, leur fatale ressemblance et la déplorable conformité de leur tempérament ? Tu n'as donc pas entendu ce père nous dire qu'ils étaient cousins germains et issus de cousins germains ? Ce double titre est une malédiction inexorable qui pèsera sur toute leur vie et qui changera leur bonheur d'aujourd'hui en une existence de désespoir. Dieu ne permet pas qu'on enfreigne impunément les lois qu'il a imposées à la nature. Il veut le croisement des races et des familles ; et l'homme, divin par l'âme, mais animal par le corps, ne saurait pas plus que les autres êtres se soustraire aux fatales conséquences du mépris de cette règle universelle. Déjà les pères de Georges et d'Antoinette étaient frères, et c'est à cette consanguinité que les deux enfants doivent leur caractère lymphatique. Tu deviendras leur médecin, puisque je suis celui de leur famille; Si habitué que tu sois aux douleurs des hôpitaux, aux cris des amphithéâtres, aux misères les plus hideuses de la souffrance humaine, tu verras dans la maison de ces gens, si heureux aujourd'hui, des maux qui feront pâlir d'effroi ton front quelque impassible qu'il devienne ; tu t'en éloigneras avec un sentiment indicible d'horreur. À moins que mes prières de tout à l'heure n'aient obtenu de Dieu un miracle, il vaudrait mieux pour cette pauvre Antoinette, que j'ai mise au monde, qu'elle mourût en entrant dans le lit nuptial que de vivre de la vie qui lui est réservée... Et j'ai prévenu son père ! Il n'a pas voulu m'écouter. Il a souri de mes craintes ! Il m'a parlé du bonheur qu'il avait trouvé dans une semblable union. Quel fatal aveuglement ! »

En achevant ces mots, il essuya ses yeux humides et ne rompit le silence qu'au moment où, de retour chez lui, il se trouva au milieu des nombreux malades qui l'attendaient pour le consulter.

Dix ans après, le docteur Lefort avait succombé depuis longtemps à une de ces affections mystérieuses qui déconcertent la science humaine, et la réduisent non-seulement à l'impuissance, mais encore à l'aveu de son ignorance. Laennec, devenu un médecin célèbre, luttait par son savoir et par son éloquence, dans les cours publics, avec Dupuytren, continuait glorieusement les travaux de Bichat, et prenait place au premier rang. Aussi ne se souvenait-il plus, ni du mariage du comte de V***, ni des prédictions du docteur Lefort, lorsqu'un matin il reçut une lettre qui le priait de vouloir bien passer chez le vicomte de V***, préfet du département de...., venu

Paris avec sa famille pour demander les soins du célèbre professeur.

Laennec se rendit à l'hôtel de V***, situé au milieu des quartiers encore nouveaux de la Chaussée-d'Antin, et fut introduit dans un salon où se trouvaient réunis un vieillard, une jeune femme et le vicomte.

« Monsieur, dit ce dernier, ma femme, mon beau-père et moi, nous sommes venus de bien loin pour vous consulter; et nous attendons votre arrêt avec une grande anxiété. Madame de V*** a mis au monde, il y a cinq ans, un enfant longtemps désiré. Cet enfant, fils unique, nous inspire les craintes les plus graves. Il balbutie à peine quelques mots, et son intelligence n'a pris encore qu'un faible développement. Je vais vous le faire amener, afin que vous puissiez juger de son état, et, je l'espère, dissiper nos inquiétudes. »

Le vicomte sonna, et une femme de chambre apporta l'enfant dans ses bras. Laennec qui sentait les yeux de la jeune mère attachés sur les siens, les baissa pour qu'elle ne pût y lire l'impression douloureuse que lui inspira la vue du pauvre petit infortuné. Il avait suffi d'un regard à l'habile praticien, pour constater dans cette tête trop lourde, dans ce front étroit, dans ce crâne mal développé, dans ce regard éteint, dans cette langue pesante et qui ne savait balbutier que des sons confus, les symptômes d'une incurable idiotie.

Il regarda longtemps l'enfant et soupira.

Madame Antoinette de V*** tomba évanouie, elle avait compris qu'il n'y avait aucun espoir de guérison.

« Docteur, dit-elle en sanglotant, lorsqu'elle eut repris

connaissance, monsieur, sauvez mon enfant, et la moitié de ma fortune vous appartient. Dites-moi du moins que son intelligence se développera un jour! Que tout espoir ne nous reste pas interdit!

— Madame, répondit-il gravement, personne ne désire plus que moi se tromper dans son diagnostic. Faites une consultation, réunissez Esquirol, Dupuytren, Bichat, Corvisart, Leroux, Boyer, interrogez-les tous; une telle réunion d'hommes ne saurait se tromper. Quant à moi, je n'ose vous donner d'espoir que dans le temps, qui parfois déconcerte par ses miracles les prévisions les plus raisonnées de la science. »

.. La consultation eut lieu, elle confirma l'opinion de Laennec, et la vicomtesse de V*** repartit la mort dans l'âme, emmenant avec elle cet enfant, que sa misère lui faisait chérir encore davantage.

En 1823, la santé de Laennec se trouva des plus compromises.

L'auteur de tant d'admirables travaux sur les maladies de poitrine, l'infatigable inventeur qui trouva et appliqua l'auscultation et qui, le premier, essaya de faire entrer en lutte la science et la plus fatale des affections, ne tarda pas à ressentir les atteintes de la phthisie pulmonaire. Dieu permet qu'il en arrive souvent ainsi, comme pour mieux démontrer le néant du génie humain.

Personne, moins que Laennec, ne pouvait s'abuser sur son état. Il prit courageusement un parti extrême, quitta ses travaux, sa clientelle et les disciples qui arrivaient de toutes les parties de l'Europe, au pied de sa chaire, pour recueillir ses leçons.

Loin de Paris, au fond de la Bretagne, il alla demander à l'air du pays natal, à l'isolement et au repos les moyens de combattre le mal qui allait le consumer.

Ce fut à Kerlouanec, au fond du Finistère, qu'il se réfugia, dans une belle ferme transformée pour lui en habitation. Sa chambre à coucher se trouvait au-dessus d'une étable dont les émanations et l'air tiède l'enveloppaient constamment et alimentaient sa respiration. Il se couchait avec le jour, ne prononçait que de rares paroles, et ne répondait, la plupart du temps, que par signes ou en écrivant sur des tablettes, aux personnes dévouées qui l'entouraient d'une sollicitude de tous les instants. Aucun étranger ne pénétrait jusqu'à lui, et toutes les tentatives que firent pour le voir des admirateurs enthousiastes, ou des disciples ardents, restèrent sans résultat. Laennec se rattachait à la vie avec toute l'énergie de son âme; c'était entre lui et le mal une lutte vraiment sublime, car le médecin, plus encore que l'homme peut-être, voulait triompher.

Un nuit, Laennec fut éveillé en sursaut par des cris. A quelque distance de la ferme, un violent incendie venait de se déclarer dans une habitation dont les propriétaires vivaient aussi solitaires que Laennec lui-même. On parlait d'une dame veuve et de quatre enfants. L'homme de cœur se réveilla en Laennec. Oubliant sa maladie et les minutieuses précautions dont il s'entourait pour la combattre, il fit atteler sa voiture et se rendit sur les lieux du désastre.

Il ne restait rien debout de l'habitation brûlée. Une femme, jeune encore, mais vieillie avant l'âge, et entourée de trois enfants dont le plus jeune ne comptait guère que huit ans, se tenait au milieu des ruines fumantes, tandis qu'un jeune homme idiot, poussant des cris de joie, allait de débris en débris, les poussait du pied, en faisait jaillir des étincelles, battait des mains et jetait des cris sauvages, auxquels répondaient les trois autres enfants.

Laennec s'approcha de l'inconnue et lui offrit, pour elle et pour sa famille, un asile dans sa maison.

Elle leva sur lui ses regards désespérés.

« Merci, monsieur, dit-elle, mais je ne suis pas de ces infortunées qu'il faille recueillir chez soi ; je traîne avec moi le malheur. Je suis mère de quatre enfants, et tous quatre sont frappés d'idiotie. L'incendie qui vient de dévorer ma maison a été allumé par l'aîné de mes fils ; depuis trois ans mon mari est mort de chagrin ; moi, monsieur, je suis venue habiter cette solitude pour me consacrer à quatre infortunés privés de la raison, qui ne vivent pas, qui végètent ! Depuis quelques jours, l'aîné éprouvait une agitation contre laquelle il a fallu, hélas ! employer les ressources de la contrainte ; il frappait et blessait tous ceux qui l'approchaient. Cette nuit il s'est soustrait à la surveillance des personnes qui le gardaient, et vous voyez autour de vous son ouvrage ! Comprenez-vous la vie que je mène, monsieur ? »

En ce moment, on amena une voiture dans laquelle elle fit monter les quatre pauvres fous, qui ne voulaient point quitter les belles flammes dont ils s'amusaient, et elle se disposa à partir pour une autre maison de campagne qu'elle possédait dans le voisinage.

« Monsieur, dit-elle avant de s'éloigner, permettez-moi de vous remercier d'une offre dont je vous suis bien reconnaissante, et de vous demander le nom d'une personne qui m'a témoigné tant de bienveillance.

— Le docteur Laennec, » répondit-il en s'inclinant.

Elle tendit sa main tremblante au célèbre médecin.

« Moi, je suis la vicontesse de V***. »

Et elle s'éloigna en pleurant.

Quant à Laennec, on sait que l'auteur du *Traité d'auscultation médiate* succomba à une affection de poumons, dans sa ferme de Kerlouanec, le 15 août 1826.

Ce fut la maladie qui, après cinq ans de lutte, vainquit le médecin.

NE TOUCHEZ PAS A LA MORT

Je ne connais rien de plus curieux à observer que le salon d'attente d'un chirurgien célèbre. L'anxiété, la peur, toutes les maladies de l'âme s'y révèlent à côté de toutes les maladies du corps. On les y trouve sous leurs formes les plus saintes comme sous leurs aspects les plus ignobles. Il y a des lâches qui tremblent de terreur pour un mal insignifiant, et des martyrs qui cachent dans leur sein, sans les révéler autrement que par leur pâleur, des souffrances qui dépassent les forces humaines. A côté d'une mère qui pleure au pied de la croix où doit mourir son enfant unique, se tient peut-être un de ces égoïstes forcenés qui, suivant l'expression de Fontenelle, mettraient le feu à l'univers pour se réchauffer le bout du petit doigt.

Rarement ces personnes, réunies dans un salon souvent obscur, échangent entre elles, même à voix basse, quelques paroles. Chacun a les yeux attachés sur la porte du cabinet du chirurgien, de ce cabinet où va se rendre tout à l'heure l'oracle qui doit consoler ou réduire au désespoir. Du reste, les malades qui ont été admis et qui ont entendu cet arrêt ne ressortent point par cette porte : une seconde issue les conduit hors de l'appartement, de façon que nul de ceux qui ont partagé leur attente ne puisse lire sur leurs visages la consolation ou le désespoir.

Le docteur Lisfranc habitait, rue de Vaugirard, l'ancien hôtel des princes de Béthune, en face la maison de Récamier. Le hasard s'était plu, on le voit, à réunir porte à porte le médecin le plus éclairé et le chirurgien le plus habile de cette phase du dix-neuvième siècle.

Parmi ceux qui se pressaient un jour dans le salon de Lisfranc, et qui, un numéro d'ordre à la main, comptaient silencieusement en eux-mêmes les longues minutes qui se passaient et qui se passeraient jusqu'au moment de leur admission près du chirurgien célèbre, on remarquait un homme jeune encore. Il se tenait assis dans le coin le plus obscur. Non content de cette précaution, il se couvrait, à l'aide d'un large mouchoir, le bas du visage, et il attendit que tous les malades fussent partis pour quitter sa place et occuper le siége voisin du cabinet du docteur. Quand François, espèce de vieil huissier grognon et, soit dit en passant, le seul valet de chambre qui ait jamais servi Lisfranc, lui ouvrit la porte, le jeune homme éprouva un tremblement nerveux qui, pendant quelques secondes, l'empêcha de se lever. Il finit cependant par maîtriser son émotion, entra brusquement, et tomba plutôt qu'il ne s'assit sur un fauteuil.

Lisfranc n'était ni doux ni patient, surtout à la fin de sa consultation. On ne voit point impunément passer devant soi, pendant quatre heures, toute cette triste série de maux hideux : les gémissements de la souffrance finissent par donner sur les nerfs, même de ceux qui ont le plus l'habitude d'entendre ces gémissements.

« Qu'avez-vous ? » demanda-t-il de sa grosse voix bourrue.

Le jeune homme ne répondit point et serra plus convulsivement encore le mouchoir qui le voilait.

« Hâtons-nous ! reprit Lisfranc, il y a d'autres malades qui m'attendent, et qui ne peuvent comme vous venir me trouver. »

Celui à qui ces paroles s'adressaient laissa tomber enfin son mouchoir, montra au chirurgien un visage horriblement mutilé, et, d'une voix à peine intelligible et qui n'avait rien d'humain, il bégaya :

« Vous ne me reconnaissez pas, docteur ? »

Lisfranc, qui, sous ses rudes dehors, cachait une sensibilité de femme, et qui ne put jamais opérer un enfant sans sentir ses yeux s'emplir de larmes, Lisfranc pâlit et recula d'un pas.

« Toi, s'écria-t-il, toi, Charles, dans cet état !

— Oui, moi, docteur. Moi, moi à qui vous prédisiez la réputation et la fortune ! Moi-même ! Me voici devenu un objet de dégoût et d'horreur. Quand par hasard quelqu'un voit mon visage, il s'en détourne avec effroi. Condamné à la solitude, j'ai perdu à jamais l'espoir de réaliser toutes les brillantes espérances que vous aviez éveillées en moi ! »

Pendant qu'il parlait ainsi, Lisfranc tenait son visage caché dans ses mains pour ne pas laisser voir ses larmes ;

il rougissait de sa bonté comme d'autres devraient rougir
de leurs vices.

« Et tant de malheur est ton ouvrage ?

— Oui, mon ouvrage, docteur ! J'étais jeune et riche,
et j'ai follement dissipé ma jeunesse et ma fortune... Je
voulus revenir à l'étude, mais l'étude, comme la foi,
comme l'innocence, repousse ceux qui l'ont repoussée.
Je m'adressai à l'ambition : l'ambition me déçut. La pauvreté survint ; la pauvreté à qui a possédé l'opulence !
L'obscurité à qui vous aviez promis la réputation et le
succès ! Découragé, brisé, dédaigné, il ne me restait
qu'à mourir, et j'ai voulu mourir. Après de longs dé-
bats avec moi-même, après avoir mûri mon fatal projet,
je me suis tiré un coup de pistolet. L'arme appuyée sur
ma tempe a glissé... Peut-être ma main tremblait-elle !...
On m'a trouvé sanglant, évanoui, la mâchoire brisée, une
partie du visage emportée. On m'a donné des soins cruels ;
on m'a lié les mains avec lesquelles je voulais arracher
l'appareil posé sur mes blessures. La fièvre, le délire sont
venus ; la convalescence leur a succédé. J'ai éprouvé alors
une sorte de bonheur insensé à renaître ! Je me suis rat-
taché peu à peu à la vie... Et faut-il vous en faire l'aveu,
docteur ? je me suis prêté aux soins de ceux qui m'a-
vaient arraché à la mort ! j'ai suivi les prescriptions
des chirurgiens, je ne me suis plus même senti le désir
de mourir ! que dis-je ? j'avais peur de la mort ! J'attendais chaque jour avec angoisse le pronostic des médecins ; je me désespérais quand je voyais leur front
s'assombrir : je sentais mon cœur battre de joie quand
ils disaient : « — Il y a du mieux et de l'espoir. »

Je bénis Dieu quand ils déclarèrent que j'étais sauvé.

« Ma convalescence venue, je me regardai dans une glace. Je reculai d'effroi devant cette face hideusement mutilée ; je me demandai même s'il ne valait pas mieux mourir que de vivre ainsi. Hélas ! l'existence que j'avais repoussée quand j'avais la santé, quand mon visage ne formait pas cet amas de monstrueuses cicatrices, l'existence m'était devenue précieuse. Ni les infirmités, résultat de mes blessures, ni ma laideur qui me ferme complétement la voie du succès où j'avais échoué quand j'étais vaillant et beau, n'ont pu me rendre le courage de faire une nouvelle tentative de suicide ! »

Il s'interrompit un moment. Lisfranc ne rompit pas le silence.

« Malheureux ! malheureux ! murmura-t-il enfin.

— Oui, malheureux ! plus malheureux que vous ne pouvez le penser et le comprendre ! reprit le mutilé. Il me reste cependant un espoir, docteur. Vous, le vieil ami de mon père et qui vous teniez assis à son chevet mortuaire ; vous, mon ami, vous, presque mon tuteur ; vous avez fait de merveilleuses opérations d'autoplastie. Si miraculeuses qu'elles soient, je sais combien elles restent incomplètes dans leurs résultats, mais elles peuvent du moins me rendre moins hideux. Je viens à vous, je me jette à vos genoux ; la souffrance ne saurait m'arrêter. Ah ! que du moins on puisse me regarder sans détourner la tête avec effroi !

— Allons, interrompit brusquement Lisfranc, nous ne sommes pas ici pour nous livrer à l'attendrissement, mais pour agir. Voyons quels ravages a causés le coup de feu et si la science peut quelque chose, non pas pour les faire disparaître, mais pour les atténuer. »

Il fit asseoir le jeune homme dans un fauteuil, la tête renversée de façon que la lumière tombât en plein sur cette face mutilée. Après un long et minutieux examen, il soupira.

« Il manque une partie du palais, dit-il ; pas assez toutefois pour qu'un obturateur ne puisse rendre l'alimentation plus facile et la voix moins embarrassée ! Mais cette cicatrice béante qui crispe la joue sillonnée par des plis rouges et déchiquetés ! mais la lèvre supérieure ! mais le nez !... Heureusement l'os n'a pas été atteint, nous pouvons tenter l'autoplastie. Entre à l'hôpital, mon enfant et espère. Nous parviendrons sans doute à atténuer les fatals effets de la blessure et de l'ignorance des médecins qui t'ont soigné. Ah ! la chirurgie de province. Sans compter celle de Paris, s'écria-t-il, ne m'en parlez pas ! Ils vous remettent parfaitement une jambe ou un bras cassés, ils font à merveille une amputation vulgaire, mais une fois sortis de leur routine, votre serviteur très-humble ! »

Après ces réflexions banales, auxquelles l'homme de génie aimait à se livrer avec l'ardeur et la vulgarité d'une commère, il tendit la main à Charles et lui dit : « Allons ! à demain, à la Pitié. »

Le jeune homme tremblait de tous ses membres. Après une longue hésitation pendant laquelle la sueur perlait sur son front, il balbutia, rouge de honte :

« Y a-t-il quelque danger pour la vie ? »

Lisfranc haussa les épaules.

« Eh quoi ! tu as voulu te suicider, et maintenant....

— Maintenant, j'ai peur de mourir ! répondit-il. Oui,

maintenant je tiens à cette vie misérable! méprisez-moi,
vous ne le ferez jamais autant que je me méprise!

« — Eh bien, il n'y a pas de danger, affirma avec plus
de conviction apparente que réelle, Lisfranc, peut-être à
son insu, tenté par une si curieuse opération. Voici un
mot pour le directeur de l'hôpital; tu y seras reçu sur-
le-champ. A demain...»

On s'occupait beaucoup à cette époque, dans le monde
chirurgical, d'autoplastie et surtout de rhinoplastie. Il y
a toujours un peu de mode, même en médecine.

La vogue de ce genre d'opérations résultait d'une histoire de la méthode de restauration humaine, pratiquée
dans les Indes et publiée en 1814 par le docteur Carpue,
de Londres. Ce chirurgien, qui avait fait un long séjour à
Singapour, racontait que les prêtres rendaient des nez
aux nombreuses victimes mutilées par la justice du pays.
Ils empruntaient à un individu sain le lambeau de chair
dont ils avaient besoin et reconstruisaient ainsi des nez,
des lèvres, voire même des oreilles.

On traita longtemps de fable ce procédé, et d'abord on
n'en tint pas plus compte que du livre publié en 1557
par Gaspard Tagliacozzi et intitulé *De curtorum chirurgia*,
dans lequel l'auteur faisait un traité complet de greffe
animale. Enfin, après les guerres de l'Empire et le règne de
la chirurgie militaire, les praticiens des hôpitaux de Paris,
enhardis par l'exemple d'un de leurs confrères anglais,
se hasardèrent à tenter quelques opérations d'autoplastie,
qui réussirent, à leur grand étonnement peut-être. Seulement, au lieu d'emprunter les lambeaux vivants à un
étranger, ils les prirent sur le patient lui-même. Lisfranc,

jeune et plein d'ardeur, donna l'exemple, et le premier put montrer à ses élèves, et surtout à ses rivaux, un homme à qui il avait refait un nez. Ce nez, à vrai dire, laissait à désirer, mais enfin, le principe triomphait. Les chairs rapportées s'étaient parfaitement greffées, et à peine pouvait-on distinguer les cicatrices.

Sitôt l'entrée de Charles à la Pitié, l'annonce d'une opération d'autoplastie fit grand bruit dans l'hôpital. On le comprend, il ne fut question que de cela parmi les internes. Sans penser que le malade, couché à quelque distance de la salle où ils devisaient, pouvait entendre leur conversation, ils discutèrent sur le mode opératoire; parlèrent de la méthode indienne, de la méthode Tagliacozzi, et surtout de la méthode de Lisfranc et de ses rivaux, Delpech, Larrey, Assley, Cooper et Grey. Ils placèrent naturellement celle de leur maître bien au-dessus de toutes les autres. Car on n'approchait pas impunément de Lisfranc. Ses élèves l'aimaient et l'admiraient jusqu'au fanatisme. Ils riaient bien entre eux des fantasques boutades du bonhomme. Mais ils se tenaient à genoux devant la logique imperturbable, le diagnostic infaillible, la merveilleuse sûreté de main, et, si j'ose m'exprimer ainsi, la fanfaronnade souvent justifiée de l'homme de génie.

Le malade écoutait silencieusement toutes leurs paroles. Peu lui importait le détail des souffrances qu'il aurait à subir le lendemain. Que sont les souffrances physiques quand elles peuvent diminuer les souffrances morales ? Oh ! se retrouver en communication avec les hommes sans leur inspirer de dégoût, n'importe à quel prix ! Telles étaient ses pensées, quand un des internes dit à ses camarades :

« Jusqu'à présent, je le reconnais, les opérations d'autoplastie ont réussi, sauf une seule. Elles présentent néanmoins des dangers. Il s'agit d'enlever à l'homme de demain un lambeau de vaste dimension, et j'éprouve des craintes sérieuses.

— Après tout, répliqua un autre interne, la mort ne vaut-elle pas mieux qu'une pareille difformité? »

En entendant ces mots, Charles fut saisi de terreur et se prit à pleurer.

Vers minuit, quand tout dormait autour de lui, il se leva, s'habilla furtivement, et, le visage à demi caché par son mouchoir, profitant d'un moment où les surveillants se trouvaient occupés d'un autre côté pour gagner la cour, il frappa à la vitre de la fenêtre du concierge, comme les internes avaient l'habitude de le faire, s'élança hors de l'hôpital, et courut longtemps au hasard. Ruisselant de sueur, hors de lui, il ne s'arrêta qu'à bout de forces. Alors il reprit haleine, rassembla ses idées, et se perdit à travers les rues tortueuses qui remontent de l'hôpital de la Pitié vers les quartiers si admirablement décrits par Balzac dans le *Père Goriot.*

Le lendemain, Lisfranc s'informa, avant toute autre chose, du jeune homme qu'il avait envoyé la veille.

Un interne lui apprit en tremblant la disparition du sujet. On s'attendait à une explosion de colère; Lisfranc se contenta de répondre :

« Je m'y attendais, le suicidé a eu peur de la mort. »

Puis il ajouta en souriant : « Voilà un chapitre curieux à ajouter à l'histoire des faiblesses humaines, puisqu'on ne peut l'ajouter à l'histoire de la chirurgie. »

ENTRE MIDI ET DEUX HEURES

I

LA CHAMBRE DU MALADE

Ce matin-là, Bellini se sentait un peu souffrant. La fatigue, le travail et trop de bonheur peut-être lui valaient cette indisposition. Le docteur fut appelé. Il décréta qu'une semaine de repos était nécessaire. Donc, de son absolue autorité, il interdit pour huit jours au malade toute excursion hors de son appartement. Il y ajouta la défense de recevoir d'autres visites que celles de cinq ou six amis dont il composa lui-même la liste. Enfin, l'inexorable et prudent docteur donna ordre au concierge de déclarer à tous ceux qui ne se trouvaient pas inscrits sur cette liste, et surtout aux *prime donne* et aux femmes voilées, que le signor Bellini était parti pour un voyage de quinze jours.

Ces mesures importantes une fois promulguées et mises à exécution, le jeune maestro s'étendit sur son canapé. Le docteur alluma gravement un cigare, et nous en fîmes autant.

La conversation, après avoir couru de mille sujets à mille autres, finit par prendre un caractère presque sérieux. On parla de la religion, des arts, des souvenirs et des profondes traces que laissaient les trépassés dans la pensée de ceux qu'ils ont aimés. Bellini passa sa main élégante dans ses beaux cheveux, sourit de son sourire italien, et nous dit de sa voix mélodieuse et légèrement colorée d'un accent ultramontain :

« On jouait, un soir, aux Variétés, une de ces bouffonneries devant lesquelles ne tiendraient pas l'ennui et le spleen les plus invétérés ; Vernet prêtait toute la verve et toute la gaieté pleine d'entrain de son talent à je ne sais quelle folle histoire d'un bourgeois qui cherchait à la fois sa femme et son parapluie. Au milieu de l'hilarité générale, j'entendis derrière moi tout à coup un éclat de rire si franc, si pur, si plein de jeunesse et de fraicheur, que je ne pus m'empêcher de me retourner pour voir de qu'elles lèvres tombaient ces accents de gaieté. C'était, je vous l'assure, de deux charmantes lèvres roses qui formaient une petite bouche adorablement mignonne. Un nez plein de finesse et de distinction, de grands yeux noirs et un front couronné de magnifiques cheveux, n'étaient pas indignes de cette bouche céleste. Ajoutez à cela un col de cygne, une taille d'abeille, des mains dignes de la plus accomplie statue antique; et vous comprendrez sans peine comment j'oubliai dès lors le spectacle pour ne plus m'occuper que de la spectatrice. Je ne vous ai dit d'ailleurs que la moitié de sa beauté. Cette beauté consistait bien moins encore dans la perfection et dans l'harmonie des traits que dans un charme indicible et surtout dans une sérénité délicieuse. Sans prendre garde le moins du monde à l'extase dans laquelle me jetait sa vue, elle continua à tenir ses yeux attachés sur la scène. De temps à autre, des éclats de rire délicieux, comme celui qui naguère avait éveillé mon attention, partaient de ses lèvres en fusées joyeuses.

« La pièce finie, elle se leva; jeta sur ses cheveux noirs, avec une grâce et une aisance que possèdent seules les Espagnoles, les plis d'un mantelet de dentelle, s'appuya sur le bras d'un jeune homme qui l'accompagnait, et disparut. La salle me parut s'éteindre et devenir glaciale. Je rentrai chez moi tout préoccupé du souvenir de cette angélique créature, dans toute la personne de laquelle resplendissaient glorieusement la beauté, la jeunesse et le bonheur.

« Le lendemain soir, cette charmante image ne m'avait point encore quitté. Elle me poursuivait jusqu'au milieu d'un bal, sans que le mouvement de la foule, l'éclat des bougies, l'enivrement de la musique et la vue de tant de jeunes femmes pussent me la faire oublier. Tout à coup, jugez de ma surprise et de mon bonheur, je l'aperçus au milieu d'un groupe de danseuses. Oui, c'était bien elle, avec sa gaieté naïve, avec sa joie d'Espagnol. Nulle autre ne posait aussi vivement sur le parquet un pied d'une petitesse merveilleuse, nulle autre ne laissait admirer aux regards des épaules plus souples et plus irréprochables de contour. La tête couronnée de fleurs, de pourpre et d'or, elle semblait la reine du bal.

« — Que regardez-vous là avec tant d'attention ? » me demanda une voix, tandis qu'une main se posait sur mon épaule. C'était la figure froide et sévère du capitaine de la marine espagnol don Antonio della Ribeira.

« Je lui montrai la jeune Espagnole.

« — A voir si heureuse cette jeune femme, on se sent heureux soi-même, répondis-je.

« Jamais le malheur n'a posé sa main fatale sur ce front charmant; jamais la plus légère défiance de l'avenir n'a troublé cette joie respectée par le passé, et que n'ont altérée jusqu'ici, on le comprend sans peine, la moindre inquiétude et la moindre douleur.

« Le capitaine sourit avec son amertume habituelle, et répondit de la voix brève et incisive qu'il devait à l'habitude du commandement :

« — Je connais cette femme.

« — Vous la connaissez, vous l'avez souvent rencontrée dans le monde, m'écriai-je. Capitaine, j'attends de votre amitié que vous me présentiez chez elle, ou du moins chez ceux de vos amis qui pourront me valoir le même bonheur.

« — Ainsi, reprit le capitaine, vous la croyez la plus heureuse des femmes. Vous pensez que jamais l'infortune ne l'a frappée ; enfin, vous êtes convaincu que rarement les larmes ont rougi ses yeux et la pâleur décomposé son visage ?

« — Avec tant de gaieté, de calme, de sérénité, comment pourrait-elle avoir jamais conçu une pensée triste ?

« — Regardez, me dit-il, regardez bien cette heureuse femme. »

Il avança vers elle et la salua. Soudain une pâleur mortelle couvrit les traits de la belle étrangère, et ce fut avec un tremblement convulsif qu'elle lui tendit sa main.

« — Mon retour n'a rien de fâcheux pour vous, je l'espère, se hâta-t-il de dire pour la rassurer, car elle semblait prête à s'évanouir. Elle passa rapidement la main sur son front et se voila les yeux pendant quelques secondes ; quand elle découvrit son visage, il n'y restait plus de trace apparente de sa terrible émotion. Sa bouche souriait comme tout à l'heure et ses pieds se remirent à effleurer gaiement le parquet.

« Je me hâtai de passer mon bras sous le bras du capitaine et je l'entraînai dans un coin du salon.

« — Au nom de notre amitié, m'écriai-je, contez-moi l'histoire de cette femme.

« — De cette heureuse créature qui n'a jamais connu le malheur ? Volontiers, asseyons-nous ici, buvons un verre de punch et écoutez-moi :

« Il y avait à Lisbonne un riche négociant qui se nommait Lopez et qui spéculait sur les entreprises industrielles. La prospérité de cet homme était devenue proverbiale dans la ville. Jamais un de ses navires n'avait fait naufrage ; jamais une de ses combinaisons commerciales n'avait avorté ; enfin sa fille, doña Margarita, allait être mariée au fils d'un riche armateur.

« Durant dix-huit années, la fortune combla de ses

faveurs les plus exagérées le négociant don Lopez. Tout à coup elle renversa d'un souffle l'édifice gigantesque qu'elle avait élevé. Les bâtiments du négociant firent naufrage ou furent pris par des pirates ; deux ou trois faillites inattendues engloutirent les capitaux du malheureux vieillard. Il fallut renoncer au mariage de sa fille, à laquelle il ne pouvait plus donner de dot. Bref, deux années suffirent à le ruiner complétement. Pour toute ressource, il ne lui restait plus, en quittant Lisbonne, qu'une créance de cent mille piastres sur un négociant de Madrid. Or, ce négociant niait la créance, et il fallait plaider contre lui.

« La justice est lente et coûteuse en Espagne plus que partout ailleurs. Durant les trois années que dura le procès, Lopez, sa femme et sa fille vécurent dans une situation très-voisine de la misère, et tous les trois furent réduits à subsister du travail de leur mains. Le père tenait les écritures de quelques petits marchands ; les deux femmes faisaient des ouvrages de couture pour les lingères en renom.

« L'adversaire de don Lopez le traîna de juridiction en juridiction ; enfin, condamné en dernier ressort, il fallut bien, après avoir épuisé toutes les ressources de la chicane, qu'il finit par payer les cent mille piastres. Un soir Lopez rentra dans son pauvre logis, et montra, avec un cri de joie, à sa femme et à sa fille, le portefeuille qui contenait une somme devenue une véritable fortune pour eux, naguère si riches, maintenant réduits à la misère.

« Après un court conseil de famille sur l'emploi que l'on ferait de ce petit trésor, il fut résolu que don Lopez le déposerait chez un banquier de Madrid, afin que celui-ci pût le placer sûrement en Portugal, où ils s'en procureraient un revenu.

« J'y vais sur-le-champ, dit don Lopez. Dans un quart
« d'heure je serai de retour. »

« Une heure s'écoula sans qu'il revînt.

« Les deux femmes commencèrent à s'inquiéter. Mais jugez de leurs angoisses et de leur désespoir, lorsque minuit eut sonné sans ramener leur père et leur mari. Toute la nuit s'écoula dans cette mortelle attente. Au point du jour, les infortunées allèrent inutilement à la recherche de don Lopez. Réduites au désespoir, elles eurent alors recours à la police. On avait relevé dans la nuit un cadavre percé de dix coups de poignard. Elles reconnurent avec horreur que ce cadavre était celui de l'unique protecteur qu'elles eussent au monde. Il est inutile d'ajouter que le portefeuille contenant les cent mille piastres avait disparu. Sans doute un voleur avait appris que don Lopez venait de recevoir une somme considérable, l'avait tué, l'avait assassiné. La mère de doña Margarita ne put résister à un pareil coup et fut frappée de paralysie à la vue du corps sanglant de son mari. Les secours de la science ne purent lui rendre l'usage de ses mains condamnées à une insensible immobilité. Sa raison même resta profondément altérée. Il fallut que doña Margarita consacrât tout son temps à donner des soins à la malheureuse impotente.

« Je vous l'ai dit, depuis longtemps la pauvreté habitait le logis des deux malheureuses femmes ; la misère ne tarda point à lui succéder ; la misère avec le froid, avec

la faim, avec les haillons. Obligée de veiller sur sa mère
et de lui donner des soins de tous les instants, Margarita
ne pouvait plus travailler.

« Il arriva un jour où le pain leur manqua.

« La vieille mère, assise sur une mauvaise paillasse, seul
reste de leur mobilier, murmurait de sa voix chevrotante
et avec le rire effrayant qui caractérise les idiots : — J'ai
faim ! j'ai faim ! j'ai faim !

« Il ne restait plus à Margarita un meuble, un vêtement
qu'elle pût vendre, et ses yeux cherchèrent vainement
autour d'elle un moyen d'apaiser les souffrances de sa
mère. Tout à coup un sourire plein d'amertume contracta
ses lèvres ; elle se leva et marcha désespérément vers la
boutique d'un coiffeur français, établi depuis peu dans
le quartier le plus opulent de Madrid.

« — Voulez-vous acheter mes cheveux ? dit-elle en dé-
nouant de magnifiques nattes, qui vinrent tomber jusqu'à
ses pieds.

« Jamais le coiffeur n'avait vu une si magnifique chevelure. Quand il eut étalé les nattes, elles enveloppèrent
la jeune fille comme l'eût fait un manteau de velours.

« Le marchand offrit un prix. La Portugaise l'accepta
sans contestation. Il lui tardait d'en finir avec ce sacrifice
le plus douloureux peut-être que lui eût encore imposé
la misère.

« Le coiffeur prit de larges ciseaux et les approcha de
la tête de la jeune fille. Celle-ci frisonna de tous ses
membres ; et le condamné n'attend pas avec plus d'angoisses le coup de la hache qu'elle ne redoutait la morsure des ciseaux.

« — Au nom de la très-sainte Vierge, hâtez-vous, par pitié ! dit-elle.

« — C'est dommage d'abattre de pareils cheveux et de les détacher d'une aussi jolie tête, objecta le coiffeur.

« — Hâte-vous, répéta-t-elle, hâtez-vous de grâce !

« — Il vous en coûte bien, n'est-ce pas, d'accomplir un pareil sacrifice ?

« — Hâtez-vous, hâtez-vous, ou bien tout à l'heure le courage va m'abandonner.

« — Si je vous offrais, continua le coiffeur, oui, si je vous offrais un moyen de conserver vos cheveux, ne l'accepteriez-vous point ?

« — Sans doute. S'il en est un, dites-le-moi, et ma reconnaissance sera éternelle. Mais non, vous ignorez ma cruelle position. Je ne puis me livrer au travail; ma mère, privée de sa raison, infirme, exige que je lui consacre tous mes soins et tout mon temps.

« — Le prix de vos cheveux ne vous viendra en aide que pour une semaine au plus; ensuite, que ferez-vous? à quelle ressource aurez-vous recours?

« Elle leva les yeux vers le ciel avec désespoir.

« — Eh ! bien ! si vous acceptez l'offre que je vais vous adresser, votre mère se trouvera désormais à l'abri du besoin.

« — J'accepte ces propositions à l'avance, sans les connaitre.

« — Je vous payerai par mois dix piastres ; avec cette somme il vous sera facile de donner à votre mère une servante qui veillera sur elle, et qui lui donnera les soins qu'exige son état. Le reste de vos honoraires suffira pour entourer d'aisance et de bien-être la vieille señora.

« — Et que faut-il faire pour gagner cette somme ?

« — Devenir ma demoiselle de comptoir.

« Il n'y avait point à hésiter. Une pareille offre dans une si grande détresse était un bonheur inespéré, un véritable miracle que Dieu faisait sans doute par l'intercession de sainte Marguerite, patronne de la pauvre fille.

« — J'accepte vos propositions, dit-elle. Je serai votre demoiselle de comptoir.

« Le coiffeur ne dissimula point la joie qu'il éprouvait.

« — Je veux vous prouver que les Français sont généreux en affaires, dit-il. Voici une piastre de denier à Dieu ; venez demain matin pour signer l'acte de votre engagè-ment, et je payerai d'avance un mois de vos appointe-ments.

« Elle sortit de chez cet homme bienfaisant, la joie et la reconnaissance dans le cœur ; pour la première fois de-puis la mort de son père, elle ramena l'espérance dans le pauvre logis où l'attendait sa mère.

« Le lendemain, après une nuit de sommeil et de repos, elle se rendit de bonne heure chez le coiffeur. Celui-ci avait déjà fait rédiger l'acte par un homme de loi, et le lut à doña Margarita ; mais elle n'y prêta qu'une attention distraite ; il lui tardait de signer et de recevoir les dix brillantes pièces d'argent qui reluisaient sur le comptoir. Tout ce qu'elle comprit fut que ses nouvelles obligations l'obligeaient à se tenir dans le magasin du coiffeur, de-puis huit heures du matin jusqu'à minuit.

« Certes, c'était là un triste devoir à remplir ! Si, deux mois auparavant on l'eût offert brusquement à la jeune fille, elle en eût détourné les yeux avec désespoir ; mais elle avait vu sa mère prête à mourir de faim ; mais elle avait entendu les grincements des ciseaux qui allaient abattre sa belle chevelure, et ce qu'elle eût naguère redouté comme une torture de l'enfer lui semblait maintenant presque un bonheur du paradis. La pauvreté, comme dit Montaigne, est un rude et prompt magister.

« Toute la journée se passa heureusement en achats pour meubler la petite chambrette de sa mère... Elle trouva, pour veiller sur la malade, une femme intelligente et honnête. Enfin le malheur semblait s'éloigner d'elle tout à fait et vouloir cesser de l'accabler.

« Le jour suivant, dès huit heure du matin, elle se rendit chez le coiffeur : celui-ci l'attendait avec impatience.

« — Passez dans ce cabinet, dit-il. Vous y trouverez un costume que je vous ai fait confectionner : car, ajouta-t-il en jetant un coup d'œil dédaigneux sur l'humble robe de doña Margarita, ma demoiselle de magasin ne saurait se montrer ainsi vêtue dans mon comptoir.

« Le costume préparé n'était point assurément tel qu'elle l'eût voulu. Il s'y trouvait je ne sais qu'elle affectation théâtrale de luxe et de mauvais goût qui l'affligea. Elle ne s'en revêtit pas moins en soupirant et rentra dans la boutique après avoir achevé cette humiliante toilette.

« — Maintenant, dit le maître de la boutique, occupons-nous de la coiffure.

« Doña Margarita jeta les yeux dans une grande glace ; elle se trouvait coiffée avec une simplicité qui lui seyait à ravir.

« L'artiste parisien, armé de son peigne, détruisit sans

pitié ce gracieux ouvrage, et se livra aux plus laborieuses combinaisons, pour trouver ce qu'il appelait dans son langage emphatique, une coiffure digne de lui. Il nouait et dénouait les cheveux de la jeune fille, les enlaçait à des fleurs, les couvrait de pierreries ou les ceignait d'un diadème. Rien ne le satisfaisait. Il détruisait son œuvre dès qu'il l'avait achevée. Doña Marguerita, patiente et résignée, le laissait faire sans une plainte, sans un murmure, sans une objection.

« Tout à coup il jeta un cri de joie, se frappa le front et s'écria :

« —C'est cela ! c'est cela ! M'y voici de par Vénus.

« Il dénoua les cheveux de Margarita, les peigna avec soin et les fit retomber autour d'elle comme un long voile.

« —Maintenant, señora, dit-il, allez vous asseoir dans le comptoir.

« —Avant que vous n'avez achevé de me coiffer?

« —Mais vous êtes coiffée, reprit-il avec fatuité, quelle autre coiffure ferait, mieux que celle-là, valoir vos beaux cheveux. Un tel spectacle attirera devant ma boutique tous les curieux de Madrid.

« —Ne m'exposez pas, je vous en supplie, à une telle humiliation, dit doña Marguerita rouge de honte et de douleur. Par pitié, ne faites point de moi une enseigne, j'en mourrais d'humiliation.

« —Je ne veux point que vous mouriez, répondit insolemment le coiffeur. Puisque vous êtes d'une fierté si délicate, veuillez me rendre les dix piastres que je vous ai données et quittons-nous à l'amiable, je vous rends libre des engagements que vous avez pris avec moi.

« Elle le regarda avec terreur.

« — Eh bien ! insista-t-il durement, que décidez-vous ?

« Elle alla s'asseoir en pleurant dans le comptoir.

« Le coiffeur français ne s'était point trompé dans sa spéculation. Une foule immense ne tarda point à se rassembler devant sa boutique et il ne pouvait suffire aux achats que venaient faire les curieux pour contempler de près la charmante demoiselle de comptoir dans son étrange accoutrement. Il fallut que doña Margarita subît en silence leurs regards effrontés, leurs plaisanteries équivoques et leurs galanteries cent fois plus insupportables encore.

« Quant à son digne patron, il riait, il se frottait les mains, il bavardait avec tous les chalands, et surtout il remplissait sa caisse.

« A minuit, la victime de cette honteuse spéculation put enfin rentrer chez elle et pleurer en liberté dans les bras de sa mère qui lui souriait sans rien comprendre à sa douleur.

« Le lendemain, une foule cent fois plus considérable que celle de la veille se rassembla autour de la boutique du coiffeur. On riait, on se montrait tour à tour l'enseigne du Français et la demoiselle de comptoir.

« Bientôt des huées succédèrent aux éclats de rire, la populace se mit à jeter des pierres dans les glaces du magasin, et si la force armée ne fût intervenue, le coiffeur et doña Margarita eussent été victimes de quelque acte de violence. Il n'y eut d'autre moyen d'apaiser ce désordre que de fermer la boutique.

« Voici ce qui occasionnait tout ce tapage. Le coiffeur

français, M. Bertrand, avait jugé à propos de faire placer, pendant la nuit, une enseigne conçue en ces termes :

POMMADE DU LION POUR FAIRE POUSSER LES CHEVEUX

ON PEUT VOIR LES EFFETS DE CETTE RECETTE
SUR LA DEMOISELLE DE COMPTOIR DU SIEUR BERTRAND, COIFFEUR
DE PLUSIEURS MAJESTÉS ÉTRANGÈRES.

« Le lendemain, l'enseigne avait disparu de la porte extérieure du magasin ; mais M. Bertrand l'avait fait placer dans l'intérieur de la boutique, précisément au-dessus de la tête de doña Margarita.

« Durant un mois entier, il fallut que la pauvre Portugaise supportât l'opprobre et les avanies d'une pareille position.

« Elle croyait avoir épuisé toutes les tortures de son supplice ; hélas ! il lui en restait une plus rude que toutes les autres à subir. Un matin, elle vit entrer dans le magasin du coiffeur un jeune négociant de Barcelone auquel elle avait été fiancée avant les malheurs survenus à son père.

« Elle tomba sans connaissance aux pieds de ce jeune homme. Quand elle sortit de son évanouissement, il avait disparu.

« Mais le soir elle le retrouva chez sa mère : — Doña Margarita, lui dit-il, nos familles nous avaient fiancés en des temps plus heureux, voulez-vous que nous réalisions leurs projets ? Je viens vous demander votre main.

« Elle le regarda avec une joie mêlée de surprise et de doute. Elle n'osait en croire ce qu'elle entendait.

« — Pour votre mère, vous avez supporté les humiliations les plus cruelles, sans un murmure, sans une plainte, je le sais. Une fille si pieuse ne saurait manquer d'être la plus tendre et la plus dévouée des femmes. Devenez la mienne, je vous le demande à genoux.

« Elle lui tendit une main qu'il couvrit de baisers.

« — Et voici comment la vertu est toujours récompensée, m'écriai-je en interrompant le capitaine, ajouta Bellini. Aujourd'hui, n'est-ce pas, doña Margarita est la femme du riche et du jeune négociant? Après tout, la pauvreté et les épreuves qu'elle a subies ne servent qu'à lui rendre plus doux son opulence et son bonheur présents. Et puis, ces épreuves, pour avoir un caractère de bizarrerie, ne sont pas plus douloureuses que mille autres auxquelles la misère soumet ses victimes. Mourir de faim est encore pis que de servir d'enseigne. »

« Le capitaine m'interrompit à son tour.

« Mon cher Bellini, l'histoire de doña Margarita n'est point terminée. Je ne vous ai point encore dit comment j'en avais fait rencontre.

« — J'attends avec impatience la suite des aventures de cette belle Portugaise, répliquai-je. Le sieur Bertrand m'aurait vendu plus d'un flacon de pommade si j'eusse habité Madrid, lorsqu'il exploitait si dignement la beauté et la magnifique chevelure de doña Margarita. »

« Le capitaine prit un verre de punch sur un des plateaux que lui présentait un domestique, et continua son récit avec une gravité solennelle, presque lugubre. »

II

MARGARITA

Tout à coup un grand bruit se fit entendre dans l'escalier. La voix enrouée et cotonneuse du concierge luttait contre une grosse voix éclatante et fortement parfumée d'un accent espagnol. A ce choc de paroles succéda un choc de corps. Quelque chose roula sur les marches de l'escalier en poussant des cris de détresse. Alors on tira brusquement la sonnette de la porte de Bellini. Le domestique qui alla ouvrir fut repoussé d'un coup de poing, et nous vîmes entrer un homme de haute taille, basané et le front balafré d'une large cicatrice.

« Les coquins, s'écria-t-il, vouloir m'empêcher d'entrer chez vous, quand je sais que vous êtes malade. Je regrette de ne les avoir point tout à fait assommés.

— Mon bon, mon excellent capitaine Della Ribeira, vous voici de retour! dit Bellini en lui tendant les mains. Assurément, si j'avais pu penser que vous fussiez à Paris, au lieu de vous fermer ma porte, j'aurais été vous voir tout malade que je suis.

— Voilà qui nous réconcilie, répliqua le marin. Maintenant rassurez-moi sur votre état. Dites-moi que votre indisposition n'est rien et donnez-moi un cigare. »

Il s'installa dans un fauteuil, et tandis qu'il commençait à fumer :

— Nous parlions de vous quand vous êtes arrivé, mon cher señor. Je racontais à mes amis l'histoire de doña Margarita, et j'allais leur dire de quelle façon vous l'aviez rencontrée la première fois. Faites-leur donc vous-même ce récit ; je me sens fatigué, et puis vous donnerez à cette aventure une couleur maritime qu'elle ne recevrait point de moi, humble et terrestre maestro.

— Volontiers, *Caro mio*, dit le capitaine, qui commença ainsi son préambule : Donc je voyageais dans les mers du Sud, lorsqu'on me signala un bâtiment sans pavillon, et dont la manœuvre singulière semblait plutôt le résultat de la folie que de la moindre connaissance navale. On remarquait dans la disposition des cordages et des voiles la même étrangeté. Ce navire, du reste, arrivait sur nous rapidement porté par le vent et semblait vouloir nous aborder. J'eus la pensée, un instant, que nous avions affaire à un corsaire. J'ordonnai à mon équipage de se tenir sur la défensive. Je ne tardai point à reconnaître mon erreur : c'était un bâtiment marchand. On ne voyait personne sur son bord, et c'était un vrai miracle qu'il n'eût point déjà coulé à fond, car avec la manière dont il était gréé, le moindre coup de vent devait le renverser.

« Je le hélai à l'aide de mon porte-voix ; personne ne répondit.

« J'étais vivement intrigué, le bâtiment n'avait éprouvé aucune avarie sérieuse ; on ne pouvait donc admettre l'idée de naufrage. Cependant, comment un vaisseau se trouvait-il ainsi perdu dans les mers du Sud, sans équipage pour le manœuvrer, sans capitaine pour le diriger? Je fis mettre une chaloupe à la mer, et, curieux de résoudre de suite un problème aussi singulier, j'allai moi-même à bord de cet étrange navire.

« A peine eus-je mis le pied sur le pont, que je ne pus retenir un cri d'épouvante et d'horreur, s'écria le capitaine, qui pâlissait encore en racontant cette épouvantable scène. Il n'y avait partout que des ossements blanchis et d'affreux squelettes. Les matelots qui m'accompagnaient prétendirent que c'était le *Bâtiment hollandais*, sorte de navire fabuleux que les légendes maritimes prétendent habité par des fantômes. Ils me supplièrent donc de quitter ce navire fatal et de retourner à bord; je n'en avançai pas moins sur le pont, que je parcourus en entier sans rencontrer aucun être vivant. Je descendis ensuite dans la cabine du capitaine; là, je trouvai encore, comme partout, des squelettes couverts de vêtements consumés par le temps, par la pluie et par les intempéries des saisons. Les papiers que je trouvai dans le secrétaire de la cabine m'apprirent que le bâtiment était la *Margarita*, et qu'il était parti de Lisbonne, plus d'une année auparavant, pour se rendre au Mexique.

« Tandis que je m'occupais à recueillir ces documents, j'entendis tout à coup une voix plaintive qui chantait le *De Profundis*. Je crus un instant que c'était une plaisanterie des matelots qui m'accompagnaient; mais je n'avais point dressé mes matelots à plaisanter avec moi, et ils avaient d'ailleurs témoigné une terreur trop vive pour avoir maintenant la fantaisie de faire les facétieux. La voix se rapprocha peu à peu de moi. Elle était douce, mélodieuse, désolée, et mettait une expression déchirante à faire ressortir chacune des terribles paroles du lamentable psaume. J'écoutais avec attention, lorsque je vis entrer un fantôme, vêtu de blanc, pâle et ses longs cheveux répandus sur ses épaules. Il y avait dans son regard je ne sais quelle fixité qui faisait mal à voir. Cette étrange apparition ne parut point me remarquer; elle s'assit sur le pied du lit, passa douloureusement la main sur son front, et interrompit son chant funèbre durant quelques secondes; puis elle murmura en portugais : — Les nuits sont longues, les jours sans fin.

« Après quoi elle reprit en sanglotant :

« — *De Profundis clamavi ad te.*

« Je m'avançai vers elle.

« — Quel fatal malheur vous a laissée seule sur ce navire, señora? lui demandai-je dans sa langue natale.

« — Chut! fit-elle, chut! les morts ne parlent pas ; il leur faut du silence, du silence, du silence! La mer seule peut mêler sa triste voix au chant du *De Profundis.*

« — Quel est votre nom ?

« — La morte, la morte! Morte comme lui, morte comme tous! la morte! la morte!

« — Voulez-vous que je vous emmène de ces tristes lieux et que je vous conduise en Europe?

« — *Dies iræ, dies illa;* fit-elle. Chut! chut! Ils dorment! Ils dorment !

« Évidemment la raison de cette infortunée se trouvait troublée par l'affreux spectacle dont elle avait été témoin. Je lui fis signe de me suivre ; elle refusa par un mouvement de tête. Je voulus l'emmener, elle me repoussa. Je

finis par la prendre dans mes bras et par l'emporter sur
le pont. Quand mes matelots l'aperçurent, la terreur faillit
les faire jeter à la mer. Ils croyaient voir un véritable
fantôme.

« Je confiai l'inconnue à un de mes officiers qui m'avait
accompagné, après quoi je revins dans la cabine du capitaine. J'y pris une cassette pleine d'or, divers papiers
qui me parurent importants, et je donnai l'ordre de descendre dans la chaloupe et de regagner mon bord.

« La folle refusa de marcher, mais elle se laissa emporter sans résistance.

« A peine fûmes-nous revenus sur mon vaisseau que chacun nous entoura pour entendre le récit de notre funèbre
expédition et pour considérer la singulière capture que
nous y avions faite. J'emmenai la jeune femme dans ma
cabine, que je fis disposer pour qu'elle pût l'habiter seule,
et je revins sur le pont, où mes matelots causaient entre
eux. Ils discutaient vivement sur les causes qui avaient pu
détruire ainsi tout un équipage : les uns l'attribuaient
à un combat naval ; mais le navire ne portait les traces
d'aucun dégât causé par des boulets ; les autres s'obsti-
naient à y voir quelque chose de surnaturel.

« Tout à coup quelqu'un prononça le mot de peste ;
aussitôt il n'y eut plus divergence d'opinions ; chacun se
rallia à cette idée.

« —Et cette femme, cette femme que le capitaine a ra-
menée à bord, cette femme apporte parmi nous le principe de cette affreuse maladie! s'écrièrent plusieurs voix;
il faut nous en débarrasser, il faut la jeter à la mer!

« —A la mer la pestiférée! hurlèrent-ils tous en se précipitant vers la cabine et en s'emparant de l'infortunée avant que je pusse arriver près d'elle pour la protéger. Je m'élançai vers la soute aux poudres, et j'armai un de mes pistolets.

« — Arrêtez ! leur criai-je au moment où, après avoir saisi la jeune femme avec des crocs, car ils n'osaient la toucher de leurs mains, ils allaient la jeter à la mer ; arrêtez ! Si vous commettez un crime si lâche, si vous attentez aux jours de cette femme, par le ciel qui m'entend, je mets le feu aux poudres, et je fais sauter le navire que vous aurez déshonoré.

« Ils me savaient capable de le faire comme je le leur disais. Ils lâchèrent donc leur proie. J'appelai un des officiers ; un pistolet au point, il prit ma place près des poudres, et, moi, j'allai au secours de la pauvre femme évanouie. Je l'emportai dans la cabine dont elle avait été arrachée par les forcenés, et là, avec l'aide de mon chirurgien, je parvins, après de longs efforts, à lui faire reprendre connaissance. A ma grande surprise et à ma grande joie, quand elle revint à elle, elle paraissait avoir repris la raison.

« — Où suis-je? demanda-t-elle en portant vers nous et sur les objets qui l'entouraient des regards surpris? Oh! quel rêve affreux j'ai fait! Mon Dieu! est-il enfin terminé?

« — Tous vos malheurs sont finis, señora, lui répondis-je. Dieu a daigné mettre un terme aux cruelles épreuves qu'il vous avait imposées.

« — Tout cela est donc vrai ! s'écria-t-elle en sanglotant. Non, ce n'est point un rêve. Alonzo ! ma mère ! mes

enfants! tous sont morts! O mon Dieu, mon Dieu! pourquoi ne m'avez-vous point rappelée près de vous avec
eux?

« Je craignis un instant qu'elle ne retombât dans sa
triste démence; mais la secousse et la terreur causées
par les menaces et par la violence de mes matelots avaient
produit sur elle une révolution salutaire. Il ne fallait plus
que des soins pour assurer et affermir cette heureuse cure.

« Cependant il restait à la convalescente une morne tristesse que nos soins ne parvenaient qu'avec peine à rendre
moins profonde. Enfin, si par hasard on faisait la moindre
allusion au passé, cette allusion produisait toujours une
crise nerveuse et un délire passager qui retardaient sa
guérison complète. Pendant six mois qu'elle resta à mon
bord, nous évitâmes donc, avec soin, tout ce qui pouvait
altérer sa tranquillité. Mon équipage, après avoir voulu
assassiner la señora Margarita, car c'est ainsi qu'elle se
nommait, avait fini par se passionner pour elle d'un vif
intérêt. Les plus rudes de nos matelots s'estimaient heureux de pouvoir lui être agréables. Aussi refusa-t-elle de
débarquer au Brésil et de quitter mon bord, tant que
dura ma navigation.

« Enfin, je revins à Lisbonne, et là il fallut bien qu'elle
se séparât de mon équipage et de moi. Je lui remis alors
la cassette pleine d'or que j'avais trouvée dans la cabine
du navire aux squelettes.

« — Cette cassette appartenait à mon mari, dit-elle en
versant des larmes. Pauvre Alonzo, quelle mort cruelle!

« C'était là première fois, depuis sa guérison, qu'elle
parlait de son affreuse aventure.

« Elle reprit :

« — Oh ! capitaine ; que j'ai souffert sur le navire. Je sens ma raison prête à m'abandonner à ce seul souvenir de mes malheurs.

« — S'il en est ainsi, madame, bannissez à jamais de votre pensée ce souvenir fatal.

« — Non, dit-elle, il ne faut pas repousser ainsi la pensée des morts, parce qu'elle est pénible. Alonzo ! mon cher Alonzo !... Mon pauvre enfant !

« Des larmes abondantes la soulagèrent encore de nouveau. Elle reprit :

« — Vous m'avez trouvée privée de ma raison et abandonnée seule sur un navire parmi des cadavres. Cela est bien affreux, n'est-ce pas ? Eh bien, vous ne connaissez pas encore, capitaine, ce qu'il y a de plus épouvantable dans ma destinée. Mon noble et généreux ami, écoutez-moi, et jugez de l'étendue de mon infortune.

« Don Alonzo m'avait choisie pour femme, lorsque j'étais pauvre, abandonnée, réduite par une affreuse misère au métier le plus humiliant et le plus honteux. Je servais d'enseigne à un coiffeur. Il me fallait subir la curiosité stupide, insolente et grossière de la foule. Alonzo m'arracha à cette déplorable position ; il me donna son nom, il me fit riche, heureuse, aimée, et devint pour ma mère un fils tendre et respectueux. Jugez de l'amour et de la vénération que j'éprouvais pour lui, et que je garde encore dans mon souvenir.

« La fatalité de ma fortune semblait épuisée, et le sort paraissait vouloir, en échange des coups dont il m'avait frappée, me combler de ses faveurs les plus enivrantes.

Le bonheur, sans rendre tout à fait la raison à ma mère,
lui valut néanmoins de temps à autre des intervalles de
lucidité. S'il ne guérit pas son esprit, il ranima du moins
son corps. Enfin, capitaine, je devins mère ! Mère ! señor !
comprenez combien ce mot renferme d'enivrement, et
d'extase, dignes du ciel. Hélas ! je ne soupçonnais point
encore par quels désespoirs dignes de l'enfer on pouvait
expier les félicités maternelles.

« Ma petite fille avait deux ans et moi vingt, lorsqu'une
nouvelle inattendue ajouta encore aux prospérités de toute
espèce qui nous arrivaient. Un parent éloigné, qui habitait
le Mexique, venait de léguer à mon cher Alonzo un héritage considérable. Jugez de la joie de mon mari. Quant
à moi, je ne pus retenir mes larmes ; car, en apprenant
cette nouvelle fortune, j'appris aussi que la présence de
l'héritier était nécessaire au Mexique.

« — Hélas ! c'est une séparation, une longue séparation que vous m'annoncez, mon ami ! m'écriai-je.

« Il répliqua avec une ineffable tendresse :

« — Une séparation, Margarita, une séparation ! Moi !
quitter un seul instant la femme que j'aime éperdument !
m'éloigner d'elle et de mon enfant ! Jamais ! Je suis assez
riche pour pouvoir fréter un bâtiment à mes frais. J'aurai
soin d'y rassembler toutes les recherches du bien-être et
tout le confortable qui peuvent adoucir les fatigues et
les privations d'une navigation de quelque durée. Nous
partirons, Margarita, mais nous partirons avec ta mère et
ta fille. Nous irons visiter ces beaux pays qui nous sont
inconnus. S'ils nous plaisent mieux que l'Europe, nous
les habiterons toujours ; s'ils te laissent regretter le Por-

tugal, vite, nous remettrons à la voile pour Lisbonne. Que dis-tu de ces projets, Margarita? te sourient-ils? Car s'ils devaient te coûter une larme ou un regret, adieu au Mexique : l'héritage se recueillera bien ou mal, peu m'importe.

« J'embrassai Alonzo avec la tendresse que méritait un pareil amour, et un mois après un bâtiment qui portait mon nom, et qui s'appelait la *Margarita*, mettait à la voile pour le Mexique.

« Le seul incident fâcheux du départ fut la disparition d'un matelot au moment de mettre à la mer. Cette disparition était d'autant plus étonnante que, depuis trois jours, ce matelot s'était établi sur le navire. On crut moins à une désertion qu'à un accident ; on supposa que l'infortuné était tombé à la mer sans qu'on s'en aperçût.

« Les premiers jours de la traversée se passèrent dans un calme et dans un bonheur que je ne saurais dire. Le mal de mer lui-même semblait avoir renoncé, pour nous, à ses rigueurs, et nous n'en ressentîmes aucune atteinte. Ma petite fille jouait gaiement et s'amusait des manœuvres et du mouvement qui se faisait autour d'elle. Ma vieille mère semblait se ranimer à l'air vif de la mer. Alonzo passait des journées, assis près de moi, à me lire nos poëtes favoris.

« Le troisième jour de la traversée, le chirurgien du navire, qui paraissait dans une agitation extrême, vint parler bas à mon mari. Je n'entendis point ce qu'il lui dit ; mais je vis les traits d'Alonzo se décomposer et devenir livides. Il se leva précipitamment, suivit le chirurgien et donna des ordres à deux ou trois matelots. Ceux-ci les accompli-

rent avec quelque répugnance. On venait de trouver dans
la cale le cadavre du matelot absent au moment du départ, et, sur les ordres de mon mari, on jetait ce cadavre
à la mer.

« Ce fut là du moins ce qu'on me dit, mais ce n'était,
hélas? qu'une partie de la vérité. La tristesse sombre de
mon mari ne me le laissa que trop comprendre : on me
cachait quelque mystère.

« Le lendemain les quatre matelots qui avaient relevé,
dans la cale, le cadavre de leur camarade, tombèrent malades. Le surlendemain ils étaient morts.

« Puis ce fut au tour du chirurgien. Alonzo ne put me
le cacher plus longtemps, la peste venait de se déclarer
à bord du bâtiment. Elle avait été apportée par le malheureux matelot, mort le jour de notre départ de Lisbonne.

« Pour comble de malheur, un soleil brûlant dardait ses
feux sur le navire et ajoutait encore à la rapidité de l'é-
pouvantable fléau. Le capitaine, son second, et les autres
officiers du bord succombèrent successivement ; bientôt
il devint impossible de donner une direction au vaisseau,
il vogua au hasard et à la merci des flots et des vents.

« Cependant la peste avait épargné jusque-là mon mari,
ma mère et mon enfant. Malgré l'épouvantable infection
qu'exhalaient tous ces cadavres, aucun des symptômes
de la mortelle maladie ne s'était déclaré dans ma famille.
Un matin ma mère parut agitée ; elle portait avec angoisse les mains à son front, et mettait à parler une vivacité fiévreuse. Elle tomba ensuite dans un abattement
profond, et mon mari m'arracha de la cabine. Il y avait
un cadavre de plus dans le navire.

« A chaque instant j'interrogeais avec terreur les traits de mon mari. Un soir il vint à moi, faible et se soutenant à peine. Je lui tendis la main pour le soutenir, mais il me fit signe de ne pas le toucher, me montra notre enfant et tomba. Je me jetai sur lui, je le couvris de baisers, je cherchai à le ranimer : tout était accompli.

« J'eus alors la pensée de me jeter à la mer avec ma fille ; Dieu me donna la force de combattre cette tentation, indigne d'une chrétienne, et me permit de résister à mon désespoir. Et cependant la mort n'était-elle point permise à une pauvre femme abandonnée avec son enfant, seule sur un bâtiment couvert de cadavres et flottant sans direction sur la mer? Eh bien, tel fut le supplice que j'endurai pendant un mois, un mois long comme l'éternité de l'enfer!

« Hélas ! je croyais mon malheur au comble. Il me restait à subir un supplice cent fois plus affreux que tous les autres. Assise sur le pont, mon enfant dans les bras, je pleurais en considérant l'étendue sans limites de la mer, sur laquelle régnait un calme absolu; je demandais à Dieu du vent, une tempête qui pût du moins ôter à ce vaisseau son immobilité et me donner quelque chance ou d'en finir avec la vie, ou d'aborder à quelque rivage. Quand je me levai, un étourdissement me fit tomber à la place même que je venais de quitter. Un malaise étrange s'était emparé de moi, mes yeux étaient éblouis et semblaient voir passer des clartés fatigantes, je brûlais et je me sentais glacée, ma poitrine était haletante, la force m'avait abandonnée ; un engourdissement douloureux m'enchaînait et me rendait impossible tout mouvement. Au milieu de cet accablement funeste, tour à tour j'entendais mon enfant qui m'appelait et pleurait, et se désespérait, et je ne pouvais aller à lui, je ne pouvais le rassurer par un mot, par un geste, par un regard.

« Mon Dieu ! mon Dieu ! que vos épreuves sont parfois inexorables ! Ce qui s'est passé depuis lors, je n'en sais rien. Ma raison s'est perdue ; je ne me suis réveillée qu'au milieu, je crois, de vos matelots, qui voulaient me jeter à la mer. Pourquoi ne l'ont-ils point fait, mon Dieu !

« Je cherchai non pas à consoler doña Margarita, de pareilles douleurs de se consolent point, mais à lui faire supporter avec résignation ses infortunes.

« — J'entends sans cesse la voix de mon enfant, me répondit-elle avec une expression qui me fit froid dans tous les membres, la nuit, dans mes rêves ; ses cris plaintifs : Ma mère ! ma mère ! me poursuivent et m'éveillent. Le jour, à chaque instant, je tressaille en croyant les entendre !

« Nous nous séparâmes, et je ne revis plus doña Margarita jusqu'au jour où je la rencontrai à Paris, dans le bal où le signor Bellini, frappé de sa beauté, me la montra dansant avec tant de sérénité et d'entrain.

— Et depuis lors ? demanda Bellini.

— Depuis lors, j'ai été lui rendre visite. Elle occupe, dans un des plus beaux quartiers de Paris, un charmant hôtel ; car la riche veuve de don Alonzo est devenue la femme du marquis de Villavicentio. Je l'ai trouvée dans un boudoir tendu en velours bleu, rehaussé par des broderies d'or. Au-dessus de la cheminée, à travers une immense glace sans tain, on entrevoyait une serre immense, et que remplissaient les fleurs les plus belles et les plus précieuses. Aux pieds de doña Margarita se jouait une fraîche et rose petite fille qui doit être âgée de dix-huit mois. Sa mère badinait tendrement avec elle et souriait ineffablement à ses mots bégayés et à ses pas chancelants.

— Et que vous dit-elle ? interrogea l'un de nous.

— Elle me parla de son bonheur, de la tendresse que lui témoignait le marquis de Villavicentio, de la gentillesse de sa fille et d'une parure de bal qu'elle méditait pour une fête à l'ambassade d'Angleterre.

— Quoi ! pas un mot du passé ? Rien d'Alonzo ? Rien de cet enfant, peut-être mort de faim, près d'une mère que ses cris désespérés appelaient en vain.

— Messieurs, répondit gravement le capitaine, lorsque Cervantes, cet immortel génie de l'Espagne, était languissant sur le grabat où il devait mourir dans la pauvreté et dans l'abandon, un de ses amis, gueux comme lui, c'était un de nos illustres peintres, parlait du souvenir comme du plus précieux don que la Providence eût donné à l'homme. — Il en est un autre plus grand encore, interrompit l'auteur de *Don Quichotte*, un autre sans lequel la vie humaine ne serait qu'une longue et incessante torture : ce bien divin, c'est l'oubli.

— L'oubli, reprit Bellini en frissonnant ; l'oubli ! oh ! ce mot glace la pensée !

— Voilà bien les hommes, hélas ! L'existence est-elle donc si longue et si heureuse pour que vous veuillez empoisonner le peu de bonheur du présent par le souvenir des maux du passé ? Parce que doña Margarita a été jadis fille, épouse et mère infortunée, voudriez-vous qu'elle ne fût pas maintenant épouse et mère heureuse ? Ne blasphémez pas contre la Providence, ou plutôt agenouillez-vous pieusement et avec gratitude devant sa sagesse infinie.

— N'importe ! malgré vos raisonnements, capitaine, continua le maëstro, il est affreux de penser qu'après lui l'homme le plus aimé ne laisse qu'une trace légère, souvent inaperçue et parfois même oubliée. Me voici entouré d'amis tendres et dévoués. Si je venais à quitter ce monde, ils seraient joyeux comme par le passé, ils ne songeraient pas à moi ; peut-être même entendraient-ils ma musique sans dire : « Pauvre Bellini ! »

— Nous, t'oublier ! s'écrièrent ses amis en se précipitant vers lui, les larmes aux yeux, et en lui tendant la main. On n'oublie pas ainsi un ami, un camarade, un frère ! Nous, t'oublier, ingrat ! peux-tu bien calomnier ainsi ceux qui t'aiment tendrement et pour toujours ?

— Allons, point de pensées mélancoliques ! s'écria une voix retentissante ; — c'était celle de Lablache, je crois ; — au diable la mélancolie ! tu es jeune, tu es un cavalier accompli, tu possèdes un talent auquel chacun paye le tribut d'admiration qu'il mérite, et tu vas engendrer la tristesse ! Allume un second cigare et fait verser du punch à ces messieurs »

Quelques instants après, on avait oublié doña Margarita et les pensées funèbres que cette histoire avait fait naître. A quinze jours de là, nous conduisions Bellini à sa dernière demeure.

AVENTURES D'UN NEZ

Dans un des faubourgs de Paris, à l'angle d'une rue étroite, les promeneurs intelligents, les flâneurs d'élite qui ne se contentent point de regarder ce qui se passe sur les trottoirs et le long des boutiques, mais qui dirigent leurs regards vers les hauteurs des étages, pouvaient facilement remarquer, il y a deux ans, une jolie petite fenêtre tout empanachée de verdure. Cette verdure, composée de capucines, de clématites, de pois de senteur et d'autres fleurs grimpantes, formait un cadre délicieux à une non moins délicieuse tête de jeune fille.

Jamais type plus pur et plus suave ne réalisa l'idéal de la romance d'Étienne Arnaud, *Jenny l'ouvrière*, romance qui se trouve depuis longtemps sur toutes les lèvres et sur le cylindre de tous les orgues de Barbarie. De beaux cheveux noirs, des yeux d'un bleu charmant, un nez surtout, un de ces nez qu'on ne trouve qu'à Paris et qui expriment à la fois la malice et la gaieté, faisaient de Nanette la plus adorable enfant que sût rêver une imagination de poëte. Hélas? on ne pouvait cependant contempler Nanette sans éprouver un sentiment de tristesse. La pauvreté et le chagrin peut-être n'avaient jamais permis aux teintes rosées de la jeunesse de s'épanouir sur les joues pâles de la jeune fille. Triste héritage maternel, développé par des travaux trop précoces, trop excessifs, par les veilles, par une vie de recluse; cette pâleur résultait d'une organisation lymphatique; en un mot, Nanette ressemblait aux fleurs de sa fenêtre, étiolées et languissantes, faute d'air suffisant et faute de soleil.

Nanette était orpheline, et s'il fallait en croire ses voisines, elle appartenait à une famille riche autrefois, et dont la fatalité, comme il n'arrive que trop souvent, avait détruit l'aisance et le bien-être. Seule au monde, elle s'était résignée, sans murmure, au travail, brodait toute la journée, et n'avait d'autre distraction que ses fleurs, un oiseau qui volait en liberté parmi les guirlandes de verdure, et les chants qu'elle disait parfois d'une voix douce et triste pour charmer les longues heures de la solitude. Cette voix remuait le cœur de ceux qui l'entendaient et leur faisaient venir les larmes aux yeux sans qu'ils pussent se dire bien nettement pourquoi ils se sentaient attendris.

Nanette ne sortait que le matin pour reporter son ouvrage chez la lingère qui l'employait et pour rapporter de la nouvelle besogne au logis. Du reste, pas de promenades, pas de danse; pas d'autres relations qu'un bonjour bienveillant dit avec un sourire aux voisins qu'elle rencontrait sur le palier, dans l'étroit escalier. On ne la voyait qu'à sa fenêtre, ou bien le dimanche à la messe.

Juste en face de la fenêtre de Nanette se trouvait un atelier d'ébénisterie, dans lequel travaillait un beau garçon d'une trentaine d'années, et qui de temps à autre dirigeait ses yeux noirs et intelligents vers la fenêtre de Nanette. Personne mieux que Georges ne s'entendait à travailler l'acajou ou le palissandre, et à ciseler le bois de chêne. C'était plutôt un artiste qu'un ouvrier, et plus d'une fois il avait vu un de nos célèbres antiquaires venir lui demander la restauration d'un meuble du seizième siècle, ou d'un bahut contemporain de Louis XI.

Georges était un enfant des Pays-Bas, c'est-à-dire ardent au travail, mais d'un esprit rêveur, et qui, tout en taillant le bois et en manœuvrant le ciseau ou le rabot, livrait son imagination à mille fantaisies. Parmi ces fantaisies ne manquait jamais de figurer un délicieux appartement, gai, frais, décoré avec une simplicité pleine de goût, et servant de nids à deux beaux enfants et à une jolie petite femme qui ressemblait en tous points à Nanette. En un mot, si Georges n'était point amoureux, il commençait à le devenir, ou du moins il ne s'avouait point encore son amour.

Quoi qu'il en soit, chaque matin, l'ébéniste arrivait au point du jour à l'atelier, pour voir s'ouvrir la fenêtre de la voisine : il trouvait toujours moyen de sortir après avoir vu cette fenêtre se refermer ; encore bien souvent regardait-il la lumière qui, le soir, brillait doucement à travers cette fenêtre. Enfin, chaque fois que Nanette, dans ses rares sorties, passait devant l'atelier, Georges saluait de sa casquette et de son regard la jeune fille qui lui rendait modestement son salut.

Ces relations vagues, que tous jeunes cœurs comprendront, et même de vieux, nous en sommes sûr, duraient depuis une année environ, lorsque peu à peu des changements notables commencèrent à se manifester dans les habitudes de Nanette. Elle ouvrait moins souvent sa fenêtre, elle ne jouait plus avec son oiseau, et sa voix qui faisait éprouver tant de charme à Géorges, qui l'entendait de bien loin pourtant, se taisait à présent et n'avait plus de chansons. Enfin, au lieu de se rendre le matin chez la lingère, elle ne sortait que le soir, et elle cachait son visage dans les plis d'un mouchoir ; le salut de Georges la faisait tressaillir : elle n'y répondait point ; une fois même ses sanglots éclatèrent et elle hâta le pas, afin de s'éloigner plus vite de l'ouvrier.

Il en fallait beaucoup moins pour occuper vivement l'imagination de l'ébéniste. Georges se livra donc à mille suppositions plus ou moins absurdes, mais toutes également douloureuses ; si bien qu'un jour il prit la résolution de monter chez Nanette, de lui demander la cause de tous ces changements et de lui offrir sa main.

Un peu timide, comme ses compatriotes, il fut deux jours à peser le pour et le contre d'une résolution qu'un enfant de Paris eût mise à exécution au moment même où il l'eût conçue. Après avoir ajourné au samedi sa visite, il la remit décidément au dimanche, et, le dimanche venu, il se vêtit de sa redingote des grands jours, et se dirigea vers la maison de Nanette. Arrivé en face il leva la tête pour regarder la chère petite fenêtre de la jeune fille et se donner bon courage. Quoiqu'on fût en plein été et que dix heures sonnassent à l'église voisine, la fenêtre était fermée.

Nanette est malade ; telle fut la première pensée, la seule qui vint à l'esprit de Georges ; il s'élança d'un seul bond au haut de l'escalier, et, arrivé haletant, il frappa doucement à la porte.

On ne répondit point.

Il frappa de nouveau, une fois, deux fois ; on ne répondit pas davantage.

Il se fit un porte-voix de ses deux mains, et les plaçant au trou de la serrure, il appela mademoiselle Nanette bien respectueusement, se nomma, et lui demanda si elle était malade et si elle n'avait pas besoin qu'il lui envoyât quelqu'une de ses voisines pour lui donner des soins.

Toujours le même silence obstiné, absolu, mortel.

Je ne sais ce qui se passa dans l'esprit de Georges : soit crainte, soit colère, il ouvrit la porte d'un coup de pied, et entra.

La petite chambre était déserte, les meubles en avaient été enlevés, et déjà les fleurs de la fenêtre, ces fleurs étiolées qui ne vivaient que facticement à force d'eau et de soins, commençaient à se flétrir et à laisser retomber leurs tiges et leurs feuilles jaunissantes et fanées.

Un coup de poignard n'eût point frappé Georges plus cruellement au cœur.

Comme dans ces humbles maisons il n'y a point de concierge, il ne savait à qui s'adresser pour demander des renseignements sur la disparition de Nanette. Tout ce qu'il put savoir d'une voisine, attirée sur le palier par le bruit qu'il avait fait en enfonçant la porte, c'est que la jeune fille était partie un matin, en voiture, après avoir fait enlever ses meubles, qu'elle avait vendus à un marchand du quartier.

Georges alla racheter tous les meubles de la jeune fille, les replaça dans la chambre déserte qu'il avait louée au préalable et s'installa au milieu de ces reliques, bien amoureux cette fois, s'avouant son amour et tour à tour pleurant et accusant Nanette.

Le soir même de cette triste journée, tandis qu'il errait au hasard dans les quartiers solitaires qui avoisinent Notre-Dame, il aperçut dans un fiacre une femme qui de ses deux mains voilait son visage et qui poussa un cri en l'apercevant. Il s'élança vers la voiture, la joignit, l'obligea à s'arrêter, et se précipitant à la portière :

« Oh ! mademoiselle Nanette, s'écria-t-il en sanglotant, mademoiselle Nanette, que vous me faites de peine ! »

Elle cacha son visage avec plus de soin encore, et d'une voix émue elle balbutia :

« Monsieur Georges, ne me demandez pas mon secret. Je mourrais de désespoir s'il me fallait vous l'avouer. Adieu pour toujours !

— Oh ! qui l'eût cru, reprit-il avec désespoir : elle que je croyais si pure, elle s'avoue indigne de mon amour ! Allez, je ne vous retiens plus, et que Dieu vous punisse pour le mal que vous m'avez fait ! »

Il s'éloigna de la voiture et s'enfuit. Nanette essuya ses yeux et donna l'ordre à la voiture de continuer sa route. La voiture se remit en marche et s'arrêta devant l'Hôtel-Dieu. Nanette pénétra sous la voûte sombre de l'hôpital et disparut.

Le lendemain, vers huit heures, un homme à la boutonnière duquel brillait le ruban de la Légion d'honneur parcourait une des vastes salles du séjour de douleur, s'arrêtait devant chacun des lits disposés en double rangée sous les arceaux du long cloître, interrogeait les malades, faisait une courte leçon aux nombreux élèves qui se pressaient autour de lui pour recueillir ses paroles, et dictait à un interne les prescriptions nécessaires. Quand il en fut au dernier lit, il entr'ouvrit les rideaux avec précaution, et dit de sa voix grave et douce à la fois :

« Eh bien! ma pauvre enfant, aurons-nous du courage?

— J'en aurai, monsieur, » dit-elle.

Il laissa retomber le rideau, et se tournant vers son auditoire :

« Une éruption nasale a eu lieu au printemps de l'année dernière, dit-il ; cette année, à la même époque, apparut une ulcération des parties molles des narines. Un charlatan appliqua un caustique violent sur cette ulcération. Aujourd'hui, la partie antérieure du nez est absente, les ailes du nez sont détruites, ainsi qu'une partie de la cloison ; le cartilage seul par une espèce de miracle, se trouve épargné. L'altération et la destruction toutefois se sont arrêtées ; la lèvre supérieure paraît retroussée par l'action modulaire. Cependant la peau des parties voisines a conservé de la mobilité ; la santé générale est très-bonne, et la malade n'a pas vingt ans. Nous allons procéder à la rhinoplastie, d'après la méthode indienne. »

En achevant ces mots, il se rendit à l'amphithéâtre, où ne tarda point à le suivre Nanette, amenée par deux sœurs de la charité, qui l'encourageaient doucement et qui priaient Dieu pour elle.

Sans enlever le voile qui couvrait le visage de la pauvre enfant, le chirurgien fit aspirer doucement à la patiente une large éponge imprégnée de chloroforme. Puis debout, il attendit les effets du puissant anesthésique. Avec sa belle tête brune, son œil calme et ardent à la fois, sa chevelure noire, et le tablier blanc qui couvrait sa poitrine et qui rappelait vaguement la tunique que la tradition donne à Dante, il ressemblait au poëte italien au moment où celui-ci allait pénétrer dans le triste séjour sur les portes duquel est écrit : *Laissez toute espérance.*

Peu à peu les membres de Nanette s'assouplirent, sa tête se pencha en arrière, et elle s'endormit d'un calme et profond sommeil. Le chirurgien enleva le voile qui couvrait le visage de la jeune fille, et un murmure d'effroi s'éleva dans la salle à la vue de l'affreux ulcère qui avait dévoré une partie de ce charmant visage..

Alors d'une main sûre, sans une hésitation, sans perdre une seconde, il promena le scalpel sur les bords de la plaie, la raviva, et traça de chaque côté de la base du nez deux incisions un peu distantes l'une de l'autre, les mena de dedans en dehors vers la partie moyenne de la joue, et là les réunit entre elles, il disséqua ensuite ces lambeaux, les tourna sur eux-mêmes par une sorte de pédicule laissé à la base et les mit en rapport chacun de leur côté avec les bords ravivés de l'échancrure nasale ; il les fixa à l'aide d'épingles, deux petits tubes servirent à maintenir une double ouverture.

En ce moment Nanette sortait du sommeil produit par le chloroforme ; elle fut transportée dans son lit, où elle retrouva les deux saintes sœurs de la charité, qui, d'après les ordres du chirurgien, n'appliquèrent sur la plaie que des compresses d'eau froide souvent renouvelées.

A quatre jours de là les épingles furent retirées ; un peu de fièvre se déclara ; mais la malade n'eut à redouter aucun autre accident.

Deux mois s'écoulèrent, après lesquels la suppuration avait disparu. La cicatrisation était à peu près complète, et la ligne formée par les lambeaux représentait exactement le sillon qui, dans l'état normal, sépare les ailes du nez du corps même de cet organe : chaque lambeau était devenu une aile du nez.

L'appétit, le sommeil, les forces, ne laissaient rien à désirer.

Depuis ce moment, l'état de la malade ne présenta rien de particulier.

Lorsque Nanette avait éprouvé les fatales atteintes du mal qui la défigurait, et qu'elle s'était résolue à subir les chances d'une opération redoutable, elle s'était dit que tout était fini entre elle et Georges, et elle avait pris la résolution de quitter Paris à tout jamais et de se réfugier dans quelque coin obscur de la province, pour y mener dans l'ombre une existence désormais vouée à l'isolement et au désespoir. C'est pour cela qu'elle avait vendu les meubles de sa petite chambre avant d'entrer à l'hôpital.

Pendant les premiers jours qui suivirent l'opération et tant que l'appareil couvrit son visage, elle conserva cette résolution ; il lui tardait de se trouver guérie pour s'éloigner bien vite de la ville qu'habitait Georges.

Un matin elle songeait tristement à un départ qu'elle voulait de toutes les forces de son âme, et qui cependant la désolait, lorsque le chirurgien vint faire sa visite quotidienne et matinale. Il s'approcha de Nanette, et avec la brusque bonté qui le caractérise et qui caractérise également pas mal de ses confrères il lui analysa longuement les résultats de l'opération qu'il avait faite, et sembla s'y complaire. Tout à coup il adressa cette question à la jeune fille :

« Eh bien, mon enfant, êtes-vous satisfaite? trouvez-vous que je ne vous ai point trop défigurée?

— Je n'ai point encore osé me regarder, balbutia-t-elle, en détournant la tête pour cacher ses larmes.

— Un miroir, ma sœur, » continua le chirurgien en se tournant vers une des religieuses qui s'empressa d'obéir.»

Nanette, pâle comme un spectre, joignit les mains avec émotion, se signa ensuite, et après une courte et fervente prière, elle dit d'une voix néanmoins tremblante encore :

« Donnez, docteur. »

Cependant le miroir échappa de sa main et tomba sur son lit ; mais elle le reprit avec courage, et elle jeta un cri de joie, en voyant qu'elle n'était point défigurée.

En effet, les plaies produites par les lambeaux de peau

enlevés s'étaient fermées peu à peu, pour ne laisser
d'autres traces que des cicatrices linéaires d'abord d'un
rouge vif. Elles passèrent ensuite à un rose pâle ; elles
avaient fini par laisser à peine une trace blanche, presque
imperceptible à l'œil. Nanette était aussi jolie qu'auparavant, et son nez, pour avoir légèrement modifié sa forme,
ne changeait point sensiblement sa physionomie douce et
régulière. Peut-être même cette physionomie, en perdant
un peu de son caractère piquant, avait-elle pris une expression plus en harmonie avec le regard tendre et serein
des yeux bleus de la jeune fille.

« O docteur! docteur ! s'écria-t-elle, soyez béni pour
m'avoir conservé ma beauté ! »

Elle s'interrompit confuse, et son beau visage se couvrit
de rougeur.

« Pardonnez-moi, dit-elle, ce n'est point pour moi que
je suis heureuse, c'est pour lui. »

Et sa rougeur s'accrut encore.

Mais, après tout, il est bien permis de perdre un peu
la tête, quand on s'est crue laide et que l'on se retrouve
plus jolie que jamais.

Le soir même, Georges venait de rentrer dans sa petite
chambre, il avait essayé de tout pour se consoler et pour
oublier ; il n'avait pu y réussir. Il avait cherché à aimer
d'autres jeunes filles, et il n'y était point arrivé ; il avait
voulu boire avec ses camarades, et le vin était resté pour
lui sans ivresse ; il avait beau se répéter que de l'aveu
même de Nanette elle ne méritait que du mépris, une
voix puissante s'élevait dans son cœur pour la défendre
et la justifier.

Tandis qu'il était là, se livrant à ses pensées habituelles, il entendit frapper doucement à la porte ; et, quand il ouvrit cette porte, il trouva Nanette debout sur le seuil, et qui lui demanda d'une voix émue :

« M'aimez-vous encore, Georges ? »

Soupçons, désespoir, tout fut oublié en ce moment suprême ; il tomba aux pieds de Nanette et couvrit ses mains de baisers.

A neuf heures les fiancés se séparèrent. Georges alla demander l'hospitalité à un de ses camarades d'atelier, et Nanette reprit avec une joie facile à comprendre possession de sa jolie petite chambre.

Le lendemain matin, un commissionnaire qui pliait sous le poids de son fardeau apporta à Nanette, non-seulement assez de fleurs pour remplacer les tiges mortes de sa fenêtre, mais encore pour couvrir tous les meubles de la petite chambre.

A trois semaines de là, une noce se célébrait modestement dans le faubourg. Toutefois la mariée fut conduite à l'église dans une belle voiture, et, lorsqu'elle en descendit, ce fut appuyée sur le bras d'un homme dont les manières annonçaient une haute distinction.

Il conduisit l'orpheline à l'autel, et remplaça près d'elle le père qu'elle avait perdu quand elle n'était encore qu'une enfant.

Au sortir de l'église, Georges, qui soutenait sur son bras le bras de sa femme, murmura tout bas :

« Et maintenant que vous êtes à moi pour la vie, ne me direz-vous point, Nanette, le secret de votre fuite mystérieuse?

— Demandez-le au docteur, répondit-elle en montrant celui qui l'avait conduite à l'autel. Après le bon Dieu, c'est à lui que nous devons en ce monde le plus de reconnaissance. »

MINÉRALOGIE

UNE MINE DE SEL

Peters et James Anderson étaient cousins germains. Peters, venu au monde avant James, se trouva hériter d'un fief d'un revenu de trois cents livres, qu'en mourant leur grand'père avait légué à celui de ses petits-fils qui naîtrait le premier. Il en advint de même pour toutes les choses de la vie. Au collége, Peters occupa toujours les places qui précédaient immédiatement celles qu'obtenait son cousin. Lorsque, plus tard, ils entrèrent chez le même négociant, Peters devint successivement le premier commis et l'associé de son patron, tandis que James ne put jamais que monter l'échelon d'où son heureux rival venait d'ôter le pied.

Tant qu'il ne s'agit que d'hiérarchie et de fortune, Ja-

mes, qu'attachait à son cousin une amitié sincère payée
d'ailleurs de retour, prit assez bien son parti de ses dés-
appointements ; mais il s'abandonna à un véritable désespoir quand il sut que Peters avait obtenu la main de la
charmante miss Harriet Camden, la veille du jour où lui,
James, comptait demander cette main.

Le cœur brisé, il résolut de s'éloigner à jamais d'un
si fatal supplantateur ; il sollicita donc et obtint un emploi
lucratif et honorable dans une administration récemment
formée pour exploiter une mine de charbon qu'un ingénieur, nommé Grey, venait de découvrir à Northwich,
au fond du Cheshire. « Une fois qu'il existera tant de
distance entre nous deux, se disait-il, j'échapperai peut-
être à la maudite influence dont me poursuit et m'ac-
cable ce jettatore créé exprès pour moi. »

Il partit donc avec la ferme résolution de demander
au travail et à l'absence la fortune et l'oubli d'un amour
malheureux.

Arrivé au terme de son voyage, il chercha, des hauteurs
où il se trouvait, à découvrir le cottage qu'il comptait
habiter et l'usine qu'il devait diriger. Il n'aperçut qu'une
étroite vallée, enfermée dans un cercle de collines abruptes,
traversée par une petite rivière et recouverte de pâturages
et de champs en pleine culture. Il descendit de cheval
et se dirigea vers un hangar dont la bâtisse fort incomplète portait un cachet d'improvisation peu attrayant.
Sous ce hangar se trouvait un gentleman gravement assis,
faute de chaise, sur une poutre grossièrement équarrie.

« Ai-je l'honneur de parler à M. Grey, pour qui l'on
m'a remis cette lettre ? » demanda James.

M. Grey répondit silencieusement par une légère inclination de tête, prit la lettre, et la lut deux fois, depuis la date jusques et y compris la signature. Après quoi, il la remit dans son enveloppe, la confia à un vaste portefeuille replongea le portefeuille dans sa poche, et leva les yeux sur le jeune homme.

« Quel logement occuperai-je? où organiserai-je mes bureaux? » dit James, qui se sentait tourner lui-même au laconisme.

Le gentleman lui indiqua du doigt le hangar.

James, par un effort surhumain, réprima son désappointement et ajouta :

« La mine se trouve-t-elle loin? »

M. Grey ouvrit la porte et montra à dix pas quelques travaux qui avaient à peine effleuré la terre.

James se demanda s'il devait croire à l'intelligence supérieure ou bien à la stupidité de l'ingénieur.

Il ne tarda point à adopter cette dernière opinion et comprit qu'il fallait, dans l'exploitation de la mine, tout créer, jusqu'à la mine elle-même. En résumé, il ne s'en chagrina point ; je crois même qu'il s'en félicita. N'allait-il pas enfin se mettre seul à l'œuvre? donner seul des preuves d'activité et de talent ? N'allait-il pas, pour la première fois de sa vie, marcher seul, sans voir se dresser devant lui ce cousin devenu un objet de colère, d'envie et de jalousie, ce cauchemar perpétuel et trop réel? Stimulé par ces idées, il s'installa de son mieux mal dans le hangar, dîna comme il put, se coucha sur la terre, se leva au point du jour, partit pour le village voisin et en ramena, deux heures après, cinquante ouvriers qu'il présenta à M. Grey. Éveillé en sursaut, celui-ci se mit sur son séant, se frotta les yeux, regarda tous ces hommes, se leva, alla faire à une fontaine voisine de scrupuleuses ablutions, et revint habillé avec autant de recherche que s'il sortait d'un cabinet de toilette.

Il consentit à suivre enfin James et les ouvriers à l'endroit où se trouvaient tracées les circonvolutions de la mine.

On commença par enlever une épaisseur de trois ou quatre pieds de terre végétale. On rencontra au-dessous des couches d'argile et de marne, rouges, bleues, brunes, et on arriva enfin à une profondeur de cent vingt pieds. Ces fouilles exigèrent trois mois.

A mesure que le puits descendait, on le garnissait à l'intérieur d'une carcasse de bois, comme on garnit un tonneau de ses douves. Par ce moyen, on prévenait les éboulements.

M. Grey regardait faire et ne proférait pas un mot.

On rencontra enfin un terrain dur, noir, résistant, qui éclata sous la pioche en étincelants débris. On appela à grands cris M. Grey; car James se tenait au milieu des ouvriers. M. Grey s'assit commodément dans le tonneau qui servait à remonter les déblais de la mine et à amener les mineurs, et prit d'inimaginables précautions pour que rien ne pût compromettre sa descente souterraine. Quand il arriva, grâce à Dieu, à bon port, il se trouva face à face avec James, qui tenait à la main et qui lui présenta une sorte de pierre assez semblable à un quartz fumeux.

De l'extrémité de ses doigts gantés, l'ingénieur prit le

petit bloc, l'examina, le soupesa, et regarda en face James, qui lui cria :

« Ce n'est pas du charbon ; c'est du sel! »

M. Grey recommença son examen, porta l'échantillon à ses lèvres et fit claquer sa langue contre son palais.

« Excellent sel ! » dit-il.

Et il remonta dans le tonneau pour qu'on le sortît de la mine.

James se hâta d'écrire à ses commettants de Londres un événement aussi peu prévu. Il en reçut une lettre qui ne contenait que ces mots :

« Le sel nous rapportera plus de bénéfices que le charbon. Congédiez M. Grey, nous augmenterons de cent livres vos honoraires. »

James resta donc seul pour diriger l'exploitation de la mine de Northwich.

Richement rémunéré, adoré des ouvriers, envers lesquels il se montrait à la fois sévère et bienveillant, il menait dans ce coin de terre une vie d'isolement et de travail qu'il n'eût point échangée pour la balle de laine sur laquelle siége le lord chancelier. Souverain sans contrôle de son petit royaume, il s'était sérieusement passionné pour les travaux qu'il ordonnait et qu'il dirigeait. Il descendait le premier dans les galeries de la mine, dont les parois étincelaient, à la lueur des torches, comme des murs de diamants. Les ouvriers, nus jusqu'à la ceinture, tour à tour éclairés par la lumière et perdus dans l'ombre, qui détachaient à coups de pics des blocs énormes de sel, et qui les chargeaient et les charriaient sur des traîneaux, lui offraient un spectacle

d'une poésie sauvage et dont il ne pouvait se lasser.
Tantôt un pétard, placé sous une roche pour briser sa résistance, lançait un éclair qui illuminait toute la voûte, et
mêlait son formidable rugissement au fracas des masses qui
s'écroulaient et qui lançaient partout leurs débris. Tantôt
c'étaient les cris de joie et les chants des mineurs, qui dé-
couvraient une veine d'une grande richesse et dont les voix
lointaines, répétées et adoucies par les échos, formaient
une mélodie touchante. James ne pouvait se défendre
d'un sentiment d'orgueil en parcourant ces longues et
larges galeries qu'on eût dites peintes par un artiste fantastique, en rouge, en jaune ou en brun, selon que le sel
se trouvait mélangé à de l'argile, de l'oxyde de fer, de la
magnésie ou du sulfate de chaux. De larges arabesques,
dessinées par des infiltrations antédiluviennes, couraient
follement sur ces teintes diverses, et semblaient des caractères mystérieux, œuvres mystiques des gnomes.

On ne saurait, du reste, se figurer un lieu plus sec
qu'une mine de sel ; on n'y rencontre point la moindre
trace d'humidité ; le thermomètre s'y tient d'habitude à
une hauteur de quarante-cinq à cinquante degrés Faren-
heit ; l'air qu'on y respire, mélangé à une impalpable
poussière de sel, pénètre dans les poumons et les narines,
s'attache aux cheveux, aux cils, au visage, aux vêtements,
et rend vraisemblable la transformation de la femme de
Loth.

Pendant des années, rien ne troubla la prospérité toujours croissante de James. En outre d'appointements considérables, il recevait une part plus considérable encore
sur les bénéfices, sans compter une délicieuse maison

élevée aux frais de la Compagnie, dans le site le plus pittoresque de la vallée, où le luxe et le comfort avaient rassemblé leur recherche et leur bien-être les plus exquis, et qu'habitait une charmante mistress Anderson, selon James, bien autrement jolie que cette miss Harriet Camden, autrefois tant pleurée !

Quatre ans après son mariage et la naissance de deux enfants, James se vit, après la mort du titulaire, élu directeur de la Société en commandite pour l'exploitation des mines de sel de Northwich. Ces mines, qui ne comptaient pas moins de sept fosses, produisaient par an dix mille tonneaux de sel gemme d'excellente qualité et vendu à des prix considérables.

Un soir, James, devenu un savant géologue, dont le *Quarterly Review* ne dédaignait pas de publier les articles, terminait une dissertation sur les couches de sel qui s'étendaient sous les terrains de Norwitch. Il démontrait que ces couches, tellement épaisses du côté de la mer, que deux siècles ne sauraient les épuiser, allaient en s'amincissant vers la direction opposée; c'est pourquoi on négligeait, dans cette partie, comme trop pauvre, une exploitation qu'en toute autre partie de l'Angleterre on eût regardée, à bon droit, comme d'une grande richesse... Tout à coup des cris de détresse sortirent des différents points des mines, et les ouvriers se sauvèrent précipitamment, et pâles d'effroi.

— Les eaux ! s'écriaient-ils, les eaux ! elles envahissent les galeries ! elles frappent et elles abattent les piliers ! elles ont anéanti tous les travaux ! »

James, éperdu, courut aux mines. Non-seulement l'eau

arrivait jusqu'à leurs bords, mais elle s'agitait à l'intérieur comme une mer en furie, entrechoquait leurs vagues, et menaçait de faire éruption au dehors. En même temps de sinistres secousses ébranlaient les usines et le cottage lui-même ; le terrain s'entr'ouvrait par de larges crevasses et s'affaissait rapidement; de formidables bruits rugissaient dans le sein de la terre, qui tremblait sous les pieds. Il fallait fuir précipitamment et chercher un asile dans les villages voisins.

Le lendemain matin, un lac large de plusieurs acres recouvrait de ses eaux immobiles ces lieux naguère si prospères, si pleins de mouvement, de travail et de foule ; ces lieux désormais marqués du sceau fatal de la solitude et de la désolation !

Non-seulement cette catastrophe ruina James, mais encore elle lui apporta des procès sans nombre, et des reproches de négligence et d'impéritie, qui lui valurent une triste réputation d'imprévoyance et d'incapacité. On accusa d'autant plus sa chute, qu'on avait plus applaudi à ses succès ; ses fanatiques de la veille devinrent des adversaires acharnés et irréconciliables au lendemain.

Quant à l'ingénieur Grey, il s'acquit une immense réputation de science, en démontrant dans les journaux qu'il n'avait quitté les mines de Northwich qu'après avoir prédit la catastrophe et démontré les moyens de la prévenir. Il avait préféré perdre la position qu'il s'était conquise par ses études et son savoir, plutôt que de devenir complice de l'impardonnable faute dont James Anderson s'était rendu coupable.

Pendant cinq années, James se débattit, à Londres,

contre tant d'injustice et de haine. Il ne sortit de cette lutte que tout à fait écrasé. Réduit à la misère, repoussé par tous ceux à qui il demandait du travail, et ne sachant où se réfugier, il reprit le chemin de Northwich, sans trop savoir pourquoi. Le désespoir avait anéanti en lui la force morale et obscurci l'intelligence. Une voix secrète lui demandait sans cesse si le suicide ne valait pas mieux qu'une pareille vie; et il commençait à écouter cette sinistre voix.

Arrivé à quatre milles environ de Northwich, il s'étonna de voir dans une vallée, naguère stérile et déserte, une usine en pleine exploitation et dont il n'avait jamais entendu parler. Il regarda machinalement cette usine, enveloppée constamment d'un nuage de fumée : elle se composait de grands hangars, longs de deux cents pieds au moins et remplis d'une vapeur blanche à travers laquelle on entrevoyait une armée d'ouvriers. Ces ouvriers remplissaient d'eau d'immenses chaudières en fer. Dans chaque chaudière, longue de quatre-vingts pieds, large de vingt et profonde seulement d'un seul, on remarquait une substance blanche et granulée qui en garnissait les parois, tandis qu'une autre couche de grains semblables se formait à la surface de l'eau en ébullition [1].

---

[1] Le sel le plus fin, ou sel en pain, s'obtient au moyen d'une ébullition très-vive, et en soutirant fréquemment les chaudières, d'où l'on extrait la substance granulée avec une pelle pour l'introduire dans les formes en bois, percées à l'extrémité inférieure afin de faciliter l'écoulement de l'eau; puis, quand le sel est suffisamment égoutté, on le porte au séchoir, après quoi il est en état d'être livré à la vente. Le sel commun s'obtient par une ébullition plus lente, et pour le sel de pêche on n'emploie qu'une chaleur de 100 degrés Fahrenheit : ce dernier sel est le plus fort de tous. On fabri-

« Monsieur, dit à James un gentleman qui le regardait depuis quelque temps, et qui semblait chercher à le reconnaître, monsieur, vous admirez sans doute les riches produits que donne cette usine? Que direz-vous quand vous saurez qu'elle ne date que de quatre ans? Figurez-vous qu'un beau matin un de mes fermiers accourt à Londres pour m'apprendre qu'une source d'eau salée a fait irruption dans ce terrain, à qui toute la science et tous les efforts de l'agriculture n'avaient pu donner la moindre fertilité. Je me hâte de venir vérifier par mes yeux le phénomène; je constate que la source donne six onces de sel par chaque pinte d'eau; je construis cette usine, et, bon an mal an, elle me rapporte dix mille livres sterling. Encore est-elle mal exploitée. »

James ne put réprimer un mouvement de colère.

« C'est à ma ruine que vous devez votre fortune ! dit-il. Les désastres de Northwich ont causé la prospérité de Weyne. »

A ces mots, le propriétaire de l'usine regarda encore plus attentivement son visiteur.

« James ! s'écria-t-il, James, mon cher cousin ! je ne t'ai pas vu depuis tant d'années, que j'hésitais à te recon-

que encore une espèce connue en Angleterre sous le nom singulier de *sel du dimanche*. C'est un sel à très-gros grains, bien cristallisé, et qui se forme tandis qu'on laisse tomber les feux entre le samedi et le dimanche. Les ouvriers s'amusent quelquefois, dans ce cas, à fabriquer de petits navires avec de légers brins de bois, et à les immerger dans la dissolution alcaline, où ils se recouvrent immédiatement de cristaux d'une blancheur éclatante. Ainsi, tout le secret de la fabrication pour obtenir les diverses variétés du sel consiste simplement dans le degré plus ou moins élevé de chaleur à donner à l'eau soumise à l'évaporation.

naître. La Providence t'amène près de moi. Je n'entends rien à l'exploitation de ces eaux salées, il faudrait pour la diriger un homme plus intelligent et plus laborieux que moi ! veux-tu être cet homme-là ? »

Au milieu de la joie que lui causèrent l'accueil fraternel et les offres généreuses de Peters, James se sentit mordu au cœur par cette idée : « Me voici encore au-dessous de lui !

— Non, reprit Peters, qui lut dans la pensée de son cousin ; non, mon cher James ! Ces sources ne proviennent-elles pas de tes mines inondées et détruites ? Ne t'appartiennent-elles pas autant qu'à moi ? Tu seras mon associé ; nous allons en rédiger et signer l'acte en bonne et due forme.

— Oh ! s'écria James en sautant au cou de son ami d'enfance, cette fois tu m'es véritablement supérieur et je rougis de mon infériorité ! Tu vaux mille fois mieux que moi. »

Les sources salées de Weyne devinrent les plus riches de l'Angleterre et portent encore aujourd'hui le nom de *Sources des deux Cousins.*

HISTOIRE D'UN VOLCAN AUVERGNAT

C'était le soir et au mois de novembre. Grâce à Dieu, Paris s'était repeuplé; les plus tardifs, les moins empressés, avaient repris leurs travaux et leurs habitudes! Grâce à Dieu encore, le foyer du logis s'était rallumé, et on faisait cercle devant sa flamme vivifiante qui invite si bien à la causerie. Ceux qui avaient beaucoup vu et qui partant avaient beaucoup retenu, comme le pigeon de la Fontaine, racontaient au coin du feu leurs excursions aux amis que le devoir ou la souffrance retenaient prisonniers tandis que tant d'autres voyagaient.

Toutefois, en matière de voyage, nous estimons que le passé vaut mieux que le présent. Un voyage offre bien plus de charme quand on le projette ou quand on le ra-

.conte, qu'aux heures où on l'accomplit. Pendant qu'on le rêve et qu'on s'en souvient, on ne tient compte ni des fatigues, ni des déceptions, ni des privations; toutes petites misères dont on peut se rire à vingt ans, mais, certes, qu'on redoute fort, hélas! à cinquante-cinq!

Or, le soir que je veux dire, une de ces jeunes hirondelles, qui trouvent encore que vie errante est chose enivrante, avait repris sa place à mon foyer. Je le reconnaissais à peine, tant son visage s'était noirci, tant ses mains, veuves de gants, avaient pris de hâle durant trois mois, pendant qu'oublieux de toute habitude de confort, le sac sur le dos, en souliers ferrés, et le bâton à la main, il parcourait à pied une partie de cette France que connaissent si peu les Français.

« Ah! me dit-il en s'installant dans mon meilleur fauteuil et en disposant avec volupté sur mes chenets ses pieds élégamment chaussés; ah! si bon qu'il fasse chez vous, on y trouve pourtant moins de chaleur, et je m'en félicite, que je n'en ai supporté au mois de septembre, au milieu d'un certain volcan de mes amis.

— Un vrai volcan? répétai-je en riant.

— Un vrai volcan, et de plus un volcan auvergnat! affirma-t-il. Donnez-moi un cigare, et je vais vous raconter cela.

« De toutes les villes de la haute Auvergne, je n'en sais point qui présente une physionomie plus originale que Brioude, avec ses toits rouges, avec ses frontons en tuiles pittoresquement agencées, avec ses rues étroites et surtout avec sa vieille église du onzième siècle, sous le vocable de saint Julien. Située au milieu d'une plaine des plus fertiles où prospèrent à foison les blés, les arbres fruitiers et les vignes, Brioude se trouve dominée à l'est par les montagnes du Velay et du Forez, et à l'ouest par de hautes collines, hérissées de vieux châteaux, premier contre-fort des monts Dore.

« Or nous avions passé trois jours à Brioude, et si bien qu'on soit chez un ami, dans une ville de province, trois journées de séjour suffisent pour produire sur l'imagination et sur les jambes une sorte d'inquiétude qui tient quelque peu de la fièvre causée, dit-on, par la piqûre de la tarentule. Nous quittâmes donc *bon souper, bon gîte et le reste*, et, nos bâtons de voyage à la main, nous reprîmes notre métier de juif errant.

« En sortant de la petite ville, nous traversâmes, à Vieille-Brioude, un pont en pierres d'une seule arche, jeté sur l'Allier, à cinquante ou soixante pieds de hauteur. Des tours à demi en ruines, servant jadis de défenses contre les sires féodaux de la Montagne, aujourd'hui paisiblement habitées par des paysans et transformées en granges ou en fermes, surplombent la rivière. Celle-ci tantôt déborde, capricieuse et furibonde, tantôt laisse à nu et à sec le squelette rocailleux de son lit grisâtre et les couches perfides de son sable mouvant. Après quoi nous commençâmes insensiblement à monter sur un contre-fort, entre deux vallées, et, lorsque nous eûmes fait quinze à seize kilomètres, nous arrivâmes enfin, ruisselants de sueur, sur les hauteurs d'Alleret.

« Là, nous nous trouvâmes en face d'une magnifique propriété, véritable Eldorado, dont l'immense horizon s'étendait devant nous, à l'est, jusqu'aux montagnes des

Durandes et du Forez, qui montraient vaguement, bien loin, comme les fantaisies d'un immense nuage, les brumeuses silhouettes de leurs formes bizarres..

« — Je vous ai promis de vous faire voir un volcan, me dit mon compagnon de route en s'essuyant le front, et je tiens ma promesse, regardez !

« — Je ne savais point, répliquai-je en souriant et me croyant victime d'une plaisanterie, je ne savais point qu'un volcan fût un paradis terrestre. »

« Je ne me dédis point d'une seule syllabe, continua mon cicérone. Nous sommes en plein volcan. Seulement, je l'avoue, depuis que ce volcan existe, les siècles l'ont quelque peu amendé.

« Il fut un temps, néanmoins, où la Limagne se composait d'un immense lac d'eau douce entouré de montagnes volcaniques. Ici, où nous nous reposons, se dressait un pic de granit, affectant, comme tous ses pareils, une forme aiguë et que ceignait probablement un groupe de pics secondaires.

« C'était à l'époque où soixante et onze volcans, sans cesse en éruption, vomisssaient, depuis des milliers d'années peut-être, leurs laves brûlantes sur la contrée que nous visitons. Les monts Dore formaient un centre ignivome, et les colonnes de basalte du Cantal, hautes de huit cents mètres, s'élançaient ardentes de la terre, et soulevaient avec elles les masses de rocs qui forment le sommet du Plomb-du-Cantal.

« Pendant ces convulsions de la nature, notre pic de granit servit de pivot à une éruption volcanique, qui, sans pouvoir l'arracher de son inébranlable base, et irritée de son invincible résistance, amassa autour de lui des scories embrasées, et en fit son complice, faute d'en faire sa victime. Le pic devint donc l'un des côtés les plus élevés du volcan, d'où tombèrent, Dieu sait combien de temps, des coulées ardentes, soit à l'ouest, dans la direction de Murat, soit à l'est, vers Pauilhaguet, soit au nord, du côté de Brioude. Nous sommes assis sur cette dernière coulée.

« Un beau jour, l'immense chaudière creva, et son explosion emporta un des flancs du volcan, flanc qui tomba sur Pauilhaguet. Par l'échappée qu'elle a formée, nous apercevons en ce moment Chalsergue. Ce fut probablement là la dernière crise de l'abîme de feu.

« Peu à peu, ensuite, les flots de l'Allier et de la mer jurassique se réfugièrent vers le lac qui couvrait la Limagne, et tous les deux rompirent un jour leur barrière pour créer la vallée de la Loire en se retirant plus tard. Ainsi se forma le sol actuel de la France.

« Combien de temps la nature employa-t-elle pour accomplir ces révolutions d'une petite partie de notre globe? Dieu seul le sait, et la science humaine reste humble et ignorante devant ce problème, comme devant tant d'autres énigmes sublimes dont elle ne connaîtra le mot que dans le sein de Dieu.

« Tous ces volcans et le nôtre surtout s'éteignirent...

« — Faute d'eau, interrompis-je; ce qui, soit dit en passant, justifierait l'hypothèse de Buffon que les volcans peuvent seulement alimenter leurs feux souterrains dans le voisinage de la mer.

« Comme celui dont je vous raconte l'histoire n'avait jeté

dans ses alentours que des cendres, des laves, des scories, des pierres calcinées, longtemps une stérilité sinistre
régna sur les flancs du Titan désarmé de ses foudres.

« A la longue, néanmoins, l'humidité dont, grâce aux
pluies, s'infiltrèrent les ruines refroidies, commença à
laisser çà et là des teintes verdâtres qui s'épaissirent peu
à peu. C'étaient des conferves qui moururent, et dans les
débris desquels poussèrent des lichens, des mousses, des
champignons, des graminées.

« — Toujours, interrompis-je, toujours la vie succédant
à la mort! Toujours la mort succédant à la vie! Toujours
la matière passant du simple au composé et du petit au
grand, de la conferve microscopique au chêne gigantesque; ne marchant qu'à pas lents, mais sûrs; mettant
des séries de siècles à atteindre un but, mais l'atteignant
toujours et sans enfreindre jamais les ordres divins de
Celui qui dit à tous les êtres comme à la mer : *Ne tran-
sieris amplius!*

« Quand l'homme survint-il autour de mon volcan
éteint? Nul ne le sait. Je me contenterai de vous dire que
les Arvernes, ancêtres sauvages des Auvergnats, arrêtèrent
et vainquirent César à Gergovie, près de ces lieux mêmes,
et qu'au moyen âge la baronnie d'Alleret, c'est ainsi qu'on
nomme le volcan, appartenait à la famille de Bouillé, qui
possédait, en outre, dans les environs, trente et une
terres, marquisats, baronnies et fiefs. J'ajouterai enfin
que vers 1808, par héritage de sa mère, mademoiselle
de Bouillé, Alleret échut en propriété à M. de Macheco,
ancien officier de l'armée de Condé.

« L'ex-émigré était jeune encore, lorsqu'il vint prendre

possession de son nouveau domaine. Il s'y trouva face à face avec un site pittoresque sans doute, mais inutile et sans valeur, quoique occupant une superficie de trois cents hectares.

« Il jeta un regard distrait du côté du volcan éteint, s'éloigna et n'y revint qu'à de rares intervalles pour chasser dans les bois et dans les broussailles qui recouvraient alors le pic. Plus d'une fois, il soupira, dans cette solitude, en lisant les faits éclatants accomplis par les armées impériales ; mais il avait juré de rester fidèle à la cause des Bourbons, et rien ne put le faire manquer à son serment ; rien, pas même la gloire !

« Hélas ! Chateaubriand, avec trop de vérité, a dit que les Bourbons étaient d'illustres ingrats : M. de Macheco, dès les premières années de la Restauration, put s'en convaincre avec tant d'autres.

« Digne et fier, il quitta Paris et la cour de Louis XVIII, sans une plainte, sans un murmure, et revint triste et calme sur le volcan d'Alleret.

« Dès lors, il consacra au domaine qu'il avait si longtemps négligé toute l'activité et toute l'intelligence, jusque-là si noblement consacrées pendant l'adversité à la cause royale.

« Bientôt le château sortit de ses ruines, et, comme un autre Lazare, ressuscita à la voix de son maître. Le bon seigneur, ainsi qu'on l'appelait dans le pays, rassembla autour de lui une petite armée de laboureurs, de jardiniers, de bouviers et de bergers, qu'il choisit parmi les plus pauvres, et fit construire une immense ferme pour les loger. La charrue creusa ses sillons féconds, là où peut-être, depuis l'extinction du volcan, régnaient des jachères stériles. Levé dès quatre heures du matin, M. de Macheco, des fenêtres de son château, et avec une longue-vue, surveillait les travaux de sa petite armée agricole. A l'aide d'un puissant porte-voix, il donnait ses ordres à tous, et quand ces ordres restaient incompris, il sautait sur un cheval qui l'attendait toujours sellé près du perron, courait au galop donner les explications nécessaires et revenait à son observatoire jusqu'à la nuit close.

« Grâce à tant de sollicitude et d'intelligence, non-seulement les jachères et les broussailles disparurent, mais les moissons surgirent : les terres, fécondées par d'abondants engrais, produisirent au centuple; enfin, après quatre années de soins et de travaux, on ne retrouvait pas une seule pierre dans ce vaste terrain qui, naguère, ne se composait que de cailloux calcinés.

« Dieu bénit le travail de l'homme de bien ; le domaine d'Alleret devint une des merveilles de la Limagne. Des vignes dont le plant provenait des meilleurs crus de Bourgogne couvrirent tout un côté de la chaudière de l'ex-volcan, et grâce à la culture excellente qu'on leur prodiguait, donnèrent en abondance un vin léger, agréable, d'un bouquet exquis, qui formait un contraste frappant avec les vins lourds, plats et noirs de l'Auvergne. Phénomène d'autant plus remarquable, qu'Alleret se trouve sur une hauteur de sept cents mètres, limites extrêmes de la culture de la vigne !

« Au fond de la chaudière verdoyaient et mûrissaient des champs de blé, entrecoupés de prés qu'arrosait un petit ruisseau dont on élargit le lit et dont, après des études heureuses, on parvint à accroître les eaux pures et rapides. Sur différents points de la propriété, proche de ces prés, et non loin des sillons où l'on semait des céréales, on construisit douze étables d'un modèle uniforme et pittoresque. Au rez-de-chaussée logeaient les bestiaux, et les fermiers occupaient l'étage supérieur. Les bœufs et les chevaux venaient tour à tour habiter ces étables, de telle façon qu'ils consommaient sur place le foin récolté et que les fumiers se produisaient pour ainsi dire sur les guérets mêmes qu'ils devaient fertiliser. On évitait ainsi la perte de temps, les dépenses de chariots et l'altération des engrais.

« Aucune autre culture de la contrée ne pouvait lutter avec Alleret ; mais Alleret se trouvait isolé, et il manquait de voies de communications. M. de Macheco n'hésita pas un seul instant. Il mit à l'œuvre pendant les hivers ceux de ses ouvriers que ne réclamaient point les travaux agricoles du domaine et leur adjoignit un grand nombre de paysans qui se trouvaient, à cette époque de chômage, sans pain et sans moyen d'en gagner. Bientôt des routes commodes, larges, parfaitement empierrées, s'ouvrirent et descendirent vers Brioude, à l'ouest ; vers Pauilhaguet, au nord ; vers la Voulte et vers Chillac, au sud. Ces derniers chemins se trouvèrent en communication avec la plaine que dominent et que forment les montagnes du Forez, les Durandes et le col de Durande.

« En 1848, quand M. de Macheco mourut, il pouvait se dire comme Horace, et avec un légitime orgueil : *Exegi monumentum ære perennius*. Mais, ainsi que tous les cœurs brisés, que toutes les âmes désabusées, M. de Macheco s'était réfugié dans les consolantes croyances de la foi catholique, et à son heure suprême il ne songea qu'à tendre les mains à Celui qui console dans l'éternité.

« M. de Macheco a trouvé un digne continuateur dans M. le marquis de Ruolz, parent de ce charmant artiste et de ce grand savant qui a composé la musique du *Proscrit*, à qui l'industrie doit, entre autres merveilleuses applications industrielles, la galvanisation des métaux qui a enrichi tout le monde, hors son inventeur.

« — Et maintenant, me dit mon compagnon de voyage, venez visiter avec moi le domaine d'Alleret ; l'hospitalité s'y pratique comme en plein moyen âge, mais plus confortablement, je dois l'avouer.

« En achevant ces mots, nous reprîmes nos bâtons, nous rechargeâmes nos sacs sur nos épaules, et nous entrâmes dans l'enceinte du volcan, transformé en une sorte d'Éden. Nous passâmes le reste de la journée à visiter les vignes, les étables, les champs, dont on augmente sans cesse la valeur, en apportant à leur culture toutes les innovations agricoles que la pratique démontre utiles et que n'ont pas enfantées de séduisantes et décevantes théories dues à des savants qui n'ont jamais vu une charrue à l'œuvre.

« Après le coucher du soleil, quand les bestiaux furent rentrés et se furent enfoncés jusqu'aux genoux dans la litière, une cloche tinta, et les ouvriers se dirigèrent vers la ferme pour y faire un de ces vigoureux soupers devant lesquels reculerait le Parisien doué du plus robuste estomac.

« On se demande ce que doivent dépenser en labeur et en fatigues ces hommes, pour éprouver le besoin d'une si fabuleuse réparation physique.

« Le repas gargantuesque terminé, tout le monde se réunit dans la chapelle, s'agenouilla et pria avec la foi vive qui règne dans ces montagnes.

« Chacun ensuite se retira dans le logement qui lui est affecté, et qu'il regarde à juste titre comme son propre bien; car, à moins d'inconduite, il le peut habiter jusqu'à sa mort, et le laisser en héritage à ses enfants qui y sont nés.

« L'exemple donné par M. de Macheco n'est pas resté improductif. Dans le pays, chacun, chaque jour, invoque l'autorité de son nom en matière d'agriculture; et on se propose, dit-on, d'élever, au moyen d'une souscription, un monument à l'homme qui a régénéré ou plutôt créé l'agriculture dans la haute Auvergne. »

Comme le touriste achevait ces mots, un autre de mes amis entra et vint nous interrompre.

Celui-là arrivait de Laponie, et il avait fait en quinze jours le trajet d'Hammerfest à Paris, que le poëte comique Regnard mit autrefois huit mois à accomplir.

LE DIABLE CHARBONNIER

I

Par une de ces soirées d'automne que les brouillards rendent si lugubres dans le nord de la France, un fermier déjà sur le retour de l'âge traversait une forêt qui ne jouissait point alors, il faut bien l'avouer, d'un renom édifiant. Tiot Watremetz, c'est ainsi qu'on nommait cet homme, marchait péniblement à travers les sentiers que voilaient à ses regards les vapeurs blanches et fétides s'élevant de plus en plus de la terre. Tantôt il se heurtait le pied contre un caillou, tantôt il enfonçait jusqu'aux genoux dans le sol détrempé par la pluie ; tantôt, quoiqu'il sondât devant lui le terrain à l'aide de son bâton de houx, il se trouvait face à face avec un arbre dont les rameaux déjà sans feuilles lui déchiraient le visage ; ou bien c'était un buisson épineux dans lequel s'embarrassaient ses jambes. Après trois bonnes heures de marche à travers la forêt, il finit par se désorienter complétement et par ne plus savoir s'il fallait avancer ou reculer, virer à droite ou tourner à gauche. Si bien que, le front baigné de sueur, harassé de fatigue, exaspéré, il laissa échapper de ses lèvres un horrible jurement qui touchait singulierement au blasphème.

A l'instant même où il commettait ce péché, une petite toux sèche se fit entendre derrière lui. Il se retourna vivement, et il se trouva face à face avec un personnage long, maigre et tout vêtu de noir, sauf un capuchon de velours rouge qui lui enveloppait le visage.

« Eh ! dit l'inconnu en s'enveloppant plus étroitement encore des plis d'un ample manteau doublé d'une bonne et riche fourrure de vair, eh ! il paraît que vous vous êtes égaré dans la forêt. Chose fâcheuse, ma foi ! le brouillard ne laisse pas voir à deux pas devant soi, il bruine, la nuit arrive, les loups hurlent et vous n'avez pas d'armes.

— Si fait ; répondit avec humeur et presque avec colère Tiot Watremetz, si fait ! j'ai cé bâton de houx ! Tant que je le tiendrai dans ma main, tant qu'attaché par son cordon de cuir il pendra à mon poignet, je ne crains ni loup, ni homme, ni diable !

— Eh ! reprit l'inconnu, les loups commencent à s'affamer, les voleurs hantent le bois, et le diable pourrait bien se trouver ici dans quelque coin. Il aime assez ce carrefour, m'a-t-on assuré.

— Où donc sommes nous ?

Au *carrefour du Sabbat !*

— Au carrefour du Sabbat ? répéta le fermier en pâlissant.

— Joli endroit ! mais pas à cette heure et encore moins à minuit.

— Vous avez raison, reprit Tiot Watremetz. Merci de m'avoir renseigné sur mon chemin. Dans une heure je serai chez moi.

— A moins de fâcheuse rencontre, ce que je ne vous souhaite point ! Au revoir !

— Que Dieu vous bénisse ! répondit Tiot Watremetz, qui de son meilleur pas se remit en route ; car il n'était pas fâché de quitter cet homme, pour lequel il se sentait, sans motif, une invincible et profonde aversion. »

En entendant les dernières paroles du fermier, l'inconnu, frappé d'un mal subit, pensa défaillir. Pâle, tremblant, se soutenant à peine, il serait tombé, sans un arbre contre lequel il s'adossa. Cette indisposition disparut du reste aussi vite qu'elle était venue, et cinq minutes ne s'étaient pas encore écoulées, qu'une voix stridente rappelait Tiot Watremetz.

« Eh ! l'ami, criait cette voix, vous avez perdu quelque chose ! Attendez-moi, que je vous le restitue. »

Tiot Watremetz se retourna et se retrouva une seconde fois face à face avec le singulier personnage dont il venait pourtant d'entendre la voix à une distance de plus de deux mencaudées.

« Vous êtes donc bien riche, pour semer ainsi les sacs d'écus dans les forêts ? lui demanda l'autre en lui présentant une sacoche de cuir des plus ventrues.

— Ce sac n'est point à moi.

—A qui donc peut-il être ? N'êtes-vous point curieux de voir ce qu'il contient ? Il y a là pour le moins deux cents écus au soleil.

— Je plains celui qui les a perdus, et je vous engage à les porter chez le bourgmestre du hameau voisin.

— Oui-dà ! vous auriez trouvé ce sac que vous le portériez chez le bourgmestre du hameau voisin ?

— N'en feriez-vous pas autant, vous ?

— Moi ! eh ! peut-être bien encore le rendrais-je à son propriétaire, si je le connaissais. Mais au bourgmestre ! Le bourgmestre l'enfermerait bel et bien dans son coffre-fort, et ni le propriétaire ni moi n'en entendrions plus jamais parler. Et puis, regardez ce sac, il gisait là depuis diantrement longtemps, dans le coin où je l'ai déterré par hasard du bout de mon bâton. Voulez-vous que je vous ouvre un bon avis : partageons.

—Prendre ce qui ne m'appartient pas ?...

—Ramasser ce qui n'appartient à personne, voilà tout.—Eh ! je disais deux cents écus, c'est mille, c'est deux mille, c'est quatre mille pièces d'or que cette bourse contient, murmura l'inconnu, dans les mains duquel semblait grandir et se tripler le sac de cuir. Oh ! les riches bijoux, les admirables diamants cachés tout au fond, sous cette belle et ronde somme ! Avez-vous jamais vu tant d'or dans votre vie ?

— Non ! répondit presque en colère Tiot Watremetz, qui jeta malgré lui un regard de convoitise sur le trésor. Allez au diable ! et laissez-moi en repos... »

Il se remit en marche;

« Au diable ricana l'autre, on pourrait faire pis. J'ai ouï dire que le diable ne passait pas toujours pour un mauvais compagnon. Puisque vous refusez de partager avec moi, je garde tout. »

Il courut ensuite à Tiot Watremetz, qui entrait en ce moment dans une vaste pièce de terre où poussaient plus de cailloux que de blé. On la nommait le *Champ aux pierres*, à cause des monuments druidiques qui s'y dressaient de tous les côtés ; Catherine, femme du fermier, la lui avait apportée en dot.

Le procureur nocturne passa, sans façon, son bras maigre sous le bras du fermier, fort peu charmé de tant de familiarité.

« Ores, dit-il, vous comprenez, n'est-ce pas, que tout ceci est une plaisanterie? La bourse m'appartient, et je ne vous l'ai montrée que pour gâber un tentinet. Mais voyons, parlez-moi franchement. Si vous trouviez un sac pareil au mien, sur votre route, ne le ramasseriez-vous pas?

— Non !

— Et si vous en trouviez dix ?

— Je ne les volerais pas, vous dis-je.

— Et s'il y en avait des millions ? une somme à devenir grand seigneur? à pouvoir faire tout ce qu'on désire? à voir les autres à ses pieds, soumis comme des serfs, comme des esclaves? Nager dans l'opulence au lieu de croupir dans la misère! se reposer au lieu de travailler ! commander au lieu d'obéir ! eh ! qu'en dites-vous ?

— A quoi bon vous répondre, puisque tous ces trésors ne sont pas là?

— Ils y sont ! les voici ! » dit l'inconnu, qui, d'un coup

d'épaule, heurta un de ces monuments druidiques qu'on rencontre si souvent dans certaines parties de la France et qui foisonnaient dans le champ.

La pierre tomba avec un bruit formidable et laissa voir, au fond d'un trou béant, un tel amas d'or, qu'un roi n'aurait pu suffire à le dépenser en un an !.

« Vous êtes donc Satan en personne ? » dit Tiot Watremetz, qui leva la main pour faire le signe de la croix.

L'autre lui arrêta le bras.

« Je suis, comme l'on dit, un bon diable, et rien de plus ! repartit-il en riant, car il riait toujours, et son rire faisait mal à Tiot Watremetz.

— Une fois, deux fois, tu ne veux pas faire affaire avec moi ? Adjugé. »

D'un coup d'épaule, il replaça la pierre sur la fosse et disparut.

Tiot Watremetz rentra chez lui si pensif que sa femme lui demanda la cause de sa préoccupation. Il lui raconta en soupirant ce qui lui était advenu.

Ce fut au tour de sa femme à se montrer songeuse ; ce qui ne lui advenait guère, car on ne connaissait pas à dix lieues à la ronde une commère plus accorte, de si plaisante humeur et surtout de tant de résolution. Je n'ai pas besoin de dire que les deux époux passèrent la nuit sans dormir. Au point du jour, Catherine se leva, s'habilla, dit à son mari d'en faire autant, lui mit une pioche sur l'épaule, en prit elle-même une autre et marcha tout droit au *Champ aux pierres*.

Tiot Watremetz désigna à Catherine le bloc de grès, la veille, si lestement remué deux fois par l'inconnu. Ils re-

marquèrent avec effroi, au milieu de ce bloc, dix trous
noirs et qui semblaient creusés par des doigts de fer
rouge ; leur terreur s'accrut encore en voyant, dans le
gazon humide, des traces de pas qui avaient non-seulement brûlé ce gazon, mais encore calciné la terre. On ne
pouvait plus le mettre en doute, Tiot Watremetz avait eu
affaire à Satan.

Catherine s'arma d'un signe de croix, et de sa pioche
frappa la première le sol. « Dieu nous soit en aide, dit-
elle, ce champ stérile nous appartient. Fouillons et em-
parons-nous du trésor ! »

Ils travaillèrent ainsi près d'un mois, creusèrent une
large fosse, et n'arrivèrent, après tant de labeurs et d'efforts, qu'à une couche de pierre noire, brillante, et si
friable qu'elle se brisait sans efforts sous la pioche. Vous
pouvez juger de leur déconvenue.

« Tu as voulu entrer en lutte avec le diable, soupira
piteusement Tiot Watremetz, tu vois ce que nous recueil-
lons de tant de peines ! »

Un éclat de rire répondit à ces paroles, et un mystérieux personnage apparut assis sur une pierre druidique,
sans qu'ils eussent pu voir d'où il sortait et comment il
se trouvait là. Tiot Watremetz reconnut le voyageur qu'il
avait rencontré un mois auparavant.

« Eh ! qui s'y frotte s'y pique ! ricana-t-il de sa voix
aigre. Vous voulez jouer au fin avec un esprit et vous
n'êtes que des imbéciles ! Tenez, regardez? »

Il ramassa trois ou quatre morceaux de la pierre noire
que contenait la fosse, les disposa en tas, plaça dessous
des sarments de bois et frotta le bout de son doigt contre

la terre. Aussitôt il sortit de ce doigt une belle flamme à l'aide de laquelle il alluma le petit fagot; les pierres noires s'embrasèrent à leur tour et produisirent un feu brillant.

« Si ce n'est point là de l'or, n'est-ce point de quoi en faire? demanda-t-il. Le bois manque dans cette contrée, et la forêt voisine, dévastée par des coupes incessantes, ne contiendra bientôt plus que des balivaux. Cette fosse, dont les veines de houille s'étendent à plus d'une lieue sous terre, contient de quoi chauffer dix provinces entières pendant un siècle. Exploitez-la et vous deviendrez plus riche que le gentilhomme qui refusait à Lazare les miettes de sa table.

— Que demandez-vous en échange de cette mine? car, vous une fois parti, nous n'y trouverons plus rien; il en adviendra du charbon qu'elle contient comme de l'or qu'elle renfermait l'autre jour!

— J'aime le bon sens de cette jolie petite femme! riposta-t-il en s'asseyant plus commodément sur la pierre, au haut de laquelle il se tenait juché. Voyons!... Pendant dix ans je vous garantis une santé à toute épreuve, et une fortune à faire crever d'envie les jaloux de votre village, c'est-à-dire tous les habitants, sans en excepter un seul.

— Dix ans! répondit avec dédain Catherine, vous ne vous montrez guère généreux!

— Diable! ou ne traite avec vous ni facilement ni à bon compte! Voyons, mettons cela à douze ans.

— Non, quinze!

— Douze! je n'en rabattrai pas d'une minute.

— Et après ces douze ans?

— Je viendrai vous donner la main pour vous conduire dans une autre mine bien autrement riche que celle-ci. Allons, signons et dépêchons-nous. L'*Angelus* ne tardera point à sonner, et j'ai des affaires pressées qui ne me permettent ni d'attendre, ni d'entendre le son de cette ennuyeuse cloche.

— J'accepte, dit Catherine, mais seule. Mon mari, entendez-vous bien, n'entre pour rien dans le marché.

— Je préfère une seule femme comme vous à trente mille niais comme lui ! Signez-moi ce petit parchemin.

— Je ne sais pas écrire, je mettrai ma croix. »

Satan trembla plus que ne tremblait Tiot Watremetz, qui pourtant se sentait prêt à défaillir.

« Posez votre doigt dans la boue et appliquez-le sur le papier ! Bien. Au revoir ! »

La terre s'entr'ouvrit sous ses pas, et il disparut.

« Qu'as-tu fait ! qu'as-tu fait ! Catherine ! gémit Tiot Watremetz.

— Continue à vivre en paix comme un bon chrétien que tu es, répondit-elle. Satan passe pour bien fin, mais, quoi qu'il en soit, les femmes ne lui cèdent en rien. »

Pendant onze ans, onze mois et trente jours, rien ne troubla la prospérité toujours croissante de Tiot Watremetz et de sa femme. Six mille ouvriers employés dans la mine de houille révélée par Satan et dans neuf autres qu'on trouva non loin de là, ne pouvaient suffire aux demandes des innombrables chalands qui venaient acheter du charbon.

L'or coulait à flots dans la maison, ou plutôt dans le château de messire Watremetz, car Catherine avait voulu acquérir des titres de noblesse. Du reste, la façon dont elle dépensait sa grande fortune lui valait l'affection et le respect d'un chacun. Elle fondait des hôpitaux, bâtissait des églises, dotait les filles pauvres, prêtait de l'argent aux besogneux, en donnait aux indigents et s'attirait plus de bénédictions que monseigneur l'archevêque lui-même, tenu cependant par un chacun pour un prélat fort charitable.

La nuit du trente et unième jour du douzième mois de la douzième année, Satan entra chez Catherine.

Il la salua d'une façon accorte et avec un air de gentilhomme des mieux appris, lui dit en belles paroles qu'il se tenait à ses ordres pour entreprendre le voyage promis aux termes de leur traité.

« Je vous attendais, répondit-elle gracieusement et avec une de ses plus belles révérences. Accordez-moi seulement le temps de donner quelques ordres.

— Pour faire construire, n'est-ce pas, encore des églises ou des hôpitaux? Ma foi non! Vous avez fait un trop sot usage de la fortune que vous tenez de ma munificence pour que je vous laisse continuer un pareil scandale! Les bonnes œuvres, comme vous les appelez, me déplaisent souverainement.

— Vous me permettrez, du moins, de prendre congé de mon mari?

— Fi donc! façons de petites gens, ma chère! partons!

— Une honnête femme n'a que sa parole. Minuit va sonner, je vous suis. »

Elle se leva et s'enveloppa de sa mante.

« Ah! quel froid! dit-elle. Je frissonne de tout mon

corps. Dehors, je le tiens pour sûr, il gèle à pierres fendre. Il faut que j'emporte un peu de chaleur. Tenez, je vais jeter au feu cette poignée de tiges d'œillettes; promettez-moi de ne pas m'emmener avant qu'elle ne soit consumée, c'est l'affaire d'un quart de minute.

— Par ma fourche! s'écria Satan avec impatience, on n'en finit jamais avec les femmes! Vous n'aurez pas froid où je vous mène, venez!

— Si vous ne m'accordez pas ma requête, dit-elle en riant, si vous ne me jurez pas de ne m'emmener que lorsque cette étieulée sera brûlée, je vous en préviens, je fais du scandale, je résiste, j'appelle à l'aide, et gare au curé et à ses exorciseurs!

— Je vous le jure donc! s'écria-t-il avec dépit; mais hâtez-vous, ou j'emploie la violence! »

Au lieu de jeter au feu la poignée de tiges d'œillettes, elle la plongea dans un bénitier, cachée derrière elle.

Satan poussa un cri de rage qu'on entendit à plus d'une lieue de là. Catherine se mit à rire si fort, qu'elle s'en tenait les côtes.

« Va-t'en, niais! dit-elle, quand le rire qui la suffoquait lui permit de parler. Va-t'en avec ta courte honte, présomptueux qui as voulu jouer au fin avec une femme! Va-t'en, te dis-je! ou je t'asperge d'eau bénite depuis tes cornes jusqu'à tes vilains pieds fourchus! Retourne seul dans ta fournaise éternelle, et puissent mes cantiques sans fin, quand Dieu m'admettra en son paradis, ajouter à ton dépit et à ton désespoir! »

En achevant ces mots-là, elle brandit un goupillon, qui mit en fuite l'ange maudit.

Cependant n'allez pas croire que le démon ne se vengea pas de sa déconvenue. Dès le lendemain les eaux envahirent les mines de Tiot Watremetz ; il y survint de terribles éboulements ; le feu grisou y commit d'affreux ravages, et l'édifice de l'immense fortune des deux époux ne tarda point à s'écrouler. A peine leur resta-t-il le nécessaire pour vivre, même humblement.

Mais, comme le faisait observer avec malice dame Catherine, la pauvreté dont Satan les accablait ne servait qu'à leur faciliter le chemin du ciel, puisqu'il est écrit tout au long dans l'Évangile : « Bienheureux vous qui êtes pauvres, parce que le royaume de Dieu est à vous. »

Telle est la légende que, dans mon enfance, me racontait une servante sexagénaire, fille d'un *porion* ou ouvrier des mines d'Anzin. A présent, excepté moi, qui dit ou qui sait encore ce récit, vieux de trois ou quatre siècles, transmis de bouche en bouche, et qu'aujourd'hui on écrit pour la première fois peut-être ? Le moindre ingénieur s'entend mieux que le Satan du moyen âge à découvrir les mines de houille ; les pompes, mues par la vapeur, arrêtent et rejettent au dehors les eaux souterraines ; des échafaudages simplement et savamment disposés répriment les éboulements, enfin le feu grisou, devenu tout bonnement de l'hydrogène carboné, vient s'arrêter, impuissant, contre la toile métallique dont Davy a enveloppé les lampes qui portent son nom. La science arrive, et la légende, hélas ! s'en va.

II

J. J. Rousseau, qui, dans la *Nouvelle Héloïse*, enseigne avec tant d'aplomb l'art imaginaire de fabriquer avec des simples des vins de toute espèce de crus, J. J. Rousseau n'en disait pas moins : « Je ne croirai à la chimie que le jour où la chimie recomposera ce qu'elle décompose. »

Grâce à Dieu, depuis vingt ans surtout, la chimie a réalisé et au delà le programme de l'auteur d'*Émile*. Bon gré, mal gré, il lui faudrait aujourd'hui croire à la chimie. Les faits de nature à le convaincre ne manquent pas, et deviennent chaque jour plus nombreux.

M. Barouilhet, par exemple, vient de donner la solution d'un problème de géologie assurément des plus graves. Il produit de la houille artificielle.

Pour obtenir ce résultat, que le seizième siècle eût regardé comme un sortilége, et le dix-huitième comme une œuvre voisine des tours de passe-passe du comte de Saint-Germain, il interpose des couches de matière ligneuse entre des couches de marne et les renferme dans un vase, qui, sans être complétement clos, se trouve néanmoins disposé de telle sorte que les gaz dégagés puissent rester, un temps donné, en contact avec le bois et la marne.

Il soumet ensuite cette préparation à une température

qui ne dépasse guère deux cents degrés, et il obtient des produits qui ressemblent complétement à la houille, disons mieux, qui lui sont identiques.

Cette houille modifie son aspect selon la nature du bois mis en œuvre et selon l'action plus ou moins puissante de la température. Quelques feuilles placées entre les couches ont laissé leurs empreintes sur cette houille arti-ficielle, littéralement, comme on le voit dans les blocs naturels extraits des mines.

Il résulte de cette expérience que, de toutes les théories faites sur la formation de la houille, une seule est vraie : celle qui l'attribue à des amas végétaux rassemblés par les eaux, à peu près comme les tourbières, et soumis ensuite aux effets de la chaleur centrale du globe, alors bien autrement puissante que de nos jours.

III

Que de choses dans un sonnet ! disaient les beaux esprits de la cour de Louis XIV, qui, pourtant, avaient autour d'eux d'autres motifs d'admiration, ne fût-ce-que Molière ou Bossuet.

Le dix-neuvième siècle ne peut-il s'écrier avec plus de raison, et avec un orgueil plus légitime : Que de choses dans un morceau de houille !

Louis XIV et sa cour reconnaîtraient eux-mêmes aujourd'hui qu'un morceau de houille et ses produits valent mieux que le sonnet sans défaut qui, selon Boileau, valait seul un long poëme.

Il y a de tout dans la houille, même des essences pour confectionner la confiserie.

Lorsqu'on distille cette houille, on en obtient trois corps: l'un solide, le coke ; l'autre liquide, le goudron; le troisième gazeux, l'hydrogène carboné.

On en récolte encore des eaux dont on extrait, en abondance et à bas prix, l'ammoniaque, d'un usage général dans l'industrie, qu'à la fin du siècle dernier on achetait des Orientaux au poids de l'or et qu'on prétendait ne pouvoir s'obtenir que de la fiente des chameaux.

Vous connaissez l'emploi immédiat du coke et de l'hydrogène, l'un éclaire, l'autre chauffe.

Quant au goudron, tel qu'il sort de la cornue, son emploi est moins immédiat. On avait voulu le substituer à l'asphalte pour la construction des trottoirs; il manquait de solidité et de résistance ; les pieds s'enfonçaient dans ses couches noires, à peu près comme aujourd'hui dans le lait du macadam; seulement on n'en sortait pas avec autant de facilité.

Pour tirer parti du goudron de houille, il fallut donc le distiller à nouveau.

La chimie d'abord, l'industrie ensuite, obtinrent de cette matière, jusqu'alors inutile, des liquides possédant une densité et des propriétés variées à l'infini : depuis une huile légère, ayant à peine le poids de l'alcool, jusqu'à la naphthaline, solide, lourde, nacrée, et qui joue un rôle, souvent efficace, dans la guérison des maladies de la peau.

Les hydrocarbures produits par la distillation du goudron de houille forment une famille de substances propres à détacher les étoffes, telles que l'éthérine, la carburine et la benzine. Cette dernière jouit d'une grande popularité. Il n'est point de Parisien qui n'en possède un flacon ; pas une boutique de décrotteur qui n'en étale des bouteilles à ses vitrines.

La seconde distillation du goudron enfante une autre famille: celle des gazogènes. Mêlés à l'alcool, ils remplacent, jusqu'à un certain point, l'huile à brûler, et sont connus sous le nom de gaz liquide. Presque seuls, jusqu'à présent, ils possèdent la propriété de dissoudre le caoutchouc; ils causent l'odeur infecte qu'exhalent les vêtements enduits de cette substance. Enfin, soumis à certaines réactions, distillés à nouveau, unis à l'éther, ils deviennent des essences d'un parfum délicieux, et que la confiserie parisienne, la première du monde, emploie pour donner à ses bonbons le goût de la fraise et de l'ananas.

Le rhum, le cognac, ne reçoivent trop souvent leur bouquet que de quelques gouttes de la dernière de ces essences.

On obtient encore du goudron de houille une matière tinctoriale analogue à l'une des couleurs si précieuses qu'on retire de la garance.

Diverses propriétés des produits de la houille, observées et étudiées, ne tarderont sans doute point à valoir de nouveaux progrès à l'industrie. La tannerie, entre autres, opérera un de ces jours, en quelques heures, des résultats qu'elle n'obtient qu'après de longs mois de travail. Le principe sur lequel reposent ces futurs procédés existe en théorie, mais son application reste encore insuffisante. On se trouve arrêté par un de ces obstacles invisibles que le hasard finit le plus souvent par écarter, quand, vaincu, le génie humain y renonce.

Mais revenons à nos bonbons.

Les dragées à l'essence de pomme, de poire, de coings, de melon et tant d'autres, les bonbons anglais devenus populaires et que débitent les épiciers, ne doivent leurs aromes qu'à des combinaisons d'éther butyrique, avec du vinaigre, de l'acide valérianique ou de l'acide coccinique, extrait de la noix de coco.

L'éther butyrique n'est lui-même qu'un produit combiné de l'acide butyrique.

Or cet acide s'obtient par la distillation de matières organiques en décomposition, telles que le fromage et les viandes. Ajoutons, pour rassurer les dégoûtés, qn'on peut le préparer encore par la métamorphose que le sucre, l'amidon et d'autres matières analogues éprouvent au contact de substances azotées de nature à agir comme ferment.

Et puis d'ailleurs la chimie, comme le feu, ne purifie-t-elle pas tout ?

UNE CHAMBRE A REVENANTS

I

La plupart d'entre nous haussent les épaules et rient de pitié quand on parle de ces mystérieuses chambres, si communes autrefois dans les vieux châteaux, où l'on ne pouvait dormir en repos, et que hantaient des esprits. Cependant les plus courageux et les moins crédules sortaient, et parfois encore sortent aujourd'hui de ces lieux sinistres dans un état de malaise irrécusable, pâles, effrayés d'étranges visions, et peu disposés à recommencer une si rude épreuve.

Au moyen âge, on expliquait de pareils phénomènes, soit par la visite d'une âme en peine sollicitant des prières qui la tirassent du Purgatoire, soit par la présence de quelque démon mis en possession d'une partie du château, grâce à un crime commis entre ses vieux murs.

Au dix-huitième siècle, les esprits forts nièrent ces histoires, ridicules selon eux, et traitèrent d'imbéciles ceux qui ne partageaient pas leur incrédulité à ce sujet.

Voici venir le dix-neuvième siècle qui, dans son âge mûr, non-seulement constate, mais encore explique la réalité des fantasmagories dont s'effrayaient nos aïeux, auxquelles ne croyaient point les philosophes de l'école de Voltaire, et dont, à l'heure qu'il est, se moquent tant de gens.

C'est aux journaux de médecine anglais et français que nous empruntons les faits qu'on va lire.

L'année dernière, c'est-à-dire en 1858, un jeune lord hérita, en Écosse, au milieu des montagnes, d'un château fort ancien, et dans lequel se trouvait une *chambre verte* où personne n'osait passer la nuit. On racontait que deux ou trois audacieux qui avaient tenté d'y dormir n'en étaient sortis que morts ou dans un état à faire pitié; il avait fallu aux plus heureux plusieurs semaines pour se rétablir.

Le jour même où il prit possession de son château, lord Mac-M... ordonna qu'on lui préparât la *chambre verte*, et annonça l'intention de l'habiter pendant toute la durée de son séjour. En agissant ainsi, le nouvel héritier voulait montrer aux domestiques et aux tenanciers qu'il n'était point dupe de quelque grossier manége, inventé sans doute pour tenir éloigné de son domaine un maître dont on ne voulait point subir la surveillance.

Il s'endormit paisiblement d'abord dans la *chambre verte*, assez petite d'ailleurs, et où, comme l'indiquait son nom, tout était vert : tentures, rideaux, plafond, boiseries et tapis. Après quelques heures de sommeil, il éprouva des coliques violentes, des douleurs d'estomac intolérables, des vertiges et des hallucinations qui ne se dissipèrent qu'au bout de plusieurs jours, et lorsqu'on l'eut transporté dans une autre chambre.

Il attribua cette grave indisposition, soit à l'humidité naturelle d'une chambre inhabitée depuis plus d'un demi-siècle, soit au voisinage d'un petit étang, situé à peu de distance des fenêtres, et dont les eaux stagnantes pouvaient, par leurs miasmes pestilentiels, produire les symptômes dont il avait tant souffert. L'étang fut desséché, la chambre assainie au moyen d'un grand feu de charbon de terre qu'on y entretenait jour et nuit ; et deux mois après, le jeune lord, piqué au jeu, coucha de nouveau dans la *chambre verte*.

Il n'y dormait pas depuis une heure, qu'on l'entendit pousser des gémissements : personne n'osa entrer et lui porter des soins, car il s'était enfermé au verrou, et avait défendu qu'aucun de ses gens ne pénétrât auprès de lui. Cependant, comme le lendemain matin, il ne sortait point de cette fatale *chambre verte*, on enfonça les portes, et on trouva lord Mac-M... mourant sur son lit.

Par un heureux hasard, le docteur S. Taylor, professeur de médecine légale à l'hôpital de Guy, se trouvait en Écosse et dans le voisinage du château. On courut en toute hâte le chercher, et il trouva le jeune lord assez malade pour inspirer de sérieuses inquiétudes.

Ce ne fut qu'en changeant de résidence et en revenant habiter une autre de ses propriétés près d'Édimbourg, que lord Mac-M... parvint à se rétablir. Encore ne se guérit-il que d'une façon incomplète, et souffrit-il plusieurs mois d'une *conjonctivite palpébrale*, variété d'ophthálmie douloureuse et tenace.

Le propriétaire du manoir écossais raconta au docteur Taylor qu'après s'être endormi paisiblement, il avait vu tout à coup, soit en rêve, soit dans cet état étrange de torpeur qui n'est ni la veille ni le sommeil, se dresser devant lui un monstre vert qui le regarda d'un œil sinistre. Puis le fantôme se jeta brusquement sur le lit, enfonça ses ongles aigus jusqu'au fond de la poitrine du jeune homme et y fouilla longtemps en lui causant d'intolérables douleurs. Enfin il ne disparut qu'après avoir passé sur les yeux de sa victime la fourche de fer rougie à blanc qu'il tenait dans une de ses mains:

« Mylord, dit M. Taylor, si vous le désirez, avant un mois, j'aurai exorcisé le démon qui, deux fois, vous a si cruellement fait sentir son pouvoir.

— Docteur, je vais écrire à mon intendant d'exécuter à la lettre tous les ordres que vous lui donnerez.

— Ces ordres seront bien simples, reprit le docteur. Vous avez été empoisonné par de l'arséniate de cuivre.

— Qui donc a osé attenter à ma vie? Dites-moi le nom de l'assassin, que je le livre à la justice.

— Le criminel ne relève point des cours d'assises. C'est tout bonnement le papier peint de votre chambre qui a a été préparé avec du *vert de Scheele*. Avant de vous ramener à Édimbourg, j'ai secoué les livres qui depuis bien des années se trouvaient dans la chambre maudite, et j'ai recueilli la poussière qui les recouvrait ; enfin, j'ai arraché une partie du papier collé sur les murailles, et j'ai soumis poussière et papier au procédé de Reinsch. Le papier seul m'a donné 450 grains (22 grammes) d'une matière qui contenait assez d'arsenic pour que cinq grains couvrissent une lame de cuivre de dix pouces carrés.; traitée ensuite par la chaleur; cette matière a formé des cristaux octaédriques d'arsenic.

« En venant habiter la *chambre verte*, vous avez mis en mouvement la poussière empoisonnée qui, depuis si long-temps, recouvrait les meubles, les livres, les tentures; les parquets et les rideaux de lit. Elle a pénétré par le nez, par les yeux, par la gorge, jusque dans les voies pulmonaires, et elle a mis votre existence en danger. Quant au démon, la suffocation de votre poitrine et votre cerveau en fièvre l'ont enfanté. Faites arracher et brûler tout ce qui est vert dans la chambre ensorcelée, et vous habiterez ensuite cette chambre aussi impunément que le beau salon blanc et or dans lequel nous devisons à l'heure qu'il est. »

La *chambre verte* devint en effet une chambre jaune, et, dès lors, on put y passer la nuit sans avoir à subir ni cauchemar, ni empoisonnement, ni conjonctivite palpébrale.

Disons encore qu'en plein Paris, dans nos propres appartements, de pareils accidents peuvent survenir et surviennent souvent. Il n'est même point nécessaire que ces appartements soient tendus de papier vert ; l'essence de térébenthine, d'un usage si fréquent, suffit pour produire des rêves, des douleurs de tête, des vomissements, des symptômes dangereux, voire la mort.

Il y a quelque temps, une jeune ouvrière assez ignorante ou assez imprudente pour coucher dans une mansarde qu'elle avait peinte elle-même le soir, et qu'elle n'avait pas débarrassée du pot contenant la couleur, fut trouvée morte sur son lit.

M. le docteur Marchal de Calvi a publié un travail remarquable sur l'empoisonnement produit par l'essence de térébenthine.

Une actrice du théâtre des Variétés faillit périr victime de son imprudence à habiter trop vite un appartement nouvellement peint. La nuit elle s'éveilla suffoquée, put à peine trouver la force de saisir le cordon de la sonnette, et, malgré les soins qu'on lui prodigua, resta plongée, cinq ou six jours, dans une prostration absolue et des plus alarmantes.

Un des principaux employés du palais des Tuileries a éprouvé dernièrement des accidents de même nature.

Madame A..., qui habite la rue Neuve-Coquenard, a été frappée plus cruellement encore : par suite de l'inhalation des vapeurs de l'essence de térébenthine, elle a perdu la raison, et il lui a fallu, pour sa guérison, huit longs mois de séjour dans une maison d'aliénés.

Le docteur Maffei, médecin du quartier des Tuileries, un jour qu'il remplissait son service et qu'il donnait sa consultation dans le château impérial, se sentit tout à coup frappé d'une stupeur étrange. Ses idées s'obscurcissaient et s'éteignaient, pour ainsi dire. Il cherchait les mots les plus usuels sans pouvoir les trouver.

Il porta la main sur son pouls : ce pouls battait lentement et faiblement ; une sorte de paralysie gagnait tous ses membres, et ce fut avec des efforts de volonté surhumains qu'il parvint à se soulever de son fauteuil et à se traîner jusque auprès d'une fenêtre qu'il fit signe d'ouvrir.

L'air extérieur lui rendit un peu de force, dont il profita pour se débarrasser de sa cravate et de son habit. Dès ce moment, il se sentit peu à peu renaître à la vie et à l'intelligence. Cependant, il fallut près de deux heures pour qu'il ne restât plus de traces d'un mal mystérieux et jusque-là sans analogue pour lui. Quand il voulut reprendre son habit, une forte odeur de térébenthine qui s'en exhalait lui donna le mot d'une énigme qui avait presque failli lui devenir fatale.

Le valet de chambre de M. Maffei avait nettoyé le collet d'habit de son maître avec de l'essence, et par malheur il ne l'avait point épargnée.

Cette nombreuse énumération d'accidents servira-t-elle à quelque chose? Nous avons bien peur que non. Hélas ! rien ne ressemble plus qu'un journaliste à cette pauvre Grecque qui passait sa vie à faire des prédictions véridiques auxquelles personne ne voulait ajouter foi.

Quand il n'était que comte d'Artois, le roi Charles X, dans sa jeunesse, s'arrêta un matin de carnaval, au milieu du pont Neuf, monta sur sa voiture, et tirant de sa poche une bourse *pesant lourd et trébuchant clair*, comme dit Rabelais, il se mit à crier :

« Qui veut des écus de six livres pour trente sols? »

Plus de mille personnes passèrent près du prince sans faire autre chose que rire, hausser les épaules et répéter d'un air capable :

« Pour quels sots nous prend-il donc? »

Il n'y eut qu'une femme de la halle qui s'approcha du comte d'Artois et qui lui dit :

« Ma foi, je me risque ! Vous êtes trop joli garçon pour tromper une vieille femme ; si j'étais jeune, j'aurais moins de confiance. Voici quinze pièces de trente sous ; donnez-moi quinze de vos écus de six livres. »

Ce fut alors des huées dans la foule. Bientôt, néanmoins, ces huées prirent un tout autre caractère lorsque la brave poissarde, mettant ses poings sur ses hanches, leur dit en langage des halles :

« Si vous n'étiez pas de vrais niais, vous auriez vu et reconnu comme moi le frère du roi dans ce charmant charlatan. »

Chacun alors se précipita vers la calèche ; mais le prince fouetta ses chevaux, partit au grand galop et disparut.

Que d'écus de six livres la science et la publicité offrent chaque jour aux masses sans que celles-ci veuillent les accepter, je ne dirai pas pour trente sous, mais gratis.

II

Si vous voulez connaître d'autres effets dangereux produits par l'emploi du vert-de-gris, écoutez encore une histoire.

Paris regorge de drames inconnus.

Nulle part, suivant l'expression de Montaigne, « l'inconstance du bransle divers de la fortune n'y présente plus d'espèces de visages. » Rien n'y est certain, ni la richesse, ni la misère, ni l'obscurité, ni la renommée, ni l'impopularité, ni la popularité, ni même le pouvoir. J'ai vu sortir hier, d'un restaurant à deux francs, un homme qui a été ministre et qui a laissé dans l'administration les souvenirs les plus honorables. En revanche, j'ai rencontré dans une calèche à deux chevaux, le fils d'un de mes anciens portiers, qui, le hasard et la Bourse aidant, possède aujourd'hui un hôtel et manie l'or à pleines mains. Dieu veuille qu'il ne finisse point par exercer une profession qui vaille moins que celle de son père ! Il y a un de mes bons proverbes flamands qui dit : « La plante qui vient du fumier redevient fumier. »

Je sais encore une jeune femme, élevée au milieu des recherches du luxe, dotée de huit cent mille francs, qu'une saisie et des huissiers vinrent, il y a deux ans, réveiller le lendemain d'un bal pour lui apprendre qu'elle ne possédait plus rien, ni hôtel, ni voiture, ni bien-être, ni même certitude du pain quotidien. Aussi lâche dans l'adversité qu'il s'était montré présomptueux et insensé dans la prospérité, son mari se suicida. Elle, au contraire, qui avait été douce, charitable et sans enivrement au sein du luxe, prit ses deux enfants par la main, regarda en face et sans crainte la pauvreté, loua, dans un quartier éloigné, un petit appartement au rez-de-chaussée et se fit l'apprentie de sa fleuriste.

En quelques mois, madame X..., devenue plus habile que sa maîtresse, s'établit à son compte, et ne tarda point à être avantageusement connue des modistes en vogue, émerveillées de la perfection des produits qui sortaient de ses mains.

Le commerce des fleurs artificielles forme une des plus grandes et des plus lucratives industries dont se compose ce que les négociants nomment l'*article Paris*. Non-seulement la capitale et les départements en consomment des quantités considérables, mais encore le reste de l'Europe et l'Amérique tout entière s'en approvisionnent sur notre marché.

Aussi, madame X... ne pouvait suffire aux commandes qui lui arrivaient de toutes parts. Bien souvent, son travail et celui de son ancienne femme de chambre, une fidèle Bretonne qui n'avait point voulu, aux mauvais jours, se séparer d'elle, se prolongeait-il presque toujours bien avant dans la nuit ; cependant, quatre apprenties, jeunes filles arrachées à la misère et peut-être à l'inconduite, les secondaient avec ardeur.

La gêne avait disparu dès les premiers jours; l'aisance arrivait, cette douce et noble aisance qu'on se sent si heureux et si fier de devoir au travail, quand tout à coup un mal mystérieux, une sorte d'épidémie frappa le petit atelier; le teint de toutes ces jeunes femmes prit un aspect livide ; elles ressentirent des frissons ; des sueurs froides et des tremblements nerveux se manifestèrent et se compliquèrent de vomissements sanguinolents, avec des douleurs atroces dans la tête et dans tous les membres; enfin la moindre piqûre faite par une aiguille ou une tige de laiton causait aux doigts des six fleuristes des ulcères presque impossibles à guérir.

Un praticien du quartier fut appelé et ne comprit trop rien à ce fait étrange. Il en accusa néanmoins l'humidité du rez-de-chaussée.

Madame X... déménagea dès le lendemain et s'installa à un cinquième étage.

Le mal mystérieux qui avait d'abord disparu, revint à huit jours de là plus violent que jamais.

Cette fois, le médecin s'en prit à l'insalubrité du quartier.

Madame X... transporta son atelier à Neuilly, en pleine campagne.

Une semaine ne s'était pas écoulée que les six fleuristes éprouvaient de nouveau les symptômes fatals.

La femme de chambre bretonne crut voir dans ce fléau l'œuvre du démon ou d'un jeteur de sorts, et commença une neuvaine.

Le docteur y perdit son latin.

Heureusement le médecin de madame X... ayant appris par hasard l'état alarmant de son ancienne cliente, accourut et comprit du premier coup d'œil que la soi-disant épidémie qui désolait l'atelier avait pour cause l'industrie même qu'on y exerçait.

En effet, cette charmante profession de fleuriste, si proche parente de l'art, est entourée de périls. Tous ceux qui l'exercent ou qui fabriquent les matières qu'elle met en œuvre, sont exposés à l'empoisonnement. C'est que l'arsenic forme la base de chacune de ces matières.

D'abord on emploie beaucoup d'herbes naturelles, qu'on saupoudre de verts arsenicaux, après les avoir couverts de gomme.

Ensuite, quand les fleuristes assemblent les bouquets, cette poudre dangereuse se détache et remplit l'air de poussières vénéneuses. De plus, on enduit d'une pâte, dont la base est le vert de Schwenfurt, les étoffes dont on fait les feuilles; étoffe qu'on doit découper à l'emporte-pièce, coller, manier et souvent porter aux lèvres. Avec de pareilles manutentions, on comprend la presque impossibilité d'éviter les accidents.

Quand le docteur J... eut éclairé madame X..., sur les dangers de sa profession, la pauvre femme fondit en larmes.

« Il faut donc, s'écria-t-elle, il faut donc renoncer au métier qui me donne les moyens de vaincre la pauvreté et de me conquérir une existence honorable! »

Le docteur baissa tristement la tête, et sortit le cœur brisé.

Mais à peu de jours de là, il revint tout joyeux.

« Rassurez-vous, madame, dit-il, il existe un moyen d'ôter à la profession de fleuriste toute son insalubrité. Ce moyen consiste à incorporer dans la matière colorante employée à la fabrication des verts, un collodion [1] spécial qui, loin de nuire aux manipulations industrielles, les rend pour ainsi dire plus faciles encore et complétement inoffensives.

Donc, aujourd'hui, madame X... et ses ouvrières, complétement guéries, peuvent fabriquer impunément des fleurs sans compromettré leur santé.

[1] Le collodion est un mélange d'éther et de coton préparé avec de l'acide sulfurique.

Ce coton est fulminant et se nomme *coton poudre.*

ETHNOLOGIE

LE NŒUD DU COTHURNE

I

L'an de Rome 822, le quatorzième jour des ides de juillet, sous le consulat de Titus Arrius Antonius et de Publius Marius Celsus, une grande agitation régnait dans le palais de Galéria Fundana, femme de Vitellius. Depuis deux heures déjà, un grand nombre de femmes de sénateurs attendaient le réveil de l'impératrice afin d'être les premières à lui faire la cour, et charmaient leurs loisirs en jouant entre elles à la mourre, aux dés et aux osselets. Un détachement de gardes prétoriennes faisaient faction dans le vestibule; enfin, chacune des esclaves préposées à la toilette de la belle Romaine s'occupait, depuis le

17.

lever du soleil, avec d'autant plus de zèle à préparer les objets confiés à ses soins, que sur l'ordre de l'impératrice, le bourreau public se promenait déjà sous le vestibule, prêt, au moindre signe de leur maîtresse, à frapper, des larges courroies de bœuf qu'il portait sous son bras, les maladroites ou les négligentes [1]

Tandis que les *vestiplicæ*[2] sortaient, des caisses de hêtre parfumées, les tuniques et les cothurnes, les *psecæ*[3] disposaient des bandelettes de pourpre, les aiguilles d'or, les réseaux et les diadèmes ; les *cinerariæ*[4] faisaient chauffer dans la cendre des baguettes de fer pour disposer les cheveux en boucles, et les *cosmetes*[5] essayaient sur des têtes de bronze, revêtues de fausses chevelures apportées des Gaules, les différentes formes de coiffures parmi lesquelles aurait à choisir l'impératrice.

Venaient ensuite les *ornatrices*[6] courbées sous le poids des coffrets d'or et d'argent ciselés par les artistes les plus célèbres, et dans lesquels étaient rangés avec art les colliers, les bracelets, les boucles d'oreilles et les bagues.

Tout à coup une jeune esclave noire, âgée de quatorze ans, qui veillait immobile et muette comme une statue de bronze près du lit de Galéria, accourut annoncer tout bas que sa maîtresse venait de s'éveiller. Un silence pro-

---

[1] Salluste, *Catil.*
[2] Plaute, *Trinum.*, II, 1, v. 22. — Nonn. Marcellus, v. *Vestiplici.*
[3] Juv., S. 6, v. 491.
[4] Varro, t. IV, pag. 52.
[5] Juv. S. 6, v. 477.
[6] Ovide, *Amor.*, 1, 14, v. 15.

fond succéda au léger murmure de toutes ces femmes. Huit Africaines entrèrent dans la chambre où l'impératrice reposait sur un lit recouvert de tapis brochés d'or et drapé avec des voiles de pourpre tyrienne. Ce lit s'élevait sur une estrade d'ivoire, et l'on voyait, aux pieds des quatre statues d'argent massif qui les soutenaient, des vases d'albâtre où brûlaient encore des parfums délicieux, venus à grands frais de l'Orient[1].

Galéria leva les yeux sur le groupe d'esclaves agenouillées au chevet de son lit ; ce coup d'œil suffit pour qu'aussitôt ces femmes enlevassent délicatement, dans leurs bras, l'impératrice, qu'elles transportèrent ainsi dans la salle des bains.

Après l'avoir déposée durant quelques minutes sur le lit d'ivoire de *l'Apodytérium* [2], elles la conduisirent dans le *frigidarium* [3], petite pièce prenant son jour du haut, pavée de marbre blanc, et dans laquelle coulait une eau vive et limpide, épanchée par les bouches béantes de dix sphinx de bronze. Au bain froid succéda le bain tiède dans le *tepidarium* [4]. Là, une cuve d'argent, suspendue à des chaînes de même métal, comme une balançoire, et remplie d'une eau parfumée, reçut l'impératrice, qui ne tarda point à s'endormir d'un léger sommeil, grâce au mouvement doux et régulier imprimé à sa riche baignoire [5]. Quand elle sortit de cet assoupissement, on la

<hr>

1 Lucan., II, v. 358. — Catull., 57, v. 256. — Juvénal. S. 10, v. 334. — Serv., *In Æneid.*, I, v. 701.
2 Vitruv., v. 10.
3 *Id., id.*
4 *Id., id.*
5 Pline, II, ep. 17, V, ep. 5.

transporta dans le *sudatorium* [1]. Un réservoir d'eau bouillante occupait le milieu de cette salle et fournissait des tourbillons de vapeurs qui montaient en nuages vers la voûte, de forme hémisphérique et recouverte en stuc. Un bouclier de bronze, qui s'élevait et s'abaissait comme une soupape, servait à tempérer la chaleur quand elle devenait trop suffocante. Au sortir du *sudatorium*, Galéria passa dans le *unctuarium* [2], c'est-à-dire dans la chambre aux onctions et aux parfums [3], après quoi, enveloppée dans un vaste manteau de pourpre, ses esclaves la ramenèrent, toujours en la portant sur leurs bras, dans une salle voisine de *l'atrium*.

Là, nues [4] jusqu'à la ceinture, afin de recevoir avec plus de promptitude les châtiments que pourrait attirer sur elles leur maladresse, les *vestiplicæ*, les *ornatrices*, les *cinerariæ*, les *psecæ* et les *calamistræ*, à genoux et en silence, attendaient leur maîtresse, chacune tenant dans ses mains les vêtements et les parures parmi lesquels l'impératrice allait choisir sa toilette de la journée. Cette toilette était de grande importance, car il ne s'agissait pour elle de rien moins que de se rendre aux jeux que donnait au peuple, dans le cirque, l'empereur Vitellius, pour célébrer sa nomination au souverain pontificat [5].

Tandis que les *vestiplicæ* disposaient autour de la taille de Galéria, par-dessus le *kypasis*, des bandelettes nom-

---

[1] 5 Cels., *de Re medic.*, 1.
[2] Vitruv.❡ 11.
[3] Juvén., S. 6, v. 490.
[4] Petronius.
[5] *Id., id.*

mées *strophiæ* [1] ou *pectorales* et qu'elles ceignaient autour de ses hanches les plis de la *castaula*, espèce de jupon, les *ornatrices* et les *cosmetes* peignaient avec des aiguilles d'or et des peignes de buis la longue chevelure noire de leur maîtresse ; car celle-ci ne sacrifiait point à la mode qui voulait alors que la tête des femmes fût d'un blond ardent [2]. Afin d'obtenir cette couleur, les Romaines qui n'étaient point assez heureuses pour la devoir à la nature se teignaient les cheveux à l'aide d'un savon gaulois [3] composé de suif de chèvre et de cendre de hêtre. Quelquefois elles préféraient une infusion de brou de noix [4], ou bien un mélange de lie de vinaigre et d'huile de lentisque [5]. Quand les *cosmetes* eurent terminé, les *cinerariæ*, à l'aide de grosses aiguilles chauffées dans la cendre, commencèrent à disposer les boucles de la coiffure, aidées des *psecæ* qui les dirigeaient dans la manière de délier et de nouer les nattes et les tresses.

Galéria suivait du regard, dans un miroir d'argent que tenait devant elle une esclave, les travaux de ses femmes ; tout à coup une *pseca* effleura légèrement de son fer chaud le front de l'impératrice, qui jeta des cris de douleur. A l'instant, l'infortunée maladroite, battue d'abord cruellement par sa maîtresse, fut livrée au bourreau public, qui la suspendit par les cheveux à un anneau du plafond et se mit à la fustiger à grands coups de lanières,

---

1 Plaut., *Aul.*, III, 4, v. 24.
2 Festus, v. *Rutiliana*.
3 Pline, XXVIII, 12.
4 Tibull., IX, v. 44.
5 Pline, XXIII, 2.

non sans l'avoir bâillonnée au préalable afin que ses gémissements ne fatiguassent point l'impératrice [1]. Celle-ci,
sans s'émouvoir, sans paraître même songer aux tour-
ments qu'endurait l'esclave, continua paisiblement sa
toilette, qui se trouva terminée après deux heures d'essais
et de travaux.

La parure de Galéria consistait dans une longue tunique de pourpre, couverte de broderies d'or et de perles.
On la nommait *régille*, à cause de sa splendeur ; et elle
avait été inventée par Poppée, femme de Néron[2]. Une
large ceinture rassemblait les plis de cette robe autour
de la taille svelte de l'impératrice et représentait un
monstrueux serpent, dont un diamant, une émeraude et
un rubis formaient tour à tour chaque écaille. D'autres
serpents de même façon, mais plus petits, servaient de
collier et de bracelets. Ce qui méritait le plus d'admiration, c'était sans contredit la coiffure. Noués sur le derrière de la tête avec une chaîne de perles indiennes, les
cheveux revenaient sur le front en petites boucles entre-
mêlées de pierreries, et l'on ne pouvait assez s'étonner du
charme et de l'art d'une semblable merveille [3].

Il ne restait plus qu'à chausser l'impératrice ; celle-ci
désigna d'un geste un cothurne de pourpre à la *vestipica*
chargée de le fixer autour de son pied.

« Attachez ce cothurne par un nœud tyrrhénien [4], »
dit-elle.

---

[1] Propert., IV, v. 40.
[2] Petron., 67.
[3] *Statues et Médailles antiques.*
[4] Ovid., *Art. amat.*, III, v. 174.

Or, le nœud *tyrrhénien* était une nouvelle manière de disposer les bandelettes des cothurnes. On en devait l'invention à la première femme de Vitellius, récemment répudiée par lui. Pétronia n'avait point voulu, pour tout au monde, apprendre le secret de ce nœud à sa rivale, et deux esclaves avaient préféré mourir dans les tortures plutôt que de trahir le secret de leur maîtresse. Galéria avait donc chargé sa *vestiplica* de trouver les combinaisons du nœud tyrrhénien, et celle-ci n'était arrivée qu'à des résultats incomplets. Aussi, deux fois l'esclave désignée par l'impératrice essaya, tremblante, de former le nœud, et deux fois la bandelette retomba libre et traînante. Galéria, furieuse, enfonça dans les bras et dans la poitrine nus de la *vestiplica* une des longues épingles d'or dont les *cosmetes* s'étaient servies pour la peigner ; l'esclave s'évanouit.

« Livrez-la au bourreau, dit froidement sa maîtresse, les coups de lanière lui feront reprendre connaissance. »

Ensuite, elle donna l'ordre à d'autres femmes de nouer ses cothurnes ; mais aucune d'elles n'y put réussir, et il fallut que l'impératrice, éperdue de colère et après avoir fait livrer tour à tour aux verges chacune de ces esclaves, essayât d'attacher de ses propres mains les fatals cothurnes.

Cela fait, d'une voix encore émue par la fureur, Galéria donna l'ordre qu'on fît avancer sa litière jusque dans le vestibule même.

Douze esclaves vêtues de tuniques éclatantes d'or portaient cette litière, vaste lit d'ivoire couvert de pourpre et garni de différents petits coussins de soie remplis de duvet[1]. Sitôt que Galéria s'y fut couchée, quatre jeunes filles, nommées à cause de leurs fonctions *pedisequæ*[2], se placèrent, de chaque côté, une palme à la main. Cette palme, composée de plumes de paon et de petites lames de bois, devait servir à préserver du soleil l'impératrice durant le trajet. Alors le cortége se mit en chemin. Tandis qu'une escorte de cavaliers montés sur des chevaux numides, marchant en tête, faisaient ranger le peuple, vingt coureurs noirs, les bras et les jambes garnis d'ornements d'argent et n'ayant d'autre costume qu'une ceinture blanche[3], partirent au galop en criant :

« Place à l'impératrice ! »

Les trompettes sonnèrent, les pieds des chevaux frappèrent le pavé, et la foule qui remplissait les rues conduisant au cirque se rangea respectueusement pour laisser le passage libre à l'épouse de l'empereur. Celle-ci, nonchalamment étendue dans la litière, tenait dans la main gauche une boule d'ambre qui la rafraîchissait en la parfumant[4], et de la droite se jouait avec de petites couleuvres qui se glissaient autour de son cou et sur son sein de manière à lui produire une voluptueuse sensation de froid, par le contact caressant de leurs corps à sang glacial[5].

L'impératrice partie, le bourreau public quitta le palais, laissant sanglantes et demi-mortes les nombreuses victi-

[1] Senec., *Consol. ad Marc.*, 16.
[2] Dig. XL., leg. 59. — Juvén., S. 6, v. 354.
[3] Mart. X, 6, XII, 24.
[4] Pline. — Propert., II, 18, v. 60.
[5] Mart., XI, v. 55.

mes que lui avaient livrées l'impatience et la coquetterie
de Galéria.

II

Quelques instants avant l'heure désignée pour l'ouverture des jeux, deux jeunes hommes, qui paraissaient
étrangers, sortirent de la voie Suburrane[1], quartier de
Rome habité par la dernière classe du peuple, et suivirent la foule immense dont les flots se poussaient vers le
cirque. Les vêtements de ces inconnus, quoique pauvres,
auraient présenté au regard d'un observateur attentif un
contraste tout à la fois frappant et bizarre. Le manteau
grossier du plus jeune, quoique d'étoffe commune, s'as-
sociait merveilleusement à des traits sévères et majestueux, tandis que le second, sous sa tunique de laine follement nouée par une ceinture de cuir, rappelait plutôt
les manières exagérées d'un *beau* que l'allure commune
d'un artisan.

Ces deux hommes se regardèrent avec attention, comme
s'ils se fussent vus autrefois et que le lieu où ils se ren-
contraient et le costume dont ils étaient couverts les em-
pêchât de se reconnaître. Ils continuèrent néanmoins à

[1] Varro, l. IV, p. 16.

marcher sans s'adresser la parole, mais non sans retourner souvent la tête l'un vers l'autre, préoccupés de leurs mutuels souvenirs. Sur ces entrefaites, un vieil esclave aveugle, contrefait, courbé par l'âge et presque paralytique, vint à passer : la foule se prit à rire de sa mine piteuse, et l'un des deux jeunes hommes, celui dont la tunique de laine était si bizarrement ajustée, plaça son bâton devant les jambes de l'aveugle qui tomba dans la boue. Aussitôt, l'autre jeune homme accourut, repoussa doucement les groupes qui s'étaient formés autour de l'aveugle pour rire de sa détresse, le releva, le conduisit vers une fontaine voisine, lava les contusions que le pauvre vieillard s'était faites dans sa chute, et ne le quitta qu'après lui avoir donné son propre manteau.

« Est-ce une raillerie de ma conduite que vous prétendez faire en agissant ainsi ? demanda d'un air plein d'insolence le jeune homme qui avait causé la chute du vieillard et qui s'était arrêté pour considérer les charitables soins donnés à la victime de sa brutalité.

— Je ne raille jamais, répondit avec douceur celui qu'il apostrophait de la sorte.

— A la bonne heure, et vous faites bien de répondre de cette humble manière, car sans cela mon bâton vous châtierait comme un vil esclave que vous êtes, sans doute. »

A ces paroles grossières, une vive rougeur, expression de la colère et de la honte, couvrit le visage du jeune homme, dont une main agitait d'une façon convulsive le bâton qu'il tenait, tandis que l'autre semblait chercher machinalement à sa ceinture la poignée d'une épée. Ce mouvement d'indignation eut néanmoins la rapidité de l'éclair, et celui qui l'éprouvait leva les yeux vers le ciel comme pour lui demander à la fois le pardon de sa faiblesse et la force de se maîtriser. Puis baissant les yeux, il continua sa route sans répondre.

Mais l'autre ne le tenait point quitte ainsi ; loin de se sentir touché de la modération de son adversaire, il ne semblait en éprouver que plus d'insolence, et courant pour rejoindre celui qui venait de s'éloigner de lui : —

« Vous ne répondez point, lui cria-t-il en le touchant du bout de son bâton, vous baissez la tête ; craignez-vous que je voie sur votre front le stigmate des esclaves fugitifs ? »

Le jeune homme s'arrêta, et regardant son persécuteur avec un calme que démentaient peut-être les inflexions de sa voix :

« Ne vous êtes-vous jamais bien trouvé de rencontrer quelqu'un pour vous relever quand vous gisiez à terre? lui demanda-t-il.

— Samuel ! c'est donc vous? interrompit le jeune homme ; mes yeux ne se trompaient donc point quand ils cherchaient à vous reconnaître sous ce déguisement,

— Ces habits ne sont point un déguisement, ce sont les miens, ceux que je porte d'ordinaire.

— Vous, Samuel Ananias[1]! Vous, chef de la plus puissante famille de Jérusalem ; vous qui commandiez la faction la plus puissante de cette ville ; vous qui en étiez

[1] Flavius Josèphe, ch. LIII.

presque le roi, je vous retrouve à Rome, vêtu d'une tunique qui vaut à peine douze as, faisant métier de relever dans la rue les esclaves aveugles, et recevant avec patience des injures et presque des voies de fait!

— Cela vous paraît-il plus surprenant que de voir Lucius?...

— Silence, ne prononcez pas mon nom, Samuel : car si quelqu'un l'entendait (et les espions ne manquent pas à Rome), ce nom me vaudrait une mort plus cruelle et plus certaine que celle dont je commençais à subir les atteintes quand vous m'avez arraché à vos soldats juifs dont j'étais le prisonnier et qui se disposaient à me brûler à petit feu. Qu'il vous suffise d'apprendre que les plus vastes projets m'amènent ici; que vous seul y savez le secret de ma présence ; enfin qu'un mot de vous me perdrait... Et vous, qui vous a fait quitter Jérusalem, à la défense de laquelle votre bras était si nécessaire?

— La cause de Jérusalem n'est plus la mienne; j'ai quitté cette ville, sur l'ordre de Celui dont un signe dispose de ma volonté : pour lui obéir je suis venu à Rome.

— Vous êtes donc le prisonnier de Vespasianus, de mon...? dit le jeune homme sans achever le nom qu'il allait dire, car il voyait rôder un espion autour d'eux. Puis, baissant de plus en plus la voix :

— Avant mon départ, il m'avait pourtant juré par Jupiter d'user à votre égard de la générosité que j'avais rencontrée en vous, et de vous rendre à la liberté sans condition, si le sort de la guerre vous faisait jamais tomber entre ses mains.

— Je ne suis point le prisonnier de Vespasianus. Si j'ai quitté Jérusalem, si je me trouve à Rome, je vous le répète, c'est de mon propre mouvement, ou plutôt, comme je vous l'ai dit, pour obéir à l'ordre du maître que j'ai choisi.

— Et quel est-il donc ? Quelque belle juive dont les yeux noirs ont allumé dans votre cœur une ardente passion ?

— Il se nomme Joannes[1] ; c'est le fils d'un pêcheur de Bethsaïde. »

Lucius regarda Samuel Ananias pour voir s'il ne remarquerait pas sur son visage des signes de folie ; mais les traits de ce jeune homme restaient calmes et un léger sourire n'effleurait même pas ses lèvres.

« Je ne comprends rien à vos paroles.

— Des dangers vous entourent, Lucius ; si l'on prononçait votre nom, la hache du licteur ferait, dites-vous, tomber aussitôt votre tête. Eh bien ! si j'ajoutais un mot de plus, je serais menacé d'un péril semblable et peut-être plus certain encore. Sans la volonté de Celui dont je vous ai parlé, je courrais avec joie au-devant de la mort ; mais le Maître m'a dit de ne point exposer ma vie, et je lui obéirai jusqu'au moment où, pour me récompenser de ma docilité, il me permettra d'aller me livrer aux bourreaux. »

Lucius regardait Samuel sans le comprendre.

« Pourquoi vouloir mourir ? demanda-t-il.

— Parce que la mort est la vie, Lucius.

____

[1] *Évang. selon saint Jean.*

« — Vos paroles sont autant de mystères pour moi... Mais hâtons-nous si nous voulons arriver à temps au cirque, car c'est là sans doute que vous vous rendez.

— Oui, Lucius.

— Par Hercule ! j'entends les trompettes de la garde prétorienne, et voici le cortége de l'impératrice. Hâtons-nous, Samuel ! »

Et il entraîna son compagnon. Tous les deux arrivèrent à l'entrée du cirque. Là ils se trouvèrent arrêtés par les soldats qui léur barrèrent le passage afin de laisser la voie libre à la litière de l'impératrice. Les esclaves qui portaient ce trône fastueux s'arrêtèrent devant une entrée particulière du cirque réservée pour l'empereur et pour sa famille. A l'instant même deux esclaves Liburniens, d'une taille gigantesque, placèrent de chaque côté de la litière un escabeau revêtu de pourpre, afin que l'impératrice n'eût même pas à désigner par quelle portière elle voudrait descendre [1]. Pendant ce temps-là, les jeunes filles jetaient des fleurs sur les dalles de marbre, et, des esclaves s'avançaient pour soutenir Galéria.

Comme celle-ci posait le pied sur l'un des escabeaux, les bandelettes de son cothurne, mal attachées, quoiqu'elles l'eussent été par ses propres mains impériales, se dénouèrent et vinrent trainer à terre comme de longs serpents de pourpre. C'était à la fois une irrégularité grave dans la toilette de l'impératrice et un présage de mauvais augure ; aussi, pâle d'indignation et de colère, elle allait remonter en litière et retourner à son palais,

____

[1] Juv., S. III, v. 240.

quand, plus prompt que l'éclair, un homme, Lucius, fendit la foule, s'agenouilla, et dans un clein d'œil forma de la manière la plus élégante et la plus solide le nœud du cothurne.

Après quoi, toujours agenouillé, et dans l'attitude d'un suppliant, il demeura là, comme pour implorer le pardon d'une si grande audace. Cependant chacun murmurait autour de lui et les gardes portaient la main à leur glaive, n'attendant qu'un signe de l'impératrice pour punir le profane audacieux, quand celle-ci, le sourire sur les lèvres, fit signe à Lucius de se relever. Elle le regarda fixement, Lucius soutint sans frayeur ce regard qui du reste n'annonçait rien de bien redoutable.

« Pour m'avoir rendu service, dit-elle enfin, tu arriveras trop tard dans le cirque et tu n'y trouveras plus de place. Suis-moi dans la loge impériale.

— Dans la loge impériale ! répéta le vieux sénateur Aulus Flavius. Un inconnu !

— La loge est-elle trop petite pour contenir un spectateur de plus, sénateur ? Vous lui céderez votre place. Comment te nommes-tu ?

— Lucius.

— Es-tu libre ou esclave ?

— Libre.

— Romain ?

— Non, Grec,

— Noble ?

— Non.

— Je te nomme citoyen romain et te fais de plus chevalier ; — mieux que cela, sénateur. Aulius Flavius,

donnez votre lacticlave à ce jeune homme. Je vous charge
en outre du soin de faire régulariser l'admission de mon
protégé au sénat. Enfin, le sénat va être bon à quelque
chose; on y trouvera désormais un homme capable de
nouer un brodequin à la tyrrhénienne. Lucius, donnez-
moi la main [1]. »

Lucius, revêtu de la pourpre sénatoriale, obéit à l'impératrice, et tous les deux montèrent l'escalier de la loge
impériale au milieu des cris de la foule qui saluait de
ses applaudissements le nouveau sénateur et poursuivait
de ses huées Aulus Flavius demi-nu stupéfait et portant
autour de lui des regards effarés.

Samuel Ananias, séparé de son compagnon, se dirigea
vers la partie des gradins du cirque occupée par les
plus pauvres spectateurs. Dès qu'il parut un grand nombre de personnes se levèrent respectueusement pour
lui livrer passage, et ce fut ainsi qu'il parvint contre la
barrière même la plus rapprochée de l'arène.

III

Le cirque était un immense parallélogramme de deux
mille cent quatre-vingt-sept pieds de long sur neuf cent
soixante de large ; aux deux extrémités, il se terminait

[1] Pétron.

en hémicycle. Les deux grands côtés et l'hémicycle du levant offraient à l'extérieur une double rangée de portiques, élevés les uns sur les autres, soutenus par des colonnes et terminés par une terrasse. Les portiques du rez-de-chaussée servaient de porte pour introduire les spectateurs dans le cirque, et l'on y trouvait des tavernes où se vendaient les aliments et les boissons nécessaires à cette foule immense.

La forme intérieure du cirque présentait l'aspect d'une lice. Autour de cette lice s'élevaient, sur les deux grands côtés et sur l'un des petits seulement, de nombreux gradins en pierre ; derrière les derniers rangs de ces gradins régnait un portique en colonnade ne formant qu'une même galerie avec le portique du second étage de l'extérieur. C'est là qu'on se promenait pendant les entr'actes et que l'on venait se réfugier en cas de pluie.

Le deuxième petit côté se terminait à la partie diamétrale de l'hémicycle ; il présentait une rangée de treize arcades dirigées à angles droits de l'une à l'autre partie latérale du cirque. Des Thermes formaient leurs pieds droits. L'arcade du milieu, ouverte sous les *mæniennes* ou tours carrées, était une porte d'entrée ; les douze autres, fermées de grilles mobiles en fer et enluminées, formaient des *carceres* ou remises pour les chevaux et les jouteurs des jeux.

Les trois côtés garnis de gradins étaient séparés de l'arène par une grille derrière laquelle se trouvait un *euripe*, canal large et profond de six pieds, alimenté par des eaux vives.

L'espace qu'enceignait l'*euripe*, c'est-à-dire l'*arène*, se divisait en deux, dans sa direction longitudinale, par une espèce de muraille ou soubassement nommé *spina*, haut de six pieds romains et large de douze, qui laissait, à chacune de ses extrémités, un passage égal à celui des autres côtés. Sur chaque muraille, où l'on montait par des degrés ménagés à ses deux bouts, s'élevaient différents monuments parmi lesquels on remarquait, au centre, un obélisque en granit oriental de cent vingt pieds neuf pouces romains de hauteur, apporté d'Héliopolis en Égypte, par ordre de l'empereur Auguste ; des hiéroglyphes creusés dans la pierre même en couvraient les quatre faces et un soleil d'or en couronnait le sommet aigu.

Un autre monument de la *spina* consistait dans un autel de *Consus* que l'on ne plaçait que pendant les jeux ; cet autel était entouré des statues de Cybèle, de Cérès, d'Hercule et de Phœbus.

Depuis quelques instants à peine, Samuel était assis à la place que lui avaient gardée ses amis, lorsqu'une procession, conduite par l'édile président des jeux, entra dans le cirque. L'édile, monté sur un char, portait le costume de triomphateur. Une troupe de jeunes gens, de quatorze à quinze ans, les uns à cheval, les autres à pied, rangés par compagnies, ouvraient la marche ; ils précédaient les athlètes et les condamnés aux bêtes ; ces derniers, demi-nus et les mains attachées derrière le dos, venaient entre une double haie de soldats, la lance au poing. Les athlètes et les condamnés étaient suivis de trois chœurs de danseurs, d'hommes faits, d'adolescents et d'enfants. On voyait ensuite des joueurs de flûtes courtes,

de harpes d'ivoire et de luths, tous, ainsi que les danseurs, couverts de tuniques écarlates, et la tête couverte
d'un casque d'or à long panache de pourpre. Puis
s'avançaient d'autres musiciens et une foule de prêtres :
les uns marchaient chargés de coffrets et de cassolettes
de métal précieux où fumaient des aromates et de l'en-
cens ; les autres pliaient sous le poids des statues des
dieux qu'ils portaient sur des brancards et des litières
fermées.

Le cortége fit le tour du cirque ; on coucha les statues
sur des lits appelés *pulvinaria*, ensuite les consuls, les
prêtres et les sacrificateurs immolèrent des victimes, et
l'édile président des jeux termina les cérémonies religieuses par des libations. Alors des ressorts secrets agitèrent l'immense voile de pourpre qui s'étendait sur tout
le cirque, et ce mouvement répandit dans l'air une
agréable fraîcheur à laquelle vinrent se mêler des parfums d'eau de baume et de safran qui tombait comme une
pluie légère et fine sur les spectateurs[1];

Cependant, des hérauts s'avançaient dans le cirque,
montés sur des chevaux, vêtus de robes de pourpre et
tenant un caducée à la main :

« Magnanime empereur, s'écrièrent-ils, les jeux vont
commencer.

— Peuple romain, les jeux vont commencer. »

A l'instant même des grilles s'ouvrirent de toutes parts
et lâchèrent dans l'arène une foule d'animaux légers à la

____

[1] Ovid , *Art. amat.*, I, v. 104. — Propert., IV, v. 16. — Pline. —
Martial, IX, v. 59.

course et d'autres habitués à chasser; c'étaient des cerfs, des biches, des chevreuils, des élans, des zèbres et des girafes, sur lesquels se ruaient en hurlant des chiens, des loups, des tigres, des lions et des léopards. Affamés par quelques jours de jeûne complet, ces bêtes féroces se je-tèrent avec fureur sur les proies sans défense qui leur étaient offertes, et il s'ensuivit une scène de carnage et de désordre qui se prolongea pendant un quart d'heure au plus. Alors les cris cessèrent, le tumulte s'apaisa, et l'on ne vit plus dans l'arène que des débris sanglants et des animaux repus couchés au milieu du sang qui ruisselait de toutes parts et se regardant entre eux d'un air farouche [1].

Alors des *rétiaires* ou gladiateurs armés de filets et de lacets vinrent saisir toutes ces bêtes engourdies par la nourriture dont elles s'étaient gorgées et les emmenèrent presque sans résistance dans les cages grillées; pendant ce temps, de jeunes esclaves enlevaient les ossements, nettoyaient l'arène et en nivelaient le sable à l'aide de râteaux dorés.

Aux *chasses*, c'est ainsi que l'on nommait le spectacle qui venait d'avoir lieu, succédèrent des combats entre animaux féroces. Tour à tour on vit un éléphant et un rhinocéros, un lion et un taureau, un hippopotame et un crocodile se déchirer. Cependant le peuple ne semblait s'intéresser que d'une manière incomplète à ce qui se passait dans l'arène. Il attendait avec impatience un spectacle plus attachant et plus curieux; aussi vit-il avec

---

[1] Ovid., *Metam.*, XI, v. 25.

joie revenir les rétiaires et les esclaves chargés d'emmener les bêtes féroces et de niveler encore une fois le terrain du cirque[1].

Quand tout cela fut fait, cent condamnés parurent, les mains attachées derrière le dos ; les hommes et les enfants étaient complétement nus ; on avait laissé aux femmes un long manteau blanc dont elles se tenaient enveloppées. Tous ces infortunés, chez lesquels on ne remarquait rien de la stupide indifférence des gladiateurs, s'avancèrent paisiblement et vinrent s'agenouiller devant la partie des gradins où se trouvait Samuel ; après quoi, ils se relevèrent, et toujours calmes, courageux, sans ostentation, on les vit, sur l'ordre d'un bestiaire, aller prendre place au milieu du cirque.

L'impératrice, qui n'avait cessé de s'entretenir pendant tout le spectacle avec Lucius, et qui semblait beaucoup s'amuser des réparties spirituelles et fines de ce jeune homme, se tourna vers lui :

« Vous qui savez tant de choses, sénateur Lucius, pourriez-vous me dire de quels crimes se sont rendus coupables les condamnés qu'on va livrer aux bêtes ? Ma curiosité est d'autant plus vive à cet égard que pour la première fois je vois des femmes et des enfants subir ce genre de supplice.

— Arrivé de la Grèce depuis peu de jours, je l'ignore ; mais voici derrière nous le sénateur Aulus, paré d'un laticlave tout neuf, et qui pourra sans doute vous instruire de ce que vous désirez savoir. »

____

[1] Mart., *de Spect.*, 21.

Aulus Flavius s'avança sur un signe du nouveau favori de l'impératrice, et répondit à ses questions sur les condamnés.

« Ces misérables sont des chrétiens[1].

— Des chrétiens! s'écria Lucius avec surprise. Quoi donc! cette secte créée au fond de la Palestine par le fils d'un charpentier et de pauvres pêcheurs a-t-elle donc fait des progrès si rapides qu'on la connaisse déjà à Rome, et qu'il faille en punir les fauteurs par la mort?

— La secte des chrétiens, répliqua le sénateur Flavius, envahirait bientôt tout l'empire si l'on n'y mettait promptement obstacle. En effet, n'enseigne-t-elle pas les doctrines les plus fatales à l'existence du peuple romain? l'égalité de tous les hommes, la liberté des esclaves, l'amour de la pauvreté, et une sévère rigueur de mœurs? A les entendre, il faudrait détruire nos palais, renoncer à notre luxe et briser les autels des dieux protecteurs, pour adorer le fils de ce charpentier, mort sur la croix du supplice des esclaves.

— Excusez mon ignorance; étranger à Rome, où je n'étais jamais venu, et depuis mon enfance élevé dans un camp, au milieu des combats, le nom des chrétiens et le récit de leurs crimes ne m'est jamais parvenu que d'une manière vague. Ils ont donc pris les armes? Ils cherchent donc à établir leur religion par la révolte et par l'assassinat?

— Non; ils affectent une fausse obéissance aux ordres de l'empereur, payent exactement les impôts, ne résis-

---

[1] Drouet de Maupertuy, *Vérit. act. des martyrs*, t. I, p. 62.

tént pas quand on vient les arrêter, et semblent mourir avec joie lorsqu'on les livre aux bourreaux ou qu'on les jette dans les arènes.

— Pour des scélérats aussi coupables, reprit Lucius avec ironie, il n'est certes point, sénateur Aulus Flavius, de supplices assez terribles... » Et il reporta nonchalamment les yeux dans l'arène.

Un bestiaire faisait avancer, au-devant des autres chrétiens, un vieillard tout courbé par l'âge, et puis s'élançant avec rapidité sur la *spina*, il donna le signal d'ouvrir une des grilles. Soudain un lion parut dans l'arène, furieux et rugissant. Les chrétiens commencèrent à chanter un hymne religieux, et les cris de l'animal qui dévorait le vieillard n'interrompirent point un seul instant l'air mélancolique qu'ils disaient en chœur.

Quand le lion en eut fini avec le vieillard, il se leva de dessus sa proie sanglante et marcha lentement, les lèvres rouges de sang, vers les autres condamnés. Pas un d'eux ne fit un mouvement pour reculer; seule, une mère se plaça devant sa fille, pauvre enfant qui comptait à peine treize années; mais celle-ci reprit courageusement sa place, et regarda même sans pâlir le terrible animal.

Le peuple applaudit à la jeune fille.

Le lion fit un bond, se jeta sur la faible créature, et la mit en pièces.

Le peuple applaudit au lion.

Partout alors les grilles s'ouvrirent à la fois, et des taureaux, des lions, des tigres, des loups inondèrent l'arène et se ruèrent sur les chrétiens. L'hymne de ces martyrs continuait toujours à s'élever pur et courageux vers le ciel; seulement il devenait d'instant en instant plus faible. Bientôt une seule voix chanta, celle d'un jeune garçon. Enfin cette voix se tut comme les autres, et le peuple se leva pour quitter les gradins et sortir du cirque, car les jeux se trouvaient terminés[1].

« Sénateur Aulus Flavius, dit l'impératrice avant de quitter la loge et en se tournant vers le vieux courtisan, vous n'oublierez pas les ordres que je vous ai donnés au sujet du nouveau sénateur Lucius. En outre, conduisez-le dans votre char jusqu'au palais du préteur Tullius Verecundus, condamné à mort hier pour attentat contre l'empereur. Là, vous le mettrez en possession du palais et de tout ce qu'il renferme de précieux. Adieu, sénateur Lucius ; je vous attends demain au palais impérial pour enseigner à mes *vestiplicæ* la manière de former le nœud tyrrhénien. »

Elle remonta dans sa litière, laissant chacun stupéfait de la fortune inouïe du jeune aventurier. Ce dernier seul ne semblait point étonné de tous les merveilleux événements qui tourbillonnaient autour de lui.

« Cher collègue Flavius, dit-il avec aisance, allons prendre possession de mon palais. Je vous invite à souper ce soir, ainsi que ce jeune homme qui passe là sans manteau et que je tiens pour un de mes amis. Holà ! cher Samuel, venez donc. Le sénateur Lucius vous convie à venir ce soir partager son repas ; nous aurons des danseuses, des gladiateurs et les deux meilleurs joueurs de flûte qui soient à Rome, Priscus et Selenius. »

[1] *Vérit. act. des martyrs*, t. I, p. 62.

Samuel s'avança, et s'inclinant devant Lucius :

« Vous avez donc fait connaître votre nom et votre rang? Vous avez donc renoncé à votre déguisement? murmura-t-il à voix basse.

— Au contraire, reprit Lucius de la même manière ; c'est un nouveau déguisement que j'ai pris... A ce soir, donc !

— Ce soir, je ne le puis ; un devoir saint et grand me réclame; mais avant de nous séparer, peut-être pour ne plus nous revoir, au nom des services que je vous ai rendus, au nom de la vie que je vous ai sauvée, accordez-moi une grâce ; votre nouveau titre de sénateur vous rend facile ce que j'ai à vous demander.

— Viens ce soir souper avec moi, et je promets de t'accorder tout ce que tu voudras... Mais ce lieu est peu propre aux audiences d'un sénateur. Adieu donc, à ce soir, au palais de feu le préteur Tullius Verecundus, ou plutôt au palais du sénateur Lucius... Partons, Aulius Flavius. »

Il monta dans le char du vieux sénateur, et bientôt la splendide voiture fendit les flots de la foule, que des coureurs faisaient ranger de droite et de gauche à l'aide de longues cannes d'ébène et d'ivoire.

IV

Lorsque Lucius et le sénateur qui le conduisait arrivèrent au palais du préteur Tullius Verecundus, la plus grande consternation régnait parmi les esclaves et les affranchis de ce dernier ; car le matin même on était encore venu saisir l'un d'eux pour le conduire au supplice. Voici pourquoi : la veille, son vieux maître, au moment où Vitellius le livrait au bourreau, s'était écrié : « Empereur, vous êtes mon héritier ; laissez-moi vivre le peu de jours que l'âge me laisse. » Le tyran, au lieu de faire grâce, n'en avait pressé que plus vite l'exécution, afin, disait-il, de lire de suite le testament du préteur et de savoir si le legs annoncé n'était point un mensonge. Ouverture faite du testament, la chose fut trouvée vraie ; seulement un affranchi était désigné pour un legs assez considérable. En apprenant cela, Vitellius vomit les plus odieuses malédictions contre celui dont la tête venait de tomber et ordonna que l'affranchi fût mis à mort.

« De cette manière, dit-il, j'hériterai seul. »

Il ne borna point là ses cruautés ; comme le testament faisait mention de plusieurs vases précieux qui ne se trouvèrent point dans le palais du préteur, on mit, d'après les ordres de l'empereur, un grand nombre d'esclaves à la torture, pour qu'ils révélassent ce qu'étaient devenus ces objets. En voyant arriver Lucius et le sénateur avec sa suite, ceux de ces esclaves qui n'avaient point encore subi les horribles supplices du feu et des verges [1] crurent qu'on venait les saisir pour les livrer aux licteurs, et, comme on l'a dit, s'abandonnèrent au désespoir. Mais dès qu'ils apprirent de la bouche du sénateur que Lucius était leur nouveau maître et non un émissaire du bourreau

[1] « On châtiait les esclaves par la *fourche*, le *fouet*, la *marque*, la *torture* et la *mort*. Lorsqu'un citoyen était condamné à mort, sous les derniers des Césars, on mettait à la torture tous ses esclaves, afin qu'ils révélassent les trésors cachés pour être dérobés à l'avidité des empereurs.

« La fourche était une pièce de bois fixée sur la poitrine et aux épaules, et s'étendant jusqu'aux extrémités des deux bras qu'on attachait dessus. On promenait ainsi le condamné par le milieu des places et des rues les plus fréquentées de la ville, en le battant de verges.

« Le fouet se composait d'une grosse botte de lanières de cuir garnies de nœuds et de balles de plomb, et avec lesquelles on frappait le condamné, nu, garrotté et suspendu soit par les pieds, soit sous les aisselles, avec un gros poids attaché aux jambes afin de l'empêcher de remuer.

« Pour mettre à la torture, on étendait le patient sur un chevalet ; on le déchirait à coups de verges et on le brûlait avec des lames de fer ardent. On répétait quelquefois cette cruelle opération jusqu'à six et huit reprises de suite, et les maîtres s'y prêtaient sans difficulté, pourvu qu'on s'engageât, lorsque ces tortures étaient appliquées par suite d'une affaire judiciaire, à leur payer les esclaves qui périraient pendant le supplice.

« La marque avait quelque chose de plus affreux peut-être, en ce que ce châtiment était, pour ainsi dire, perpétuel ; on rasait la tête et les sourcils du coupable, et ensuite, à l'aide d'un fer chaud, on lui imprimait un stigmate sur le front.

« Les chaînes et la prison n'étaient qu'une même chose ; tous ceux qu'on jetait en prison y étaient enchaînés.

« La mort avait lieu par le crucifiement ; on attachait sur la poitrine du condamné un écriteau indicateur de son crime et on le conduisait à travers le Forum, en le battant de verges, jusqu'en dehors de la porte Esquiline, sur un plateau destiné au supplice des esclaves. Là il était exécuté par un bourreau à qui le séjour et même l'entrée de Rome étaient interdits. »

impérial, ils se prosternèrent aux genoux du jeune homme. et s'empressèrent d'obéir à ses ordres.

« Je veux un magnifique souper, leur dit-il ; car je traite aujourd'hui le sénateur Aulus Flavius et un autre de mes amis. Que rien ne manque à la splendeur du festin : mets délicats, vins exquis, divertissements, musiciens, danseurs et danseuses. Allez, et que dans deux heures tout soit prêt, ou sinon les verges vous apprendront comment je sais me faire obéir. »

Resté seul avec le vieux sénateur, il passa dans le *triclinium d'été*[1], vaste pièce meublée avec une voluptueuse recherche et dont l'aire se composait d'abord d'une couche de tuileau brisée, épaisse de deux pieds, puis d'une seconde couche formée de charbon pilé, de sable, de chaux et de cendres, consolidées avec force et imitant tout à fait un carrelage noir. Cette aire avait le double avantage d'absorber sur-le-champ toutes les eaux parfumées que l'on répandait dessus et à l'aide desquelles on combattait la chaleur ; en outre, elle ne conservait aucun froid qui pût incommoder les esclaves, qui marchaient toujours pieds nus[2].

Là Lucius et le sénateur conversèrent longuement des affaires de la république, de façon à jeter le dernier dans l'étonnement le plus profond ; car cet homme qu'il croyait de la lie du peuple, ce Grec, ramassé dans la boue par l'impératrice, s'exprimait avec une merveilleuse facilité, développait des vues intelligentes et fines, et prenait un

---

[1] Sénec., *Epist.*, 90. — *De Provident.*, VII, 4.
[2] Vitruve, VII, 9.

malin plaisir à démontrer la fausseté des raisonnements
de son dogmatique interlocuteur ; puis au moment où
l'autre, battu, déconcerté, allait s'humilier devant la supériorité de son adversaire, celui-ci reprenait le langage
grossier d'un homme sans éducation, et se mettait à dé-
biter les folies les plus absurdes avec le même sang-froid
qu'il avait développé les théories politiques les plus élevées. La sueur ruisselait sur le visage d'Aulus et il se perdait en conjectures sur Lucius, le reconnaissant tour à
tour pour un misérable ou pour un homme de vaste intelligence ; pour un manant ou pour un sénateur.

Vers le soir, un esclave introduisit le nouveau convive
annoncé par leur maître ; c'était le Juif Samuel. A peine
avait-il échangé avec Lucius et le sénateur les paroles de
salut, que le chant des flûtes douces se fit entendre : c'était
le signal de passer dant le *triclinium*, ou salle à manger.

Dès que Lucius, Samuel et le sénateur eurent pris place
sur les lits [1] qui occupaient les trois côtés d'un carré (le
quatrième restait libre pour le service), de jeunes esclaves
vinrent dénouer les chaussures des convives et leur ver-
sèrent de l'eau à la neige sur les pieds et sur les mains ;
tandis que d'autres leur nettoyaient avec une merveilleuse
promptitude les ongles des orteils. Ces soins terminés, et
ils durèrent à peine une minute, de jeunes filles parurent
tenant dans leurs mains des couronnes d'ache et de
lierre [2], qu'elles placèrent sur la tête de Lucius et de ses
deux invités. Alors le premier prit une coupe et fit des
libations aux dieux ; puis les flûtes qui s'étaient interrom-

---

[1] Plut., *Sympos.*
[2] Horat., IV, ode II, v. 5.

pues pendant cette cérémonie recommencèrent à jouer;
mais d'une manière si douce qu'elles ne couvraient point
la voix et laissaient toute liberté aux entretiens. Le vieux
sénateur se jeta sur les mets qu'on lui servit avec une avidité commune à presque tous les Romains de cette époque, dont l'habitude était de se faire vomir deux ou trois
fois pendant leurs repas afin de pouvoir manger davantage; il n'épargna pas plus les vins délicieux dont un
esclave ne cessait d'emplir sa coupe. Lucius mangeait avec
modération tout en engageant à boire le vieux Aulus,
et vidait sa propre coupe sous la table, de façon à tromper le sénateur et à l'enivrer plus vite. Quant à Samuel,
lorsque Lucius avait adressé la prière d'usage aux dieux
domestiques, il s'était détourné, et dès qu'il l'avait pu,
sans se faire trop remarquer, il avait dépouillé son front
de la couronne de fleurs dont on l'avait couvert; néanmoins il goûta de quelques mets, mais il sembla choisir
les moins délicats.

Le souper se composa de trois services : l'un, composé
d'œufs de tortue, d'olives et de fruits propres à aiguiser
l'appétit; c'était la *gustatio*[1]; à l'autre, la *secunda mensa*[2]
(seconde table), parurent des rôts et des ragoûts; vinrent
ensuite les *bellaria*[3], c'est-à-dire les confitures, les pâtisseries, les fruits cuits et les parfums. Pendant toute la
durée du repas, des esclaves vêtus d'une tunique courte
et portant à leur ceinture un linge d'une blancheur éblouis-
sante, obéissaient au moindre signe des convives; d'au-

<hr>

[1] Petron., 31, 34.
[2] Horat., II, S. 3, v. 10 et 70.
[3] A. Gell., XIII, 11.

tres découpaient.les viandes, nettoyaient la.table avec des éponges humides, entretenaient les lampes où brûlait une huile parfumée, et faisaient.des aspersions avec une liqueur composée de verveine et de roses infusées, pour exciter la.gaieté des convives[1].

Sur un signal que Lucius donna en faisant claquer ses doigts les uns contre les autres, on desservit la table, dont on enleva les plats, les cuillers et les couteaux pour ne plus y laisser que des coupes et des parfums ; puis on donna à laver aux convives en leur versant sur les mains, avec un vase à col étroit, de l'eau qu'ils recevaient dans un bassin...

Alors les portes qui donnaient sur une grande pièce voisine s'ouvrirent comme par magie ; les spectacles allaient commencer.

D'abord de jeunes filles et de jeunes garçons exécutèrent des danses gracieuses, tandis que d'autres chantaient des odes d'Horace au bruit des théorbes, des flûtes d'ivoire et des lyres. Après cela des gadiates[2], vêtues de tuniques courtes de soie brodées d'or, parurent en bondissant ; elles tenaient dans leurs mains des castagnettes, des sambuca, des tympanum, et s'en accompagnaient pour marquer la mesure de leurs pas vifs et de leurs bonds d'une légèreté fougueuse.

Aux danses succédèrent les baladins et les danseurs de corde ; les grotesques exécutaient mille tours bouffons sur une échelle qu'ils maintenaient debout en équilibre[3] ;

____

[1] Senec., *Sympt. de brevit. vitæ*, 12.
[2] Mart., V, 79. — Pline, 1.
[3] Petron., 59.

d'autres se jetaient à travers des cerceaux enflammés sans griller leurs robes de lin garnies de plumes. Les funambules, pendant ce temps-là, exécutaient sur la corde roide les poses les plus difficiles : entièrement nus et le dos orné d'une queue, comme on en attribuait aux Faunes, ils jouaient de la lyre, se versaient à boire, mangeaient, tournoyaient sur eux-mêmes, dansaient, bondissaient et voltigeaient autour de la corde, sans jamais toucher la terre. Enfin des Égyptiennes marchaient sur les mains au milieu de lames aiguës dressées sur le sol et d'autres vidaient avec leurs pieds des amphores pleines de parfums, dont elles aspergeaient les spectateurs.

Cependant ce spectacle, payé à prix d'or, n'obtenait l'attention d'aucun des trois convives ; le sénateur Aulus, gorgé de vin, ronflait étendu sur son lit ; Samuel s'était caché le visage dans ses deux mains, et Lucius semblait absorbé dans une profonde rêverie. Tout à coup il sortit de cette préoccupation et fit un signe ; aussitôt le spectacle cessa, les portes se refermèrent, les esclaves sortirent, et il ne ne resta plus dans le *triclinium* que le sénateur ivre-mort, Samuel et Lucius.

« Écoute, dit ce dernier en se rapprochant du juif pour lui parler si bas que ses paroles pouvaient à peine être entendues ; écoute, Samuel, je sais ton secret : tu es chrétien.

— Je suis chrétien ! répondit Samuel d'une voix ferme.

— Plus bas ! plus bas ! As-tu donc plusieurs vies pour jouer ainsi ta tête ? Parlons sans détour, pendant que nous sommes seuls et libres, pendant que cette brute dort. Ma présence à Rome, mon déguisement, mon empresse-

ment à gagner la faveur de l'impératrice, tout ne te ré-
vèle-t-il pas que de grands projets m'amènent à Rome? Il
faut qu'avant peu de mois Vitellius ait été rejoindre Galba ;
il faut que Vespasianus soit empereur à Rome comme il
est empereur en Judée. Déjà l'Achaïe et la Mœsie se sont
rangés à son obéissance; déjà Antonius Primus, après
avoir entraîné dans le parti du nouvel empereur les lé-
gions qui occupent la Pannonie et l'Illyrie, est entré en
Italie. Maître de Padoue et d'Aquilée, il marche sur Fer-
rare ; enfin Bassus, qui commande la flotte de Ravenne,
vient de la livrer à Cœcina, lieutenant de Vespasianus.
Cœcina ne tardera point à l'imiter. Mais tout cela ne nous
donne point Rome, Rome, la tête de l'empire romain. Le
peuple tient pour Vitellius, qui le comble de spectacles,
qui lui prodigue les trésors des riches et lui jette des
nobles à mettre à mort. Pour abattre Vitellius il faut le dé-
populariser ; il faut lui ôter l'amour, si peu durable d'ailleurs, si facile à changer, de la populace et des gardes prétoriennes. Tu peux m'aider, toi, chrétien! toi, chef de ces
sectaires dont la plus grande partie appartient aux dernières classes de la nation. Ne cherche point à me le
cacher, tu es leur chef. Samuel Ananias n'aurait point
quitté la couronne de Jérusalem, qu'il tenait déjà d'une
main, s'il n'eût point vu dans le christianisme des moyens
plus sûrs d'arriver à un pouvoir plus grand. Unissons-
nous donc; anime-les tous contre l'empereur ; fais qu'ils
soient prêts, sous tes ordres, à marcher contre lui dès
que je t'en donnerai le signal, et tu deviendras le plus
puissant dans Rome après Vespasianus, après moi.

— Lucius, répliqua Samuel, tu m'as connu quand j'avais encore les yeux fermés à la vérité ; quand je ne connaissais d'autres lois que mon orgueil, mes vices et mon ambition. Mais les temps sont changés ; je ne suis plus qu'un pauvre prêtre du vrai Dieu, je ne suis que le disciple du fils du pêcheur Johannes. Mon devoir est de supporter le joug que le Très-Haut nous impose, quelque rude qu'il soit. Comme mon divin Maître l'a dit : *Il faut rendre à César ce qui appartient à César*. Conspirer contre Vitellius serait un crime pour moi.

— Mais il persécute les chrétiens ! mais il les jette dans les arènes aux bêtes féroces !

— Il leur donne la couronne du martyre, il leur ouvre les portes du ciel.

— Quoi ! c'est Samuel Ananias qui me tient ce langage fanatique et servile ? toi que j'ai connu si plein d'ardeur pour la gloire, si noblement ambitieux !

— Les choses de ce monde ne me sont plus de rien, Lucius, toutes mes pensées appartiennent au ciel. »

Lucius le regarda quelque temps, puis il ajouta :

« Je ne te demande point le secret sur ce que je viens de te dire ; moi qui regarde la vertu comme un vain mot, je sens là néanmoins que tu ne me trahiras point ; je crois en toi... Voyons, avant de nous quitter, dis-moi quelle grâce tu voulais solliciter de moi, dis-le moi pour que je te l'accorde ?

— Je venais te demander un ordre pour les *bestiarii*, afin qu'ils me laissent pénétrer cette nuit dans le cirque.

— Qu'y veux-tu donc faire ?

— Recueillir les restes de mes frères, morts ce matin pour la foi de Jésus-Christ.

— C'est là l'objet de ta demande?

— Oui, je veux déposer ces saintes reliques dans les catacombes où nous nous réunissons en secret pour prier Dieu.

— Voici cet ordre, » dit Lucius en déchirant une page de ses tablettes sur laquelle il écrivit quelques lignes; il scella ensuite ces lignes avec l'empreinte de la pierre gravée qu'il portait en bague au petit doigt de la main gauche [1].

Samuel prit congé de Lucius et s'éloigna.

« Imbécile, dit ce dernier en le suivant des yeux; imbécile, va recueillir ces ossements... Il tient dans ses mains les moyens de détruire la puissance de Vitellius et refuse de s'en servir... N'importe, je saurai bien l'y contraindre malgré lui.

— Un message de l'empereur!... un message de l'empereur, s'écria tout à coup un esclave en entrant.

— Non, un message de l'impératrice, tu veux dire.

— Maître, répondit l'esclave en ouvrant les volets du triclinium et en laissant pénétrer le jour, c'est un message de l'empereur. »

L'esclave parlait encore que des licteurs, conduits par un officier du palais, entrèrent dans le triclinium, saisirent Lucius, le garrottèrent étroitement sans daigner lui donner aucune explication, le firent monter dans un char et l'emmenèrent au palais de Vitellius.

[1] Les Romains ne signaient pas leurs lettres, ils les scellaient avec l'empreinte de leurs bagues.

V

Durant le trajet du palais Tulius au palais impérial, les craintes les plus terribles et la plus poignante incertitude assaillirent Lucius, chargé de fers et traîné plutôt que conduit par les licteurs vers le stupide et cruel despote qui allait décider de son sort. Était-ce seulement à cause des faveurs dont l'avait comblé la veille l'impératrice, ou bien les motifs de son arrivée à Rome se trouvaient-ils révélés? Samuel Ananias l'aurait-il trahi? Oh! s'il en était ainsi! vengeance!... Vengeance! De quelle vengeance peut-il menacer l'empereur tout-puissant, lui qui va sans doute, dans quelques instants, périr sous la hache des licteurs!... Périr à vingt ans! à la veille de toucher au trône! Périr d'une manière obscure et sans gloire! Périr comme un taureau dans la boutique d'un boucher, en tendant la tête, sans pouvoir se défendre! Oh! quelle déplorable destinée!

Arrivé au palais impérial, les licteurs jetèrent Lucius dans une sorte de cachot obscur qui servait de lieu provisoire de détention aux victimes que ne cessait de se faire amener l'empereur, et il y resta une heure entière à attendre les ordres de Vitellius; car Vitellius avait bien en ce moment autre chose à faire que de décider de la vie ou de la liberté d'un homme. Vitellius déjeunait [1].

Aulus Vitellius, petit-fils d'un affranchi qui exerçait la profession de savetier, et qui s'était estimé heureux d'épouser la fille d'un boulanger, avait eu pour père un chevalier connu par ses déprédations du trésor public et la splendeur de ses soupers. Digne fils de son père, toujours ivre et gorgé de nourriture [2], il s'était gagné l'amitié des soldats, à l'armée de Basse-Germanie, par les moyens les plus abjects [3].

Déjà, par ces honteux moyens, il s'était jadis concilié la faveur de Caligula et de Néron, et avait su sauver sa tête des proscriptions dont ces tyrans frappaient tout ce qui les environnait. Élevé à Caprée, sous les yeux de Tibère, Vitellius mérita la bienveillance de Caligula par son habileté à conduire les chars ; celle de Claude, par son goût pour les jeux de hasard ; celle de Néron par tous ses vices. Claude le fit consul et l'envoya ensuite en Afrique, où il exerça pendant deux ans, beaucoup mieux qu'on ne devait s'y attendre, les fonctions de proconsul et de lieutenant. Il ne manquait ni d'instruction ni d'esprit : on vantait sa franchise et sa libéralité ; mais devenu Edile, il vola les offrandes et les ornements des temples, et y laissa de l'étain et du cuivre, au lieu d'argent et d'or. Cela n'empêcha point de lui conférer de nouvelles dignités et même des sacerdoces. Que pouvait lui refuser

[1] Le premier repas de la journée, le déjeuner, se nommait *jentaculum*, *prendiculum*, ou *silatum*, du nom d'une plante nommée *silum*, et que l'on mêlait toujours au vin.

[2] *Medio diei temulentus et sagina gravis.* — Tacite, *Hist.*, I, 62.

[3] *Ut mane singulos jamne jentassent sciscitatur, seque fecisse ructu quoque ostenderet.* — Suet. Vitell., 7.

Néron, dont il était le plus complaisant serviteur? Un jour que ce prince brûlait de se donner en spectacle aux Romains, de leur faire admirer sa voix mélodieuse, et qu'il n'osait pourtant pas céder à leurs instances, Vitellius, qui présidait à ces jeux solennels, se déclara l'interprète du vœu public, et s'y prit si bien que l'empereur chanta comme par force ou par condescendance, et s'enivra des louanges et des applaudissements de la multitude.

En 62 Vitellius poursuivit devant le sénat Antistius Sosianus, en l'accusant d'avoir composé des vers injurieux à Néron; il demandait la mort du libelliste, il n'obtint que son bannissement et la confiscation de ses biens. Il répudia Pétronia sa première épouse; il avait eu d'elle un fils nommé Petronianus, qui était borgne et qu'il fit mourir pour s'emparer des biens que cet enfant avait hérités de sa mère, du moins on le disait ainsi; mais Vitellius prétendait que Petronianus s'était puni lui-même d'une tentative de parricide, et avait avalé le poison préparé par lui pour son père. Ce fait et le mariage de Vitellius avec une seconde femme, Galéria Fundana, fille d'un préteur, sont placés par Suétone avant l'époque où il parvint à l'empire; mais il paraît certain, comme on l'a dit plus haut, qu'il n'eut lieu qu'après l'avénement de Vitellius au trône des Césars. Il ne semblait guère destiné à exercer la souveraine puissance; on l'avait vu toujours prêt à flatter les grands et à injurier les hommes de bien, mais réduit au silence dès qu'on osait lui répondre; tout annonçait en lui un caractère aussi pusillanime que méchant.

Galba néanmoins lui confia, vers la fin de l'année 68;

le gouvernement militaire de la Basse-Germanie ; en quoi l'on croyait reconnaître un effet des sollicitations de Vinius, homme alors très-accrédité. Du reste, le vieil empereur déclarait qu'il ne craignait point l'ambition d'un gourmand et d'un endetté, qu'on était sûr de contenter en mettant à sa disposition les richesses d'une province.

Le premier embarras de Vitellius fut de se procurer les moyens de faire son voyage ; car il s'était ruiné par ses débauches. Il lui fallut laisser sa femme et ses enfants dans une maison de louage, donner à loyer la sienne pour le reste de l'année, mettre en gage des boucles d'oreilles de sa mère, et se dégager enfin des mains de ses créanciers qui l'attendaient, le poursuivaient, l'arrêtaient dans les lieux publics. Il intenta un procès au plus opiniâtre, et lui extorqua cinquante grands sesterces en réparation d'un prétendu outrage.

Tous ces détails sont rapportés par Suétone.

L'armée de la Germanie-Inférieure n'aimait point l'avare et sévère Galba ; elle reçut, comme un présent du ciel, un nouveau commandant qui se montrait facile et prodigue. Vitellius embrassait les soldats qu'il rencontrait sur son passage, faisait amitié, dans les auberges, aux voyageurs et aux muletiers, leur demandait s'ils avaient bien déjeuné, et leur prouvait, par des signes non équivoques, qu'il n'avait pas négligé ce soin. Au sein de son camp, il ne refusait rien à personne ; les accusés et les condamnés n'avaient qu'à lui demander grâce pour s'assurer de leur délivrance.

Vitellius était merveilleusement secondé par son frère Lucius, homme plus intelligent qu'Aulus, mais en ré-

vanche plus vil, plus avide, et d'une insatiable cruauté.
Néron et Claude n'eurent pas de plus habiles pourvoyeurs
de sang que cet homme. Il livra au dernier un de ses
amis qui était venu lui demander asile ; la seule grâce
qu'il sollicita de l'empereur, pour son hôte, fut, non
point la vie, mais la permission de se donner la mort de
la façon qui lui conviendrait. Tacite représente ce misérable comme un exemple de l'opprobre dont se couvraient
les adulateurs et de l'ignoble servitude où ils se plon-
geaient. « Lucius Vitellius, ajoute-t-il, se montrait si fier
« d'avoir déchaussé Messaline qu'il portait sous sa robe
« un soulier de cette impératrice, d'où il le tirait de
« ⸱temps en temps pour le baiser avec transport. » Tel était
le frère et le conseiller de Vitellius.

Sous l'influence de ce misérable, criblé de dettes, vivant fraternellement avec les soldats et partageant leur
table et leurs jeux, Vitellius, un matin, s'éveilla dans sa
tente aux cris qui le proclamaient empereur... Galba n'é-
tait plus, et Othon s'était emparé du pouvoir ; mais au
lieu de l'avare et sévère maître qui venait de mourir,
l'armée voulait, non pas un autre despote, mais un camarade sorti de ses rangs et qui se montrât prodigue pour
elle. Donc, sans donner au nouveau César le temps de
changer de costume, sans même lui permettre de quitter
la robe de chambre dont il est enveloppé, on lui place
dans les mains l'épée de Jules-César, on le promène autour du camp, on le salue Auguste et maître du monde...
Voilà Vitellius empereur ! Bientôt Rome s'empresse de
ratifier ce choix étrange, en obligeant Othon, vaincu
dans les plaines de Bedriacum, à se donner la mort. « Car

« après tout, dit Tacite, elle craignait encore moins les
« lâches et voluptueux penchants de Vitellius que les
« fougueuses passions d'Othon [1]. »

Une fois à Rome, Vitellius, paisible possesseur de l'empire, prodigua l'or aux gardes prétoriennes, frappa de proscription tout ce qui était riche ou puissant, et ne cessa point de manger et de s'enivrer du matin au soir, merveilleusement secondé, comme on l'a vu, dans son incurie et dans son mépris du peuple romain, par sa femme Galéria Fundana.

Assis près d'elle dans le *triclinium*, Vitellius, quand il eut terminé son déjeuner, se ressouvint des ordres qu'il avait donnés aux licteurs et se fit amener son prisonnier. A la vue de celui-ci, Galéria laissa échapper une exclamation de surprise, et Lucius ne se sentit guère rassuré lorsque l'empereur demanda d'un ton sévère à l'impératrice :

« Vous connaissez donc ce traître? Où et comment l'avez-vous vu? »

Galéria partit d'un long éclat de rire.

« Où et comment je l'ai vu? Hier, au cirque, où je l'ai nommé sénateur pour le savoir-faire et l'adresse avec laquelle il noue les bandelettes de brodequins à la manière tyrrhénienne.

— C'est encore là une de vos folies habituelles, Galéria ; celle-ci est charmante, et je l'approuverais plus encore, j'en rirais de meilleur cœur, si cet homme n'était un conspirateur déguisé. Un de mes espions, Asiaticus, a entendu hier cet homme avouer à un autre son dégui-

[1] Tac., *Hist.*, II, 62.

sement et parler de projets secrets contre la sûreté de l'empire.

— Si quelqu'un conspire contre la sûreté de l'empire, assurément, ce n'est point moi, répliqua effrontément Lucius qui s'était approché de la table où se trouvait la desserte du déjeuner impérial.

— Et qui donc? Parle, puisque tu le sais, puisque tu fais l'aveu de ton crime; parle, ou les tortures sauront t'ouvrir là bouche.

— Il ne faudra point de bourreaux pour cela. Aulus Vitellius, César, Auguste, empereur de Rome, je vous dénonce une conspiration, une infâme conspiration contre vous.

— Quel en est le chef? quels en sont les complices? demanda l'empereur épouvanté et retombant sur son lit.

— Le chef de cette conspiration est le cuisinier qui a préparé ce détestable ragoût et qui n'a point éprouvé de remords en le servant sur la table impériale. Ses complices ce sont les marmitons qui ne vous ont point dénoncé l'ineptie d'un pareil coupable.

— Comment! tu aurais le front de trouver mal préparé un plat qui coûte deux mille sesterces? Tu ne vois donc pas, misérable, que c'est un mélange précieux de foies d'oiseaux, de laites de poissons et de cervelles de petits animaux? Il a fallu, pour procurer tous ces trésors à mon cuisinier, que des vaisseaux sillonnassent les flots depuis les colonnes d'Hercule jusqu'à la mer Carpathienne. Tu ne sais donc pas que ce mets est le fameux pâté que j'ai nommé l'*Egide de Minerve* [1]?

[1] Suéton. Vitell., 9.

« — Le nom, le prix et les matériaux ne font rien à l'affaire, répliqua Lucius d'un air capable ; ce mélange est détestable.

— Mais goûte-le donc, blasphémateur ! s'écria Vitellius exaspéré, goûte-le, et rougis de tes calomnies.

— D'abord, pour vous obéir, il faudrait que mes mains fussent dénouées. »

Galéria fit un signe, et à l'instant une esclave coupa les cordes qui tenaient captives les mains de Lucius. Alors celui-ci s'avança gravement vers la table, prit sur le bout d'une cuiller un peu de l'*Egide de Minerve*, le porta à ses lèvres et le rejeta presque aussitôt avec des signes de dégoût. Puis se tournant vers l'esclave :

« Renoue-moi les mains ! dit-il ; j'allais offrir à l'empereur de devenir son cuisinier ! Mais le profane qui trouve mangeable de pareils ragoûts ne mérite pas que je travaille pour lui. Qu'on me mène à la mort. »

Vitellius et Galéria rirent aux larmes de cette boutade.

« Je serais curieux de te mettre à l'épreuve, savant critique. On va te conduire dans les cuisines, et tu m'y prépareras mon souper.

— Je ne le ferai point.

— Tu le feras ou tu mourras sous les verges.

— J'ai déjà demandé la mort plutôt que de commettre mon art avec un si mince connaisseur que vous, répliqua Lucius qui fit un geste à la fois emphatique et bouffon.

— Voyons, grand artiste ! Il faut entrer en composition avec toi. Quelle récompense veux-tu pour daigner consentir à me faire, ce soir, à souper ?

« — L'impératrice m'a nommé sénateur et m'a donné un riche palais : je n'avais fait pour cela, que nouer son brodequin ; c'est à l'empereur à voir s'il se montrera moins généreux.

— Eh bien ! si tu réussis, je confirme tous les dons de l'impératrice, oui je te maintiens sénateur ; mais si tu échoues, tu périras dans les plus affreux supplices.

— J'accepte. Cependant vous ne prétendez point qu'un sénateur, qu'un artiste comme moi surtout, aille se livrer aux mystères de son art dans une misérable cuisine avec des esclaves. Faites donner l'ordre à chacun dans le palais de m'obéir et de me préparer dans celle des salles que je désignerai tous les objets qui me sont nécessaires.

— Soit ; va-t'en et mets-toi à l'œuvre ; je suis impatient de jouir de ta honte et de ta déconvenue, dit l'empereur en se frottant les mains, et qui avait oublié tout à fait les rapports de son espion. Mais qui ose pénétrer ainsi dans ce *triclinium*? Ah ! c'est Asiaticus. Eh bien ! que viens-tu m'apprendre ?

— Le complice de ce traître est arrêté ; on l'a trouvé dans le cirque ramassant les os des chrétiens livrés hier aux bêtes. C'est un ordre de ce Lucius qui lui a ouvert les portes de l'arène.

— Amenez-moi cet homme, » ordonna l'empereur.

Samuel Ananias se présenta devant l'empereur, hardiment et sans ostentation. Lucius s'efforçait de cacher son trouble et sa terreur sous un air dégagé que démentait la pâleur de son visage.

« Qui es-tu ?

— Un juif.

— Comment te nommes-tu?

— Samuel Ananias.

— Que faisais-tu dans le cirque?

— J'y ramassais les os des martyrs mes frères.

— Tu es donc chrétien?

— Je suis chrétien.

— Connais-tu cet homme?

— Je sais qu'il se nomme Lucius.

— L'as-tu vu souvent?

— Deux fois seulement depuis que j'habite Rome : hier par hasard en me rendant au cirque, cette nuit dans son palais pour en obtenir la permission d'entrer dans les arènes.

— Tu le connaissais auparavant?

— Oui.

— Comment?

— J'ai été son esclave de guerre en Judée, se hâta de dire Lucius.

— Est-ce la vérité? M'en fais-tu le serment, Samuel?

— J'en fais le serment. Cet homme à Jérusalem a été mon esclave de guerre pendant six mois.

— Cet homme est-il ton complice dans la conspiration que tu as ourdie contre moi? Comme chrétien, ta mort est certaine ; tâche donc d'obtenir par la sincérité de tes aveux un adoucissement aux supplices. La sincérité peut même te valoir ta grâce.

— Je ne conspire point.

— Tu mens.

— Si j'avais voulu mentir j'aurais sauvé ma tête en niant que je fusse chrétien.

— Cependant tu appartiens à une famille puissante de la Judée ; tu étais à la tête d'une faction dans Jérusalem. Qu'es-tu venu faire à Rome ?

— Consoler les chrétiens mes frères.

— Et les pousser à la révolte?

— Leur enseigner à prier pour l'empereur et pour ceux qui les persécutent.

— Emmenez cet homme, Asiaticus ; que les tortures le fassent parler. Quant à celui-ci, quant à ce Lucius, peut-être aura-t-il le même sort ce soir; mais je veux auparavant confondre son impudence. Qu'on le garde prisonnier, mais qu'on lui procure tout ce qu'il demandera pour préparer mon souper de ce soir. »

L'empereur en donnant cet ordre se leva et sortit appuyé sur le bras d'Asiaticus.

« Tu t'es trompé, mon adroit espion, lui dit-il; pour cette fois ta sagacité se trouve mise en défaut, tu as mal compris ce que ces hommes se disaient. Le juif est un de ces fous de chrétiens qui conspirent contre les statues de nos dieux, mais qui respectent les empereurs. Dans leur enthousiasme insensé, ils préféreraient la mort à un mensonge ; ce qu'il nous a dit est vrai. Quant à l'autre, c'est un cuisinier grec, rien de plus, un esclave infatué de son mérite, mérite qui du reste est peut-être réel. Or s'il est un grand cuisinier, il n'est pas un conspirateur; car le possesseur d'un talent pareil, au lieu d'attenter au jour de Vitellius, doit former des vœux au ciel pour leur prolongation. Vespasianus, celui qui revêtirait la pourpre des

Césars si je succombais, ne dépense pas trente as pour son souper; comment veux-tu qu'un cuisinier soit son partisan? »

Comme l'empereur, après avoir quitté Lucius, traversait avec Asiaticus le vestibule, un soldat à cheval venait de s'arrêter devant le palais. Telle était la fatigue de sa monture, qu'elle s'était abattue en cessant de courir, et qu'il fallait aider et débarrasser cet homme presque écrasé sous le poids de l'animal expirant. A peine debout et encore tout étourdi de sa chute, le soldat n'en demanda pas moins avec instance à paraître devant l'empereur. Vitellius s'avança, et le courrier, s'agenouillant, lui remit des tablettes qu'il portait dans son sein. Ces tablettes contenaient des dépêches de l'armée qui campait sous Vérone. Elles annonçaient une nouvelle victoire remportée sur les troupes impériales par Primus, victoire aussi brillante pour les soldats de Vespasianus que pleine de honte pour leurs adversaires; car les premiers n'avaient perdu que quatre mille cinq cents hommes, tandis que les autres avaient vu périr leur général Valens et comptaient trente mille morts.

« Que l'on mette ce menteur en croix, dit l'empereur en désignant le courrier. Les dépêches qu'il m'apporte sont fausses et inventées par quelqu'un de mes ennemis pour troubler mon repos; mais, grâce à Jupiter, ma crédulité ne va point jusqu'à croire de si grosses absurdités[1]. »

Et il rentra dans l'intérieur du palais, sans vouloir

---

[1] Dion. Cass., l. LXV, c. VIII.

écouter davantage le courrier, dont s'emparèrent les licteurs pour le conduire au supplice.

Cependant Lucius travaillait à préparer le souper de l'empereur et semblait ne s'être jamais occupé d'autre chose, tant il déployait d'habileté, d'adresse et de promptitude dans ses différentes combinaisons culinaires. Seul dans une vaste pièce du palais qu'il avait choisie lui-même et au milieu de laquelle il avait fait disposer plusieurs fourneaux, il ne souffrait point que d'autres que lui pénétrassent dans ce laboratoire improvisé et pussent être témoins de ses mixtions gastronomiques. Seulement, de temps à autre, il venait sur le seuil donner des ordres aux esclaves de la bouche impériale, et ceux-ci lui apportaient les objets qu'il demandait, ou préparaient les mets qui ne demandaient pas, pour être confectionnés, les soins spéciaux de l'artiste.

Malgré sa défense expresse de ne laisser entrer personne jusqu'à lui, la porte de la chambre où Lucius se tenait s'ouvrit néanmoins mystérieusement pour laisser entrer une femme voilée.

Arrivée près de Lucius, cette femme releva son voile; c'était l'impératrice Galéria Fundana.

« Jeune homme, dit-elle, ton adresse, ton courage et ta présence d'esprit me font éprouver pour toi le plus vif intérêt. Tu t'es jeté dans une entreprise hasardeuse, et dans laquelle tu ne peux réussir. Je viens de t'assurer les moyens de fuir de ce palais et de sortir de Rome. L'empereur va se rendre au sénat; j'ai gagné le chef des esclaves. Il a fait éloigner, sous divers motifs, tous ceux qui entouraient cette chambre. Alors je suis accourue,

j'ai pénétré jusqu'à toi sans que personne pût me voir.
Profite donc de leur éloignement, fuis, prends ce déguisement et que les dieux te conduisent.

— Vous quitter, m'éloigner de vous, quand vous dai-
gnez prendre intérêt à ma vie! Non, je serais indigne de
votre noble protection si je fuyais... Mon souper sera
exquis, continua-t-il avec gaieté et en agitant un des vases
dans lesquels cuisaient ses ragoûts. L'empereur, lorsqu'il
aura goûté de mes chefs-d'œuvre, loin de songer à me
faire périr, me nommera consul pour le moins... Mais
qui frappe à ma porte?

— Ouvre, Lucius; c'est moi, » répondit la voix de
l'empereur.

Galéria pâlit.

« Nous sommes perdus! nous sommes perdus!

— Rassurez-vous! faites silence, et ne désespérez de
rien, » murmura Lucius d'une voix basse et rapide.

Puis il reprit en élevant le ton :

« Hors d'ici! vil esclave... Gare à toi si je sors! Les
verges me feront justice de toi.

— Parler ainsi à l'empereur! s'écrièrent avec indignation ceux qui suivaient Vitellius.

— L'empereur n'est point là, continua Lucius; mais
fût-ce lui-même qui vînt frapper à cette porte, je lui ré-
pondrais : Empereur, si je me dérange pour t'ouvrir, ton
souper sera gâté, reste donc à la porte..

— Il a raison, dit Vitellius qui humait avec délices
de toute la force de ses larges narines les parfums culinaires dont les émanations arrivaient jusqu'à lui. Il a
raison; respectons le cuisinier à l'œuvre; il est empereur

dans sa cuisine comme je le suis dans Rome. Oh ! les délicieux parfums et quel souper ils me promettent ! A quelle heure seras-tu prêt à servir, Lucius ?

— Quand mon souper sera fini !... Croyez-vous que je veuille compromettre quelque cuisson pour vous empêcher d'attendre ? Mais hors d'ici ! car toutes ces conversations me troublent, et par Comus ! voici des cervelles de gelinottes que j'ai salées deux fois. Si vous voulez faire un souper digne de la plus mauvaise taverne de Rome, vous n'avez qu'à demeurer là. »

Vitellius, effrayé de cette menace, s'éloigna non seulement, mais fit éloigner tout le monde, à l'exception des esclaves chargés de servir Lucius. Celui-ci trouva moyen par divers ordres de se débarrasser d'eux. Puis, revenant à l'impératrice :

« Maintenant, partez, tout péril a cessé. Les dieux veillent sur vous pour la divine protection que vous êtes venue m'offrir. »

L'impératrice sortit sans être vue de personne, et Lucius se remit à ses fourneaux.

Malgré sa menace de faire attendre son souper à l'empereur, Lucius, dès la dixième heure, debout dans le triclinium, donnait les derniers ordres aux esclaves qui servaient ce repas, et allait lui-même prévenir l'empereur qu'il pouvait prendre place sur le lit. Sitôt cette bonne nouvelle reçue, Vitellius se hâta d'accourir accompagné de Galéria et de son favori Asiaticus. Mais Lucius refusa l'entrée du triclinium à ce dernier.

« Empereur, dit-il, si cet affranchi met le pied dans la salle comme convive, je te jure par Bacchus, par Comus, et par Cérès, de renverser à l'instant la table ! Crois-tu qu'un disciple du célèbre Aristelès, cuisinier de Lucullus, consente à livrer à des dents mercenaires les sublimes mets qu'il a préparés pour une bouche impériale ? non. Hors d'ici ! va, misérable, flairer l'odeur de graisse qu'exhale la boutique d'un rôtisseur en plein vent ; cela est encore trop bon pour toi.

— Asiaticus, dit l'empereur en riant de cette scène, il faut céder aux caprices de celui qu'un dieu inspire ; le talent fait tout pardonner, et ces parfums m'apprennent que Lucius est le plus grand cuisinier de la terre. Va-t'en souper chez toi. »

Puis, sans tenir compte de la rougeur et de la honte de son espion, Vitellius courut au lit, s'y jeta, et saisit de ses mains tremblantes d'émotion un des ragoûts préparés par Lucius. A voir l'empereur humer ce plat, le dévorer des yeux et y plonger les doigts, personne n'aurait pu se soustraire à un sentiment de dégoût et de mépris.

« Sublime ! s'écriait-il. Admirable ! Digne des dieux ! c'est à rendre Jupiter jaloux. Le nectar et l'ambroisie ne doivent point être préférables à ce mélange de cervelles, de truffes et de foie ! Tu es sénateur, Lucius. Le palais que t'a donné l'impératrice t'appartient, ainsi que trois autres, ainsi que six autres ! tu n'as qu'à me les demander.

— Et pourtant, fit en soupirant Lucius, et pourtant, il est un mets plus exquis encore !

— Et pourquoi ne me l'as-tu point servi ? Lucius ! Prépare-le à l'instant même ; dans une heure je pourrai recommencer à souper.

— Cela est impossible, répondit gravement Lucius.

— Impossible !

— Oui, ce mets est le secret du juif que tu as fait jeter en prison ce matin ; malgré mes instances, il n'a jamais voulu m'en confier la recette.

— Qu'on le mette à la torture jusqu'à ce qu'il l'ait dite.

— Je le connais, les tortures ne le feront point parler.

— Il le faudra pourtant bien.

— Je ne sais qu'un moyen d'obtenir de lui son secret.

— Lequel ? dis-le. N'importe ce qu'il demandera, je le lui accorde d'avance.

— Promets-lui sa liberté.

— Oui, et une fois son secret connu, on le retiendra en prison.

— Non, c'est un favori de Comus, et il ne faut point irriter ce dieu contre nous. Signez l'ordre que je vais écrire de le mettre en liberté, et demain, à votre déjeuner, si je ne vous sers pas un mets divin, livrez-moi aux bourreaux.

— Je leur livrerais plutôt le sénat entier, répartit l'empereur, qui achevait de dévorer un autre plat servi par Lucius. Un homme comme toi aux bourreaux ! Tu mériterais que je te fisses décerner les honneurs du triomphe. Va donc mettre ton juif en liberté, et songe au déjeuner que tu me promets pour demain. »

Lucius se rendit sur-le-champ dans les cachots où, chargé de fers, Samuel n'attendait plus que les supplices.

« Lève-toi, lui dit Lucius, viens ; je t'apporte ta liberté. Nous voilà quittes maintenant.

— Si ma vie n'était point utile à mes frères, je t'en voudrais de m'ôter la palme du martyre ; mais j'ai des faibles à soutenir et des souffrants à consoler. Merci donc, Lucius. Quelle preuve veux-tu de ma reconnaissance?

— Recommande aux prières des chrétiens Vespasianus et moi.

—Est-il possible? s'écria Samuel en levant les mains au ciel. Quoi! mes sens ne sont-ils point abusés? Lucius demande les prières des chrétiens pour lui et pour son?...

— Silence! n'achève pas! Feras-tu ce que je demande?

—Je te le promets au nom de Jésus, mort sur la croix. »
Et ils se séparèrent.

« Mon Dieu! pensait Samuel, mon Dieu! serait-il donc vrai! Les temps de persécutions vont-ils finir? Votre loi doit-elle briller libre et sans contrainte? Celui qui va revêtir la pourpre impériale quand Vitellius succombera renversera-t-il l'aigle romaine pour mettre à la place la croix, symbole du salut du monde? Vespasianus chrétien! Mon Dieu! que vos voies sont infinies et miséricordieuses! »

« Va, disait pendant ce temps-là Lucius, va, Samuel Ananias; sans t'en douter tu serviras désormais mes projets d'une manière victorieuse. Les chrétiens vont bénir le nom de ton libérateur et prier pour Vespasianus. Quand je les appellerai aux armes, ils accourront tous à ma voix. Dans l'élan de ta reconnaissance, proclame mes bienfaits, ordonne des prières!... Chacune de tes paroles fera de nombreux partisans à Vespasianus et à moi... Une fois au pouvoir, nous nous verrons alors face à face; car je hais tes doctrines sévères qui tendent à faire des Romains des hommes et non des esclaves. Or ce sont des esclaves que je veux moi! »

VI

.Le lendemain,.Lucius tint parole à Vitellius, et lui servit un déjeuner, tellement exquis, que, dès ce moment, aucun des familiers.de l'empereur, Asiaticus.lui-même; ne pût balancer.le crédit du nouveau cuisinier. Le premier soin de ce dernier fût de profiter de la faveur dont l'accablait le gourmand couronné pour écarter du palais tous ceux qui le gênaient dans ses desseins. Bientôt aucun des serviteurs fidèles de l'empereur ne pût approcher de sa personne et l'éclairer sur les dangers dont il était menacé ; parfois si quelqu'un, au péril de sa tête, persévérait à tromper la vigilance de Lucius et parvenait jusqu'à l'empereur, celui-ci, que son cuisinier tenait constamment plongé dans un état presque complet d'ivresse; riait des terreurs qu'on lui témoignait, et ne voulait pas croire un mot des dangers trop réels qui s'amassaient sur sa tête. Il distribuait, pour dix années, les charges de cet empire qui lui échappait, donnait des spectacles au peuple, livrait les chrétiens aux supplices et passait sa vie à table. Lorsque parfois, dans ses rares moments de joie et de timidité d'esprit, il voulait faire quelques efforts pour s'opposer aux progrès toujours rapides de Vespasianus; Lucius venait à lui, tenant d'une main une amphore et de l'autre quelque nouveau ragoût. Alors Vespasianus, ses victoires, l'empire, tout était oublié.

Cependant la Campanie se révoltait, la flotte de Misène passait à Vespasianus, et Primus, après avoir franchi les Apennins, voyait se ranger sous ses aigles presque toute l'armée d'Italie. Il fallut bien enfin que Vitellius, en face de si grands revers, ouvrît les yeux et connût la vérité. Mais cet homme, qui, dans sa jeunesse, avait été un soldat courageux, ne sut que répandre des larmes et demander conseil à son cuisinier.

Lucius lui répondit gaiement :

« Qu'importe l'empire et les soucis qu'il cause ! Une vie douce, sans inquiétude, et même dans la mollesse, à table, et parmi les plaisirs de toute espèce, ne sont-ils pas préférables? Vespasianus veut la pourpre impériale? Donnez-la lui en échange d'un revenu de cent millions de sesterces, que vous dépenserez en délicieux festins. Nous nous retirerons en Campanie, et là, sous un ciel délicieux, nous ne vivrons plus que pour les plaisirs et la gourmandise.

— Tu as raison, s'écria l'empereur. Va porter ces propositions au préfet de Rome Sabinius, beau-frère de Vespasianus; dis-lui qu'il les transmette au général Primus, et qu'il se hâte de me rendre une réponse favorable [1]. »

Lucius se chargea lui-même de porter ces propositions au préfet de Rome. Dès que ce dernier l'aperçut :

« Vous ici! s'écria-t-il, vous sous ces habits de sénateur! Vous estimez donc bien peu votre vie pour la jouer ainsi?»

Lucius lui recommanda le secret par un geste rapide et mystérieux.

[1] Tacit., *Hist.*, I, 74.

« Aucun danger ne me menace; je viens de la part de l'empereur Vitellius; il vous charge de transmettre aujourd'hui même au général Primus, qui se trouve à qnatre liéues de Rome, les propositions que voici. »

Sabinus ne pouvait en croire ni ses oreilles ni ses yeux.

« Il renonce à l'empire? il offre de se dépouiller de la pourpre en faveur de Vespasianus... Et c'est vous, vous qui venez m'apporter un pareil message! Ma raison se perd au milieu de tant de choses merveilleuses et inexplicables. —Ne vous hâtez pas moins d'accomplir les ordres que je viens de vous transmettre. Adieu; l'empereur et moi nous attendons avec impatience la réponse de Primus. »

Cette réponse ne se fit point attendre et fut favorable, comme on se le figure aisément. Vitellius en témoigna la plus grande joie, et l'on vit alors le spectacle le plus étrange dont le Forum eût jamais jusque-là été le témoin. Le quatrième jour des ides de décembre, arriva sur la place publique l'empereur Vitellius vêtu de deuil, et appuyé sur son cuisinier, dont il ne voulut point se séparer dans ce moment critique. Le peuple accourut de toutes parts et prêta son attention à l'empereur qui venait de monter à la tribune.

« Romains, dit-il, les infirmités m'accablent; j'ai besoin de repos, et les rênes de l'empire demandent pour être tenues dignement des mains plus fortes que les miennes. »

En disant cela, il étendit et montra à tous les regards ses mains énervées par l'intempérance.

« Je viens donc me démettre devant vous de la couronne impériale. Vespasianus, plus robuste et plus actif, vaudra de plus heureuses destinées à l'empire. Salut à l'empereur Vespasianus ! »

En poussant cette exclamation, il portait les bras en l'air et les agitait avec enthousiasme. Mais aucune voix ne s'éleva parmi le peuple pour répéter ces paroles, et un silence de mort, puis un murmure sourd, comme le bruit des vagues, suivirent la harangue de l'empereur.

Tout à coup ce murmure éclata en mille cris confus. C'était Asiaticus et de nombreux agents gagnés par lui qui parcouraient la foule et distribuaient l'or à pleines mains.

« Si Vespasianus règne, disaient-ils, adieu aux spectacles du cirque, adieu aux distributions de vivres et de vêtements, adieu aux plaisirs et aux fêtes. Vespasianus mettra des impôts jusque sur nos urines, comme il l'a fait en Judée. Il est avare, despote, cruel, ami des nobles et ennemi du peuple. Tout sera pour les sénateurs et pour les chevaliers, rien pour vous. Mort à Vespasianus. Salut et gloire à l'empereur Vitellius ! »

« Ces discours se propageaient parmi les citoyens réunis dans le Forum, et bientôt ceux-ci les répétèrent hautement et s'exprimèrent en faveur de Vitellius et contre celui qu'il proclamait lui-même empereur. En ce moment, Sabinus, qui venait de prendre possession du Capitole au nom de son beau-frère, parut à cheval dans le Forum. Aussitôt Asiaticus et les siens dispersèrent la petite escorte du préfet, qui marchait sans défiance, se jetèrent sur lui, le percèrent de vingt coups de poignard et s'écrièrent à haute voix :

« Les dieux protégent l'empereur Vitellius ! »
Ce fut comme un signal ; cent mille voix repétèrent.

l'exclamation d'Asiaticus; l'empereur fut enlevé de la tribune, dépouillé de ses habits de deuil, revêtu de la pourpre impériale et porté en triomphe dans toute la ville. On alla visiter avec lui les temples; on immola des victimes aux dieux; on renversa les statues élevées à Vespasianus pour les traîner honteusement dans la boue; enfin l'on finit par prendre d'assaut le Capitole, auquel on mit le feu, et par massacrer tous ceux que l'on accusait d'être les partisans de Vespasianus. Ces transports de joie et d'enthousiasme pour l'empereur durèrent jusqu'à la nuit close, moment où le peuple, las de crier, de se promener, de massacrer et d'incendier, ramena Vitellius dans son palais.

Le premier soin de celui-ci, pâle de terreur et mourant de faim fut, non d'aller rassurer l'impératrice, mais de demander son cuisinier, dont il avait été séparé pendant le triomphe. On ne put trouver nulle part le soi-disant artiste grec, et force fut à l'empereur, malgré lui, de se contenter d'un souper insignifiant qu'on lui prépara à la hâte.

Ce malheur n'était point le seul que les dieux réservaient à Vitellius. Non-seulement il lui fallut se résigner désormais aux ragoûts que lui préparait un cuisinier ordinaire, mais encore s'occuper des affaires publiques qui devenaient de jour en jour plus alarmantes. Malgré une victoire, remportée dans la Campanie sur Primus par le frère de l'empereur, l'armée du premier de ces généraux n'en revint pas moins bientôt camper sous les murs de Rome. Quand l'empereur sut que la ville était investie, il envoya des légats et des vestales demander la reprise des négociations. Mais Primus et Cerealis, son collègue, réunis à un jeune homme vêtu de pourpre, et dont chacun semblait reconnaitre l'autorité, répondirent que le meurtre de Sabinus avait rompu les négociations pour toujours [1].

VII

Le lendemain, dit l'historien Josephe, l'armée de Vitellius vint à la rencontre de celle de Primus ; la bataille se donna et la mêlée s'engagea en trois endroits, au milieu même de Rome [2]. Le peuple, ajoute Tacite, assistait à ces combats, comme il l'eût fait à un spectacle, et, du haut des fenêtres et des toits où il s'était placé, applaudissait aux vainqueurs et huait les vaincus. Cinquante mille hommes périrent, et la bataille dura trois jours.

Alors, quand il ne resta plus d'espérances, un homme, qui s'était, pendant la bataille, caché dans un des coins du palais impérial, sortit de ce palais, complétement ivre, et dans l'état où pouvait être un homme qui, même dans cette extrémité (c'est encore l'historien Josephe qui parle), « ayant, selon sa coutume, demeuré longtemps à « table, dans le plus grand excès de bonne chère que le « luxe puisse inventer, n'avait point mis de bornes à sa « gourmandise [3]. »

Cet homme, c'était Vitellius !

----

[1] Tacit., *Hist.*, I, 74.
[2] Josephe, *Guerre contre les Romains*, l. IV, c. xii.
[3] *Id.*, *id.*

Ne sachant de quel côté diriger ses pas pour éviter la mort, il les porta vers la voie Suburanne. Comme il errait dans ce quartier, cherchant un asile qu'il n'osait demander, un homme passa, le reconnut et l'appela par son nom :

« Aulus Vitellius ! »

Vitellius tomba sur ses genoux et tendit les mains à cet homme pour lui demander grâce. Mais, en le regardant, sa terreur s'accrut encore ; car c'était le juif qu'il avait fait mettre naguère à la torture comme chrétien ; c'était Samuel Ananias.

« Relève-toi, lui dit le jeune homme, et calme ton épouvante. Je veux te sauver et t'offrir un asile. Entre dans cette maison, c'est la mienne. Tu as fait tant de mal à mes frères et à moi, que personne ne pourra soupçonner que mon toit te serve de refuge. Viens. »

Vitellius le suivit en lui prodiguant les témoignages les plus vils d'une reconnaissance abjecte, et demeura dans la maison de son sauveur jusque vers la sixième heure. Alors, comme il venait de faire un repas assez mauvais et qu'il se préparait à dormir, car rien ne pouvait interrompre les besoins matériels de cette ignoble créature, il entendit dans la rue un grand bruit de trompettes d'armes, de chevaux, et, avant d'avoir le temps de se cacher, il vit passer soudain, sous ses fenêtres, un corps de soldats commandé par un jeune homme vêtu de pourpre. O surprise ! il reconnut, non sans joie, dans ce jeune homme, son ancien cuisinier Lucius. Aussitôt, oubliant les périls qu'il courait, il ouvre la fenêtre et il appelle de toutes ses forces Lucius, son cher Lucius !... Ce fut en vain, sa voix n'arriva pas jusqu'aux cavaliers.

« Les dieux ont enfin pitié de moi ! s'écria-t-il ; mes partisans ont repris le dessus, puisque Lucius se trouve à la tête d'un corps de troupes et revêtu de la pourpre de général. Il faut que je retourne à mon palais, car c'est là sans doute que va me chercher ce fidèle serviteur. »

Et le voilà qui, sans même prévenir son hôte du projet insensé qu'il médite, abandonne, demi-nu, l'asile sûr où l'avait recueilli Samuel, pour courir, à travers les rues de Rome, jusqu'à son palais.

Il trouva ce palais désert, sans un gardien, sans un esclave. Alors sa folle confiance et son espoir ridicule l'abandonnèrent pour faire place à la plus lâche épouvante. Peut-être encore il eût pu regagner la maison de Samuel ; mais les forces lui manquèrent ; il tomba défaillant, et à peine sut-il se traîner jusqu'à la loge du portier ; cette loge était une espèce de niche pratiquée sous le vestibule, et dans laquelle on avait coutume d'enchaîner un esclave[1] ; l'esclave avait brisé sa chaîne. Là Vitellius passa deux heures au milieu des plus grandes angoisses, et finit par voir arriver une foule immense de soldats ; ils accouraient prendre possession du palais impérial au nom de Vespasianus.

Vitellius resta caché dans sa niche, que personne ne songea à visiter, et peut-être aurait-il pu échapper à la mort quand le jeune homme qu'il avait vu naguère à la tête d'une troupe de cavaliers, quand celui qu'il avait reconnu pour son cuisinier, Lucius, entra suivi d'un brillant cortège.

[1] Petron.

« Lucius, s'écria le malheureux empereur, Lucius, sauve-moi ! sauve-moi ! »

A ces cris, les soldats se précipitèrent vers la loge du portier, en arrachèrent Vitellius et l'amenèrent aux pieds de leur chef.

« Lucius, répétait toujours l'infortuné, Lucius, sauve-moi. »

Mais Lucius se prit à rire avec une ironie amère.

« Vitellius, lui dit-il, sais-tu le véritable nom de ton ancien cuisinier? Si tu l'ignores, apprends-le : Je suis Titus Flavius Sabinus Domitianus, fils de Vespasianus. »

A ce nom, Vitellius, qui s'était soulevé sur ses genoux, retomba comme frappé d'un coup mortel.

« Gardes prétoriennes, ajouta Lucius Domitianus en poussant Vitellius du pied, emparez-vous de ce misérable, liez-lui les mains derrière le dos, dépouillez-le de ses vêtements et qu'on le mène aux Gémonies. Si durant le trajet il ne levait pas la tête, piquez-lui le menton de la pointe de vos épées ; il faut que le peuple le reconnaisse bien pour Vitellius. Arrivés aux Gémonies, en présence du cadavre de mon oncle Sabinus, si lâchement tué par ses ordres, vous le mettrez à mort, lentement et au milieu de toutes les tortures que vous pourrez inventer. Allez. »

Les soldats entraînèrent la victime qu'on leur livrait et Lucius Domitianus se trouvait presque seul, sous le portique du palais, quand un homme s'avança vers lui; c'était le juif Samuel Ananias.

« Que me veux-tu? lui demanda brusquement le fils de Vespasianus. Ne sommes-nous point quittes? N'ai-je point sauvé tes jours comme tu avais sauvé les miens?

— Je viens solliciter de vous un nouveau bienfait, une nouvelle grâce, Domitianus, en échange du secret que je vous ai gardé.

— Que me veux-tu ?

— La permission de rendre les devoirs de la sépulture aux restes de Vitellius. »

Domitianus regarda Samuel avec surprise.

« Tu es donc bien fidèle au malheur !... Écoute, je ne crois pas à la vertu ; cependant ta vertu m'étonne et me subjugue. Attache-toi à ma fortune, et les destins les plus brillants t'attendent, quand j'aurai réalisé les glorieux projets que je nourris dans mon cœur.

— Que peut encore désirer Domitianus, le second dans Rome, après son père ?

— Tu le dis toi-même !... Je ne suis que le second, répondit d'une voix sombre et avec un regard terrible Domitianus. Je ne suis que le second !... Et encore y a-t-il, entre mon père et moi, Titus, ce frère que je déteste ! — Voyons, ajouta-t-il après un court moment de silence, acceptes-tu mes offres, Samuel ?

— Je ne puis servir qu'un seul maître : Dieu ! répliqua le chrétien.

— Va donc ensevelir ton cadavre, pauvre homme à petite intelligence. Va prier avec tes esclaves qu'on livre aux bêtes, et tes vieillards et tes femmes, qui ne savent que soigner des malades. »

Et quand Samuel se fut éloigné, il reprit :

« Je ne suis que le second dans Rome ; oui... Mais dans quelques années je serai le premier... Mon père est vieux et usé par la fatigue….. Quant à Titus, quant à mon frère, je sais comment Néron hérita de Britannicus. »

En effet, Domitianus devint empereur de Rome l'an 81 de l'ère chrétienne, douze années après les événements dont on vient de lire le récit. On sait par quel fratricide il acheta la couronne.

Ce fut en cette même année que Samuel Ananias souffrit le martyre pour la foi chrétienne et fut livré aux bêtes du cirque.

Il reste à faire connaître la destinée de Galéria Fundana, femme de Vitellius.

Cachée dans la maison d'une de ses affranchies qui lui donna fidèlement un asile jusqu'à l'arrivée de Vespasianus à Rome, elle accourut au-devant de cet empereur, se jeta à ses genoux et lui demanda grâce pour elle.

« Que grâce vous soit faite, répondit l'austère vieillard, je ne fais point la guerre aux femmes. Vous avez naguère, ajouta-t il avec un sourire plein d'ironie, servi de protectrice à Domitianus mon fils ; que Domitianus devienne à son tour votre protecteur. »

Galéria Fundana quitta les genoux de l'empereur pour aller embrasser ceux de Domitianus.

« Je n'ai plus d'inquiétude pour mon sort ! s'écria-t-elle, puisque c'est vous qui devez en décider. »

Domitianus releva cette femme et laissa s'éloigner

l'empereur et son cortége. Quand ils eurent disparu et que personne ne put les entendre :

. « Galéria Fundana ! lui dit-il, écoute bien mes paroles: tes palais, tes esclaves, tes trésors te seront rendus !... je fiancerai ta fille Glyceria au fils du consul Drusus. »

Galéria saisit la main de Domitianus qu'elle baisa avec des transports de joie et de reconnaissance. Pendant ce temps, le jeune homme la regardait comme un lion regarde la proie qu'il va dévorer.

« Retourne donc en paix dans ton palais qui t'est rendu ! reprit-il ; tu y verras jusqu'où Domitianus a pris soin de te débarasser des ennuis et des inquiétudes maternelles. Adieu ! »

Il y avait tant de cruauté moqueuse dans ces dernières paroles, que l'infortunée tressaillit.

« Arrêtez ! s'écria-t-elle, arrêtez ! car vous ne m'avez point parlé de mon fils, de cet enfant infirme et presque muet. Il ne peut vous inspirer d'ombrage : protégez-le comme vous protégez sa mère et sa sœur ! Domitianus, au nom de Jupiter ! protégez-le.

— Votre fils n'a pas besoin de ma protection, » répondit froidement le jeune homme, qui s'éloigna sans vouloir parler davantage.

Poursuivie par d'affreux soupçons, Galéria Fundana se hâta de courir au palais impérial... Une grande foule se pressait devant le portique, où des esclaves venaient de déposer sur le seuil une litière recouverte d'un voile sanglant. Galéria souleva précipitamment ce voile... c'était le cadavre de son fils, pauvre enfant idiot, percé de dix coups de poignard.

En ce moment, des cris retentirent et saluèrent de toutes parts le fils du nouvel empereur, car Domitianus passait devant le palais... Il jeta un regard sous le portique, non pour plaindre la mère dont il venait de faire égorger l'enfant, mais pour s'assurer si sa victime était bien morte ; et il continua sa route.

« Salut à Domitianus ! s'écria la populace toujours cruelle. Répète nos acclamations, Galéria Fundana ! crié avec nous : Salut à Domitianus ! »

Et ces misérables l'entouraient, et ils la menaçaient, et ils levaient sur elle leurs poignards.

Galéria Fundana, glacée de terreur, se souleva... Appuyée d'une main sur la litière sanglante, elle répéta, les yeux égarés et d'une voix brisée :

« Salut à Domitianus ! »

La foule applaudit, et Domitianus passa.

Pour ne point interrompre sans cesse le récit on a dû souvent, durant le cours de cette histoire, négliger plusieurs détails curieux sur les mœurs privées et sur la toilette des dames romaines. Les notes suivantes remédieront à ces lacunes.

Les femmes en grande parure plaçaient sur leur tête une couronne élevée ; de grands anneaux étaient suspendus à leurs oreilles ; la partie de leur tunique depuis les épaules jusqu'aux mains n'était pas cousue, mais attachée par une rangée d'agrafes en or ou en argent ; elles portaient pour chaussure des galoches.

Aristophane, dans sa comédie intitulée *Lysistrate*, fait parler ainsi Calonique : « Que peuvent faire les femmes de grand et de réfléchi ?» Leur vie se passe à rester assises, enluminées de vermillon, vêtues de la *crocata* (tunique couleur de safran), bien peignées et bien frisées. A quoi peuvent servir pour leur éducation les tuniques cimbériques (petites tuniques d'une étoffe transparente), les orthostadies (tuniques droites et sans coutures), les péribaridiés (espèce de chaussure de femmes), l'ancuse (herbe dont on se teignait le visage)? etc. » Le même poëte, dans ses Thesmophories, introduit Agathon, Mnésiloque et Euripide, qui s'habillent en femmes. « Euripide : Que m'apportes-tu là? — Agathon : Prends cette *crocata* et mets-la; prends le *strophion* (riche ceinture qu'on mettait au-dessous du sein et par-dessus les vêtements). — Mnésiloque : Mets maintenant le *périscélide* (ornement que les femmes portaient aux jambes pour se donner de la grâce en marchant). Euripide : Il me faut encore un cécryphale et une mitre. — Agathon : Voici mon bonnet de nuit. — Euripide : Donne-moi l'encycle (petite tunique circulaire). — Agathon : Prends-le sur mon lit. — Euripide : Il me faut des souliers. — Agathon : Prends les miens; ne les aimes-tu pas larges? »

Le *peplon* enveloppait l'épaule gauche devant et derrière en laissant découvertes les mains et l'épaule droite; le *xyston* servait de tunique et de manteau; le *zomon* était une robe à franges que portaient les vieilles femmes. On donnait le nom de *symstra* à une espèce de *simarre* ornée d'une bordure en pourpre, qui descendait jusqu'aux talons. La *podera* consistait dans un riche vêtement en lin découpé en forme de dents de scie; les *pentectènes* étaient des casaquins bordés en pourpre et entrelacés de cinq rayons. On appelait *catastichon*, *zoota* ou *zodiota*, une robe ornée de broderie mêlée d'animaux et de fleurs. Le *schiston* était une tunique ouverte sur les côtés, qui s'attachait aux épaules avec des agrafes; enfin, la *cotonaca*, garnie d'une peau cousue à son bord inférieur, était le vêtement des femmes esclaves.

On appelait *poriphe* une frange dont l'extrémité était teinte en pourpre. Le *periléocon* se composait d'un tissu rouge terminé par un liséré blanc. On nommait *méandre* une bandelette double de la même couleur qui se mettait en zigzag au-dessus de l'habillement. Il y avait deux sortes de ceintures : l'une se plaçait sur la peau, c'était la *zona*, ou bande abdominale; l'*anamascalisteron* s'attachait au-dessous des aisselles.

Les femmes romaines aimaient à se donner une taille élevée; pour y parvenir, elles portaient des pantoufles ou des souliers dont la semelle, quelquefois en liége, était très-épaisse. Comme toutes ne pouvaient, malgré cet artifice, réussir à se donner la taille de Junon ni l'élégance de Diane, on consolait les petites en leur disant qu'elles étaient *pétries de grâces et d'esprit*. Pollux compte vingt-deux espèces de chaussures; les unes couvraient le pied jusqu'aux malléoles; celles qui n'étaient composées que d'une semelle s'attachaient sur le cou-de-pied avec des courroies, comme le font encore les bergères de la Troade. Les femmes se servaient de pantoufles dans l'intérieur de leurs appartements, elles les faisaient porter dans un coffret (*sandalotheca*). Lorsqu'elles allaient en visite, elles chaussaient des *crépides* ou *bottines*, pour marcher dans les rues ; les souliers que les femmes mettaient pour paraître plus grandes avaient jusqu'à quatre semelles de liége jointes ensemble au moyen de colle. Les chaussures à la *tyrrhénienne* devinrent à la mode depuis que Phidias les eut employées à sa Minerve colossale du Parthénon. Elles s'attachaient aux doigts du pied et au bas de la jambe avec des courroies ; on les appela dans la suite *cothurnes*, nom emprunté du dialecte crétois.

Les procédés employés par les femmes pour faire ressortir leurs charmes ou pour parer à certains défauts étaient nombreux. Alexis, poëte comique, dit : « Une jeune fille est-elle petite, on rehausse sa stature au moyen d'une semelle de liége qu'on ajoute à ses souliers ; est-elle trop grande, on lui fait prendre des chaussures minces et elle marche la tête inclinée sur une épaule ; a-t-elle les hanches trop étroites, on lui en met de postiches, dont les formes saillantes et arrondies attirent les regards ; son ventre est-il trop gros, on l'entoure de buscs qui resserrent et rejettent son ventre en arrière ; a-t-elle les sourcils roux, on les teint avec du noir de fumée ; est-elle trop brune, on passe de la céruse sur son visage ; a-t-elle le teint pâle, on lui donne des couleurs au moyen du fard ; a-t-elle de belles dents, on lui apprend à rire pour que ses lèvres, en s'entr'ouvrant, les laissent apercevoir ; si elle n'aime point à rire, on la laisse à la maison ayant entre les dents un brin de myrte pareil à celui dont les cuisiniers couronnent les choses qu'ils vendent au marché, de manière qu'elle s'accoutume à montrer la beauté de sa bouche. »

La *kypassis* descendait jusqu'à la moitié des cuisses. Les *castaulæ* ou jupons se serraient au-dessus des hanches et descendaient jusqu'à la cheville du pied. Les femmes portaient au lit la tunique longue sans manches et sans ceinture.

LA BAGUE LAPONNE

Par une belle matinée de juin 1846, un voyageur français, si toutefois on peut donner le nom de voyageur à un flâneur venu de Paris à Hambourg, se promenait sur le port de l'ancienne ville anséatique, et achevait de fumer un des cigares assez médiocres que l'on trouve sur la rive droite de l'Elbe. Tout à coup, un noir tourbillon de fumée s'éleva au milieu des bâtiments à vapeur rassemblés dans un immense bassin, et un écriteau apparut au bout d'un mât, portant tracé, sur sa planche grisâtre, en lettres gigantesques, le nom d'*Hammerfest*. C'était un bâtiment qui appareillait pour la ville laponne.

Comme il importait peu à celui dont nous parlons d'aller dans un lieu plutôt que dans un autre, attendu qu'il jouissait d'une de ces bonnes vacances si rares dans le pénible et laboureux métier d'homme de lettres, la fantaisie lui prit de visiter Hammerfest, ce pays étrange, auquel les livres de M. X. Marmier, les tableaux de Biard et le voyage de la *Recherche* venaient de donner tant de popularité à Paris. Son parti fut promptement arrêté. En un quart d'heure, il avait fait transporter à bord du *Petermann* ses bagages, et il se trouvait installé dans la chambre des voyageurs de première classe, c'est-à-dire dans une sorte de salon semi-circulaire, disposé à l'arrière du bateau et où les voyageurs campaient sur une banquette recouverte en velours d'Utrecht cramoisi assez mal commode, surtout si l'on venait à penser aux moelleux fauteuils de nos chemins de fer. En compensation, on avait le murmure des vagues, la promenade sur le pont, l'aspect toujours si poétique et si émouvant de la mer du Nord, et une table confortablement servie pour ceux qui aiment le lièvre aux confitures et le poisson accommodé aux pruneaux.

Heureusement, la traversée de Hambourg à Hammerfest n'est pas longue, et, peu de jours après son départ, le *Petermann* arrivait à sa destination sans avoir éprouvé le moindre coup de vent. La mer n'avait pas été *comme d'houille*, ainsi que disent les marins du Midi, mais ses vagues courtes n'avaient point frappé de trop de *coups de coude* les flancs du bateau ; enfin un beau ciel bleu avait au moins, chaque jour, pendant une demi-heure, permis aux rayons un peu tièdes du soleil du Nord d'égayer le pont du *Petermann*, où les passagers se promenaient et se tenaient assis sur les bancs qu'on y avait disposés.

Du reste, la traversée eût-elle été mauvaise, qu'on en eût été largement indemnisé par l'aspect étrange d'Hammerfest, située, comme on le sait, au 70° 39′ 15″ de latitude, au bord d'une baie appelée Hvaloë (île de la Baleine). C'est la ville la plus septentrionale qui existe.

Hammerfest est bâtie sur un rocher en ruines. Un amas de maisons rouges et grisâtres se montre d'abord aux yeux des passagers. On ne peut réprimer un mouvement de surprise en présence de ces basses constructions en bois, qui ne se composent que d'un rez-de-chaussée, et s'étendent comme une ceinture au bord de l'eau. Le port est creusé dans une enceinte de collines et hérissé d'énormes poutres en sapin qui forment une sorte de squelette sans nom, dont les ossements noirs et rongés par les vagues semblent les débris de ces monstrueux léviathans dont les traditions du Nord parlent comme la Bible, et qui dépassaient par leurs proportions gigantesques l'étendue d'une ville.

Le bateau à vapeur jeta l'ancre. Les passagers mirent pied à terre à l'aide de chaloupes amenées par des matelots du port, et chacun se dirigea vers la maison qui devait le recevoir.

Je dis la maison, car Hammerfest ne compte guère qu'une auberge, attendu que cette ville n'est visitée que par un petit nombre de voyageurs et seulement pendant les trois ou quatre mois où les glaces et une nuit de six mois, sans interruption, ne rendent pas impossible l'entrée du port. Donc ce sont les habitants qui remplissent l'office d'hôteliers : ils louent une partie de leurs maisons aux étrangers que leurs affaires amènent à Hammerfest, ou bien ils leur offrent une bienveillante hospitalité.

Le capitaine du *Petermann* avait instruit de cet usage

notre voyageur, que le digne marin regardait comme une sorte de phénomène, attendu qu'il n'arrivait pas une fois, dans l'espace de dix ans, qu'un curieux fît la traversée de Hambourg à Hammerfest, dans un but désintéressé, sans y être amené par le désir d'y faire des échanges commerciaux et d'y acheter des tonnes de lard, des dents ou des peaux de morses, des fourrures de renards bleus et de renards blancs, des cuirs de rennes, des dépouilles d'ours blancs, de l'édredon brut, ou du minerai de cuivre.

Le digne capitaine avait indiqué à son passager favori la maison d'une veuve suédoise, où, moyennant un prix modéré, il trouverait un logement convenable et une table confortablement servie pour le pays.

« Je n'enverrais pas tout le monde chez dame Anders, lui dit-il, mais vous êtes un honnête garçon, presque une jeune fille — pour les habitudes du moins — car vous ne buvez même pas d'eau-de-vie. »

Et en disant cela, non sans une nuance de mépris, le marin porta à ses lèvres et vida d'un seul trait une verre qui contenait bien une demi-bouteille.

« Vous n'avez qu'à dire que vous venez de la part du capitaine du *Petermann*, et vous serez reçu comme l'enfant de la maison. »

Là-dessus, il remplit de nouveau son verre de Gargantua, et le vida en soupirant, moitié de satisfaction pour la douce chaleur que le spiritueux donnait à son estomac, moitié de dédain pour le buveur d'eau.

Hammerfest ne compte guère que quatre-vingts maisons ; il ne fut donc point difficile au Français de trouver le logis de dame Anders.

A peine eut-il prononcé le nom du capitaine, qu'une femme d'environ cinquante ans, qui était venue le recevoir sur le seuil, et qui lui avait fait d'abord un accueil assez froid, lui sourit comme à un ami, l'invita à entrer, lui donna une bienvenue presque maternelle, et appela Stierna.

Une jeune fille accourut à cet appel, et jamais plus charmante créature n'était apparue aux yeux de celui qu'elle salua d'une voix harmonieuse et dans un français incorrect sans doute, mais qui recevait je ne sais quelle grâce et de l'accent et des expressions étrangères de la jeune Suédoise. Elle conduisit son hôte dans une chambre d'une propreté qui eût fait pâlir de jalousie une Hollandaise elle-même, et que chauffait un énorme poêle, tel qu'on en rencontre en Russie. Une demi-heure après, le voyageur redescendait près des deux femmes; une heure après, il était leur ami, presque un fils pour la plus âgée, presque un frère pour Stierna.

Madame Anders était la veuve d'un ministre suédois, de la religion réformée, mort à trente ans subitement et sans laisser d'autre héritage à sa femme et à sa fille que le produit d'économies fort minces. Quoique jeune et belle, madame Anders n'avait point hésité à tout sacrifier à son enfant, âgée de quatre ans, et elle était venue rejoindre à Hammerfest un frère, veuf comme elle et qui faisait le commerce de pelleteries ; ce frère mourut lui-même quelques années après, léguant assez d'aisance à sa sœur et à sa nièce pour qu'elles pussent vivre sans gêne à Hammerfest; cette aisance eût été de l'indigence partout ailleurs que dans la capitale du West-Finmark. Lorsque par hasard, l'été, elle trouvait un hôte honnête à qui elle pût louer une chambre chez elle, le produit de cette location venait lui apporter les moyens de se procurer quelques petits objets qui ajoutaient un peu de bien-être à sa vie habituelle.

En somme, elle s'estimait heureuse, et Stierna partageait cette opinion de sa mère.

Stierna pouvait compter dit-huit ans. On ne saurait guère trouver une nuance analogue à la couleur de ses yeux qué dans le tableau d'Ary Scheffer, représentant la Marguerite sortant de l'église. Ses cheveux, d'un blond ineffable, retombaient en longues grappes soyeuses, jusque sur ses épaules, et, s'enlaçaient, sur le sommet de sa tête, à des nœuds de velours vert. Ses traits, d'une grande régularité, se faisaient remarquer moins par leur beauté que par leur grâce, et en dépit des longs hivers de la mer du Nord et de l'âpreté du climat, son teint avait une fraîcheur et une pureté angéliques. Une robe de vadmel blanc, bordée d'une large bande bleue, seyait merveilleusement à sa taille souple, et ses petits pieds paraissaient encore plus petits dans la chaussure à semelle de bois et garnie de fourrures qui les enfermait.

Elle avait appris seule, et à l'aide d'un petit nombre de livres qui formaient la bibliothèque de son père, l'allemand, le français et un peu d'anglais. Quelques volumes apportés par le voyageur, et que celui-ci s'empressa de lui offrir, achevèrent de gagner le cœur de la douce enfant, qui se hâta joyeusement de les placer à côté des rares tomes qu'elle possédait déjà.

Les nouveaux amis ne tardèrent point à s'entretenir des

deux grands mobiles de leur vie : elle, de son père, qu'elle entrevoyait comme une pâle image dans le passé, et à qui elle avait voué un culte profond dans sa solitude : lui, de sa fille, son unique amour, qu'il avait laissée en France, et vers laquelle se reportait sans cesse son souvenir attendri. Il en faut bien moins pour établir vite une véritable intimité entre une jeune fille et un poëte, surtout au bord de la mer Glaciale.

D'ailleurs, les mœurs du Nord ont un caractère de confiance et de liberté qui ne serait pas sans danger sous les climats ardents du Midi. Une jeune fille, en Suède, et surtout dans le désert glacé d'Hammerfest, peut sortir avec un étranger et s'appuyer sur son bras sans que personne songe à y trouver à redire. Dès le lendemain de son arrivée, le Français, guidé par Stierna, parcourait avec elle le port plein de barques de pêcheurs norwégiens ou lapons, de bâtiments russes, de chaloupes finnoises, et gravissait le sommet du Tyvefield, où l'enfant s'arrêtait de temps à autre pour faire regarder à son compagnon quelques tiges de cochlearia, de pâles renoncules et des saxifrages qui se hâtaient de pousser bien vite et de montrer au jour leurs feuilles étiolées et leurs fleurs maladives. Ces lieux bizarres prenaient un caractère plus poétique encore de la jeune fille, qui riait et folâtrait parmi les rochers déchiquetés par le froid et sous un ciel bas, aplati, d'un bleu sombre, qui tout à coup, et avec la rapidité d'un changement à vue de théâtre, se couvrait d'un brouillard épais, blanc, mat, sans transparence ; brouillard que bientôt un coup de vent enlevait brusquement et faisait disparaître avec la même rapidité.

Le soir, faut-il dire le soir, dans un pays où le jour ne change point, ne se modifie qu'insensiblement, et se montre presque aussi complet à minuit qu'à midi? le soir, madame Anders, sa fille et leur hôte, se réunissaient dans le parloir, le plus près possible d'un immense poêle, sur lequel brûlait une lampe carcel, sorte de phénomène, à peu près unique à Hammerfest, dont un marchand étranger avait fait don à madame Anders et que celle-ci entretenait avec un soin méticuleux qui tenait en quelque sorte du culte; car, sans cette lampe, il eût fallu recourir aux moyens grossiers et insuffisants d'éclairage seuls connus et usités dans ce pays.

Stierna quittait parfois sa place pour jouer une sonate de Beethoven ou une étude de Ferdinand Ries, compositeur allemand qui n'est point assez connu en France. Elle préférait toutefois entendre les récits que le Français lui faisait des mœurs européennes et des merveilles de la France. Elle les écoutait comme on écoute un conte des *Mille et une nuits* ou une légende fantastique, avec admiration, mais sans regret et sans désir. Jamais il ne lui arrivait de jeter un regard d'envie vers Paris ou de laisser échapper un soupir en regardant sa pauvre maison d'Hammerfest. Ce n'était pas de la résignation, mais une espèce de sérénité calme, qui n'allait point au delà du cercle étroit du possible dans lequel elle vivait renfermée.

De temps à autre, elle prenait la parole à son tour, et elle entretenait son hôte des mœurs des Lapons, ce peuple décimé, qui chaque jour tend de plus en plus à disparaître de la terre et à s'effacer peu à peu devant la civilisation européenne. Elle lui disait aussi cette longue nuit de six mois, par un froid mortel, passée dans une maison hermétiquement close, sans autre soleil qu'une lampe qu'on ne laisse jamais éteindre, et pendant laquelle on n'entend même pas retentir sur le sol glacé de la rue le pied d'un passant.

Stiërna racontait encore, — et ces récits naïfs et terribles prenaient un charme indicible dans sa bouche, — les traditions et les légendes de Hvaloë.

A quelque distance d'Hammerfest se trouve, disait-elle, une petite île appelée Kirkegaardo (île du cimetière.) C'est là qu'on enterre ceux que la loi humaine a frappés de réprobation et livrés à l'inexorable vengeance des lois, et ceux qui se sont suicidés. On dépose aussi sur ses rives, sans cesse battues par les flots de la mer Glaciale, les infortunés morts par accident, et les naufragés dont les cadavres viennent échouer sur la côte. Les marins, et surtout les pêcheurs, n'approchent de ces bords sinistres qu'avec un sentiment de crainte, surtout vers l'heure de minuit; car Kirkegaardo est hanté par des fantômes, qu'on voit tristement errer, enveloppés dans leurs suaires en lambeaux, et élevant vers le ciel leurs mains de squelettes, en demandant à Dieu de donner enfin le repos à leurs âmes.

Les Lapons seuls, tout superstitieux qu'ils soient, établissent sans crainte leurs tentes sur les rives de Kirkegaardo : pendant presque tout l'été, on est sûr d'y rencontrer quelque troupe des habitants primitifs de ces contrées.

De ces récits au désir de visiter Kirkegaardo, la transition était toute naturelle. Aussi fut-il arrêté que, dès le lendemain, Stierna et l'hôte de sa mère entreprendraient ce voyage de quelques heures. Dès cinq heures du matin, une petite barque, conduite par un pêcheur finlandais, les emmena tous les deux vers l'île réprouvée.

A peine furent-ils débarqués, qu'ils aperçurent un camp de Lapons. Ce camp se composait d'une vingtaine de tentes plantées sur quatre piquets, et les bandes de vad-mel dont elles étaient formées s'ouvraient par le haut, afin de laisser sortir la fumée des foyers établis à l'intérieur sur quelques pierres. Au centre du camp s'élevait un *passe vare*, sorte de pyramide en pierres, construite il y a bien des siècles par les Lapons idolâtres. C'est là qu'ils immolaient et qu'ils immolent encore quelquefois des rennes ou des béliers, et que leurs sorcières invoquent Jabbe-Akka, la mère de la mort, ou Sarraka, la Lucine de ces régions glacées.

Stierna entra dans une des tentes; elle n'y trouva qu'une vieille femme dont il eût été difficile de déterminer l'âge, tant la fatigue, la misère, la rigueur du climat l'avaient flétrie et desséchée. En France, on n'eût point hésité à la croire centenaire: Vêtue d'une blouse de vadmel fanée et en lambeaux, les jambes entortillées de chiffons qui semblaient une parodie du cothurne antique, la tête couverte d'une sorte de béguin rouge qui se dressait en crête sur son front et venait se nouer sous son menton décharné, elle tenait entre ses jambes un petit tambour, plus large que haut, et sur la peau duquel le voyageur reconnut des caractères runiques, peints grossièrement en diverses couleurs. La Laponne, deux ossements d'enfant dans les mains, frappait alternativement de ces sinistres baguettes le tambour, dont elle écoutait avec une profonde attention les roulements et les vibrations.

A l'arrivée de Stierna, elle leva sur la jeune fille ses yeux rougis et crispés par l'âge et par la fumée, et, sans lui adresser un seul mot, recommença à interroger son tambour.

Stierna attendit quelques instants en silence que la vieille femme lui accordât plus d'attention.

« Que vient faire sous la tente de la sorcière Brite-Revsboten, la jeune fille chrétienne ? demanda-t-elle enfin. Veut-elle interroger les esprits, et son cœur est-il assez gros de chagrin pour qu'elle ait recours aux démons des Lapons ?

— Brite, répondit Stierna, je vous amène un étranger, l'hôte de ma mère, à qui j'ai parlé de votre science magique et de votre pouvoir sur les esprits. »

La sorcière regarda fixement le Français et ne répliqua rien.

« Vous ne refuserez point les cadeaux de notre ami, reprit la jeune fille ; voici une bouteille d'eau-de-vie, un paquet de tabac et un écu qu'il vous prie d'accepter. »

Les traits hideux de Brite-Revsboten parurent s'animer à ces séduisantes offres. Elle étendit ses deux mains osseuses vers la bouteille, la porta à ses lèvres, but d'une haleine assez d'eau-de-vie pour enivrer un habitué de la barrière, et se hâta ensuite de bourrer de tabac et d'allumer une affreuse pipe de terre, courte, noire, et qui attestait un long usage. Elle regarda longtemps la pièce de monnaie que Stierna avait eu soin de choisir à effigie ancienne, car les Lapons n'aiment que les vieilles pièces, et n'acceptent qu'avec défiance celles qui portent une date récente,

« Et que veut l'étranger à Brite-Revsboten? demanda-t-elle après avoir de nouveau bu à la bouteille.

—Connaître l'avenir. »

Brite tira d'un sachet de cuir qu'elle portait sur sa poitrine un anneau d'argent grossièrement façonné en losange et doré sur sa partie la plus large, où se trouvaient cinq petits anneaux mobiles et deux ronds formés par une centaine de points obtenus à l'aide du repoussé. Elle mit cet anneau au doigt de sa main gauche, l'agita trois fois pour faire résonner les anneaux, et frappa ensuite sur son tambour avec une violence extrême. Peu à peu la figure de cette femme prit une expression d'enivrement et d'extase ; elle se souleva et s'écria :

« Il y aura bientôt des morts à Hvaloë ! »

Stierna ne put retenir un mouvement de terreur.

« Maison solitaire et sans maître ! un qui s'en va, deux qui s'enfoncent sous la terre ! Jabbe-Akka, il t'en faut trois ! qui sera le troisième pour montrer le chemin aux deux autres ? Jabba-Akka ; moi !... ta fille !... »

Elle ne put achever, et tomba dans un accès de convulsions violentes.

« Venez, dit Stierna en entraînant son hôte hors de la tente, venez ! Une fois que nous serons éloignés, elle reprendra un calme qu'elle ne saurait retrouver en notre présence. »

En parlant ainsi, elle était pâle elle-même et presque défaillante.

« Ah ! dit-elle, j'en ai honte comme chrétienne, mais

les prédictions sinistres de cette femme m'inspirent une terreur que je ne puis maîtriser! »

Son compagnon, à qui, bientôt plus calme, elle traduisit ce que la sorcière avait dit pendant son accès prophétique, ne put s'empêcher de sourire de l'émotion de la pauvre enfant. Il finit par la rassurer, du moins en apparence ; et ils revinrent ensemble à la tente de la sorcière, qu'ils trouvèrent fatiguée, mais assez tranquille pour avoir rallumé sa pipe et vidé complétement le flacon d'eau-de-vie.

« Brite, lui fit demander le Français par l'intermédiaire de Stierna, vendez-moi votre tambour et votre bague. »

La sorcière leva un regard effaré et à demi abruti par l'ivresse sur l'étranger qui lui adressait cette demande.

« Vous ne savez donc pas, dit-elle, que j'ai passé bien des nuits au pied d'un passe-vare à tailler le bois de ce tambour et à peindre la peau qui le recouvre? Vous ne savez donc pas qu'il m'a fallu, un pied nu et une main sur la pierre d'un tombeau, évoquer les terribles esprits de la solitude ?

— Vous en ferez un autre, mère Brité, allégua Stierna ; tenez, regardez, voici ce que l'étranger vous offre en échange du tambour et de l'anneau. »

Elle lui montra deux bouteilles d'eau-de-vie apportées par le pêcheur.

Brite fit un signe de tête négatif, mais faible, et attacha un regard ardent sur la liqueur.

« Ah! dit-elle, maudits soient les chrétiens et leur eau de feu ! »

Remarquons en passant que les sauvages du Nord comme les sauvages du Midi donnent également ce nom à l'eau-de-vie.

Puis, par un mouvement brusque, elle jeta le tambour dans les jambes du Français et se rua sur les bouteilles.

« Et la bague? demanda-t-il, curieux de posséder cet échantillon barbare d'orfévrerie laponienne.

— La bague? dit-elle, la bague? Vous ne savez donc pas que, si je vous la donnais, je perdrais tout mon pouvoir et que je mourrais? Elle m'a été donnée, à sa mort, par ma puissante maîtresse en sorcellerie, Lyma Swaskot; Lyma qui m'a appris comment on fabriquait un tambour magique, comment on évoquait les esprits, comment on guérissait le scorbut, en buvant du sang chaud de renne, et les pieds gelés, en les frottant avec du fromage de renne. J'ai appris d'elle encore à recueillir l'âme d'un mourant et à l'enfermer dans un tombeau magique!... »

Le Français l'interrompit en lui montrant une troisième bouteille d'eau-de-vie et un énorme paquet de tabac.

« Tiens! s'écria-t-elle en jetant sa bague, tiens, tentateur! Que les esprits te maudissent, car désormais j'appartiens à Jabbe-Akka!

— Vous avez eu tort de lui acheter sa bague, mon ami, dit Stierna en s'éloignant de la tente; lorsque la pauvre Brite sortira de l'état d'ivresse où elle se trouve plongée, elle sera inconsolable de la perte de cet anneau; elle ne vous l'eût point vendu si l'eau-de-vie ne lui eût ôté toute sa raison. »

Mais la bague semblait une trop curieuse acquisition à celui à qui s'adressaient ces paroles, pour qu'il pût se résoudre à s'en dessaisir; et, par un entêtement puéril, il reprit le chemin de Hammerfest, emportant avec lui le talisman à son doigt.

Pendant toute la traversée, Stierna, accablée par une tristesse qu'elle essayait en vain de combattre, et sous le poids de laquelle elle retombait sans cesse, s'était enveloppée de son manteau de vadmel, et, à demi couchée à l'arrière de l'embarcation, tenait son œil fixe et sans régard attaché sur les flots. Un brouillard profond, à travers lequel le pêcheur pouvait à peine se diriger, ne tarda point à couvrir la mer et à dérober les côtes à la vue. Involontairement, l'étranger, en traversant ces ténèbres blanches et visibles, près de cette belle jeune fille immobile et plongée dans une silencieuse méditation, se sentit devenir lui-même plus triste qu'il ne l'eût voulu. Il était atteint par les superstitions si puissantes dans ces mélancoliques climats, et, plus d'une fois, il eut sur ses lèvres l'ordre au marinier de retourner à Kirkegaardo pour reporter à la sorcière l'anneau fatidique. Mais une fausse honte l'arrêta, et la chaloupe ne tarda pas d'ailleurs à aborder sur le rivage de l'île de la Baleine.

En quittant l'embarcation, le Français offrit son bras à Stierna, et tous les deux, à la clarté blafarde du jour de minuit, se dirigèrent vers Hammerfest. Une aurore boréale enflammait le ciel de ses bizarres phénomènes, et jetait sur le sol une lueur rougeâtre et presque sanglante; ils arrivèrent, silencieux et haletants, chez madame Anders.

Débarrassée de son accoutrement de voyage, et assise au foyer de sa mère, Stierna reprit enfin un peu de sérénité.

« Comme chrétienne et comme Suédoise, dit-elle en souriant à son hôte, je dois vous paraître bien absurde, n'est-ce pas? Mais je crois qu'on respire ici la superstition avec l'air glacé de la mer du Nord. D'ailleurs, lorsque mon pauvre oncle fut frappé subitement par la mort, Brite avait prédit ce malheur un mois auparavant. Que Dieu me pardonne une faiblesse dont je rougis, que je sais ridicule et qui m'obsède malgré moi : les oracles de cette femme me font peur. »

Le lendemain, Stierna et son hôte se disposaient à entreprendre une excursion au sommet du Tyvesied, la pointe la plus élevée des montagnes de l'île Hvaloë, lorsqu'elle vit arriver le pêcheur qui, la veille, les avait conduits dans sa chaloupe à Kirkegaardo.

« Monsieur, dit-il au Français dont il avait fort goûté la veille les pièces d'argent, il y a une belle cérémonie aujourd'hui à Kirkegaardo : un enterrement lapon; ne voulez-vous pas venir y assister?

— Un enterrement? demanda Stierna; et qui donc est mort chez les Lapons?

— La vieille Brite-Revsboten; elle a tant bu d'eau-de-vie, qu'elle a passé d'ivresse à trépas, sans s'en apercevoir. »

Stierna était devenue pâle comme un fantôme sous son suaire.

« Ah! dit-elle, j'ai tué cette femme par mon imprudence!

— Mais c'est moi qui suis le seul coupable, se hâta d'interrompre le voyageur.

— Non! dit-elle, non. Si je ne vous eusse enseigné le

moyen de séduire cette malheureuse par sa passion pour
l'eau-de-vie, vous n'eussiez point abusé d'une arme dont
vous ignoriez le danger. Puisse Dieu me pardonner ma
faute! »

À quelque temps de là, l'hôte de madame Anders repartait pour Hambourg, par le dernier bateau à vapeur
qui devait faire, jusqu'à l'été suivant, la traversée d'Hammerfest à la ville anséatique. Déjà commençait le crépus-
cule de la nuit de six mois qui allait couvrir Hvaloë, et
des glaces se montraient dans le port.

Stierna et sa mère, debout sur la partie la plus élevée
de la jetée, et, le visage couvert de larmes, agitaient leurs
mouchoirs pour adresser de loin encore un dernier adieu
à celui que ces humbles et nobles cœurs chérissaient
comme un frère.

De retour en France, celui qui avait trouvé chez ces
excellentes femmes un accueil si bon s'empressa d'envoyer à Stierna une caisse remplie de livres et de beaucoup
de ces petits objets communs à Paris, dont on use sans
en apprécier les avantages, et qui devaient donner quelque nouveau bien-être aux pauvres exilées.

Stierna, en accusant réception de cet envoi, au printemps suivant, car l'hiver les lettres sont lentes à venir
de l'île de la Baleine, annonça à son ami la mort de sa
mère.

« Hélas! ajoutait-elle, voici la prédiction de la Laponne
qui a commencé de s'accomplir, et qui le sera bientôt
tout à fait. Brite est partie la première comme elle l'avait
dit; ma mère l'a suivie, et je reste seule au monde, malade, et attendant ou plutôt espérant que mon tour vien-

dra bientôt. Adieu, soyez heureux, et gardez précieuse-
ment le talisman de la sorcière laponne! »

Celui à qui s'adressait cette lettre se hâta d'écrire à
Stierna pour la supplier de ne point s'abandonner à une
fatale tristesse, et l'engager vivement à venir en France,
où elle retrouverait un frère dans son hôte d'autrefois,
une sœur dans la fille de cet hôte.

- Jamais Stierna ne répondit à cette lettre. Ce fut le pas-
teur d'Hammerfest qui se chargea de ce soin.

« Priez pour mademoiselle Stierna Anders, écrivit-il;
ou plutôt priez-la d'intercéder pour vous, car cet ange-
là ne peut être qu'au ciel ! »

LE CHASSE-MOUCHE

Ce pauvre Dupré, qui devait mourir si jeune et sans avoir eu le temps de se conquérir un nom durable, arrivait d'Orient et achevait alors, dans son atelier de la rue Cassette, une vue de la rue Franque, à Alexandrie, dernière ville syrienne qu'il eût visitée. Il avait ramassé, je ne sais où, un vieux nègre qu'il voulait peindre dans son tableau. Jamais, du reste, figure étrange ne mérita mieux de tenir sa place au milieu d'une scène pareille. Le négrophile le plus déterminé eût, certes, hésité à reconnaître d'abord un homme dans cette figure nue, noire, accroupie sur ses jambes à la fois courtes et grêles, et dont les bras démesurés se terminaient par des doigts noueux, longs et aigus. Quant à un naturaliste, il eût tout

de suite, sans scrupule, classé parmi les quadrumanes,
au premier degré des bêtes, plutôt qu'au dernier échelon
des hommes, une créature si dégradée.

En effet, le front chauve du Nubien surmontait des yeux
à sclérotique bleuâtre, et ajoutait encore, par l'exiguïté de
ses dimensions, au renflement exagéré de la nuque,
couverte d'une toison flétrie, immonde, crépue, blan-
châtre, inextricable, et qui rappelait la laine dégorgée
par les coins d'un vieux matelas d'hôtel garni. On ne pouvait regarder sans répugnance et presque sans terreur sa
face, dépourvue de saillie à la hauteur du nez, et qui tout
à coup s'allongeait brusquement en museau de singe,
avec une large bouche et des dents pointues. Son corps
sillonné de larges cicatrices, la plupart tracées par les
lanières du fouet, et dont la peau avait repoussé grisâtre,
semblait, à quelques pas, couvert d'un véritable pelage
que zébraient alternativement un noir équivoque et un
blanc sale. Replié sur lui-même comme un orang-outang
captif, il restait là, dans une attitude sauvage, et ne donnait d'autre signe de vie et de mouvement que la mobilité
de ses yeux féroces, qu'il tournait à la manière lente et
fascinatrice du caméléon.

Tout à coup, nous vîmes sa physionomie stupide s'animer d'un éclair d'intelligence et de joie. Une pensée le
saisit; il oublia tout, l'atelier, l'artiste, Paris, la France,
l'Europe! il se leva sur ses larges pieds, et s'élança d'un
bond vers l'objet qui lui rappelait si vivement des souvenirs d'enfance et de patrie.

Cet objet était un chasse-mouche en bois de palmier,
tel qu'on en fabrique en Algérie, en Syrie et à Alexandrie

particulièrement. Le noir prit dans ses mains le meuble africain, qui ressemble, on le sait, aux petits balais colportés en France par les Alsaciennes. Il le tourna dans tous les sens, il le mania, il le flaira, il s'en donna de l'air, puis il finit par examiner d'une façon curieuse la poignée, qui semblait une baguette assez négligemment dégrossie. Grâce aux secousses qu'il lui imprima, il sortit de ce manche un petit tuyau d'argent tout oxydé, et qui avait dû se trouver en contact avec un acide très-violent pour échanger ainsi la pureté et la blancheur de sa surface polie, contre la croûte verdâtre qui souillait maintenant le métal.

Quand il eut fini cet examen, et qu'il parut un peu remis de l'émotion produite sur lui par l'aspect du chasse-mouche, nous lui demandâmes ce qu'il trouvait de si curieux et de si digne d'intérêt dans cet objet, acheté à Alexandrie, quelques mois auparavant par Dupré. Les questions qu'on lui adressait le ramenèrent enfin vers la vie réelle, et l'arrachèrent aux souvenirs qui s'étaient emparés de lui.

« Ah ! messieurs, dit-il dans son baragouin mélangé de français, de barbaresque et de franque, c'est que ce chasse-mouche, si je le reconnais bien (et je suis presque sûr de le bien reconnaître), a exercé sur ma vie et sur la destinée du monde une influence magique. Si vous voulez me donner, ajouta-t-il en se tournant vers l'artiste, un instant de relâche et la desserte de votre déjeuner que je vois là-bas, je vous ferai un récit tel assurément que vous n'en aurez jamais entendu. »

Dupré fit un signe de tête ; aussitôt le noir se rua sur la

table, la dépouilla en un clin d'œil, dévora, dans l'espace de deux minutes, de quoi satisfaire l'appétit de trois forts de la halle, et revint, le ventre gonflé et le regard brillant; car le digne garçon avait jugé à propos d'arroser son déjeuner de deux bouteilles d'un vin excellent, ma foi!

« Maintenant, dit-il sans prendre la peine de se vêtir de la couverture que je lui avais jetée, et en s'étalant sur le tapis, en face du poêle, rougi à blanc; maintenant, écoutez-moi. »

Par malheur, ce qui va suivre ne sera qu'une faible et incomplète traduction du récit que nous conta le nègre. Pour transmettre à ceux qui lisent ces lignes l'impression profonde que nous éprouvions, il faudrait qu'ils se trouvassent, comme nous, dans un riche atelier, tout ruisselant de tentures rapportées d'Orient et sur lesquelles des broderies de fil d'or reproduisaient mille fleurs fantastiques; dignes accessoires d'un conte syrien. Et notez bien que ce conte, celui qui nous le disait était une espèce de démon! Il se servait d'un langage à lui seul, de gestes sans exemple, et de jeux de physionomie qu'il faut désespérer de reproduire et de faire comprendre.

Il commença par se cacher le front dans ses deux mains, et prononça dévotieusement la formule sacramentelle des mahométans : *Dieu est Dieu, et Mahomet est son prophète!* Après quoi il étaya, de ses bras repliés, son menton diapré d'une barbe jaunâtre et rare, attacha sur le petit auditoire ses prunelles de bête féroce et commença :

« Je ne sais pas même en quelle contrée du monde je suis né, dit-il. Est-ce en Afrique? je le présume; mais personne, excepté Dieu, ne le sait maintenant. Aussi loin que puisse me reporter le souvenir, je me vois l'esclave d'un santon. Jamais on ne ressentit pour un maître plus de terreur que ne m'en inspirait le mien. Vêtu d'un lambeau d'étoffe grossière et façonnée de poils de chameau, il errait dans le désert, seul, même sans avoir une tente pour abriter sa tête. Toujours absorbé par des occupations qui n'avaient rien des habitudes ordinaires des hommes, jamais il ne prononçait une parole. S'il me donnait des ordres, il le faisait par signes; quelquefois une année s'écoulait avant que j'entendisse un mot sortir de ses lèvres.

« La plupart du temps il lisait le Coran, ou bien, assis sur ses talons et la face tournée vers le côté du ciel où se lève le soleil, il demeurait absorbé dans les plus profondes méditations; souvent il laissait passer deux jours sans manger. Je dois ajouter pourtant qu'il se montrait bon pour moi, qu'il ne me laissait jamais manquer de nourriture, et qu'il lui arrivait rarement de me battre.

« Il m'employait, d'ordinaire, à cueillir soit des plantes qu'il me montrait du doigt dans les oasis, soit dans les sables, soit entre les fentes des rochers et dans les temples et souterrains que l'on rencontre si fréquemment en Syrie; enfin, il m'ordonnait de ramasser certains cailloux. J'écrasais les pierres, je broyais les plantes, et il mélangeait ces sucs et cette poussière, non sans murmurer des paroles mystérieuses.

« Il préparait ainsi des philtres qu'il enterrait sous le sable, qu'il cachait parmi les pierres et qu'il venait reprendre, souvent en faisant des courses de vingt à trente lieues; il donnait ensuite ces préparations à des malades qu'il guérissait.

« De toutes les œuvres magiques auxquelles se livra le santon, mon maître, aucune ne fut façonnée avec plus de soin et d'amour qu'un chasse-mouche de bois de palmier; celui que je tiens dans mes mains. Il en cueillit chaque feuille en un lieu différent, au clair de lune, avec des invocations à Mahomet, après s'être dépouillé de tous ses vêtements et fait les ablutions prescrites par la loi du prophète. Pour teindre en noir, en rose et en jaune ces linéaments qui forment, sur la tête du balai, des losanges, symbole du pont sur lequel doivent passer les âmes à l'heure du jugement, il ne multiplia pas moins les rites et les préparations. Bien des fois j'usai mes ongles à gratter, vers minuit, les pierres d'un temple ou d'un obélisque, afin d'en détacher un peu de couleur; souvent il me fallut attendre, couché à plat ventre sur le sable, le moment précis où le soleil disparaîtrait à l'horizon; il s'agissait d'arracher du sol une plante destinée à l'œuvre cabalistique.

« Quand le chasse-mouche fut terminé, le santon détacha du cou d'une momie un collier d'argent, alluma un grand feu, fit fondre le bijou, et lui-même avec un ossement pour marteau, il façonna un petit étui d'argent. Ensuite il creusa le manche du chasse-mouche, y enfonça l'étui, rempli au préalable d'une liqueur inconnue, et referma si bien le trou préparé dans le bois, que l'œil le plus exercé n'en aurait pu deviner l'ouverture.

« Après quoi nous partîmes, marchant à grandes journées.

« Comme d'habitude, je ne savais point en quels lieux nous nous rendions; mais bientôt je me trouvai dans une ville blanche qui s'étendait sur la plage d'une mer bleue. C'était Alexandrie! En passant près de l'aiguille de Cléopâtre, mon maître aperçut, au pied du monument, une petite chienne qui gisait prête à expirer. Il s'approcha d'elle avec plus de compassion qu'il n'en eût témoigné à un homme, tira de son sein un flacon, fit boire quelques gorgées à la bête malade, et, sans s'inquiéter de toucher un animal immonde, la chargea sur ses bras et l'emporta dans les ruines où nous avions établi notre domicile.

« Pendant huit jours, le santon ne s'occupa que de guérir la chienne. Quand il la vit ingambe et en santé, nous allâmes nous établir tous les trois aux environs de la rue Franque.

« Bientôt le bruit ne tarda pas à se répandre, dans la ville d'Alexandrie, qu'un santon venait d'arriver du désert, et que l'on n'avait jamais vu, avant lui, de solitaire plus digne de s'interposer entre le divin prophète et les fidèles croyants. Durant la journée entière, mon maître restait assis au milieu de la rue, sans s'inquiéter du soleil qui tombait d'aplomb sur sa tête; rien, pas même la douleur, ne pouvait troubler sa méditation profonde. La chienne semblait elle-même prendre part à ces rêveries contemplatives. Couchée entre les pieds du vieillard, elle restait les yeux fixes, comme ceux d'un sphinx de pierre, sans remuer, sans aboyer, sans s'inquiéter des passants qui allaient autour d'elle; mon rôle, à moi, était de recueillir les aumônes des fidèles croyants qui venaient prier près de mon maître.

22.

« Le soir, lorsque nous retournions coucher dans nos ruines, je rendais fidèlement au santon le produit de la recette. Une seule fois je m'avisai de garder quelques paras ; mais le saint, que je croyais absorbé dans ses rêveries, savait si bien le total de sa recette, qu'il m'arracha mes vêtements, prit un fouet, et m'en flagella tellement que je restai huit jours couché sur de la paille, sans pouvoir faire un mouvement. Regardez ! mon dos en porte encore aujourd'hui les cicatrices.

« Peu de temps après cette rude correction, un jour que, suivant mon habitude, je tendais la main aux aumônes, la chienne du santon quitta notre maître. Pressée par la soif, elle s'approcha pour boire dans la rue Franque, près de la boutique d'un marchand de tabac, devant l'étalage duquel se trouvait une jarre pleine d'eau. Le mahométan s'empressa de repousser l'animal immonde, qui s'éloigna, la langue pendante et en jetant un cri plaintif, premier son que je lui eusse jamais entendu proférer. Le santon, à cet appel de détresse, se leva brusquement, alla au marchand, s'assit devant lui, et lui dit :

« — Dieu est Dieu, et Mahomet est son prophète. Écoute-moi, voici ce que j'ai à t'enseigner : Il y avait à Bagdad un prince que l'on nommait Bahader. C'était un homme dur et cruel, qui souilla plusieurs fois ses mains du sang du juste, qui commit toutes sortes de crimes, et qui méconnut la voix du divin prophète.

« Dieu est Dieu, et Mahomet est son prophète. Écoute-moi, voici ce que j'ai à t'enseigner :

« Une nuit il fit un rêve terrible : il se crut à l'heure, redoutable même pour le juste, où chaque mortel doit rendre compte de sa vie au souverain juge. Allah tenait dans ses mains la balance du jugement dernier. D'un côté, dans le plateau de gauche, on voyait des formes gigantesques de démons ; au plateau de droite se tenait cramponné un petit génie blanc, tout faible en apparence, et qui cependant maintenait l'égalité du fléau de la balance.

« — Aucun poids ne l'emporte encore ! s'écria une voix qui fit trembler le dormeur jusque dans la moelle de ses os.

« Dieu est Dieu, et Mahomet est son prophète. Écoute-moi, voici ce que j'ai à t'enseigner :

« Bahader s'éveilla aussitôt, baigné de sueur, et le cœur palpitant de crainte ; il fit appeler sur-le-champ un santon qui jouissait à juste titre, dans Bagdad, du renom de sainteté. Le calife lui conta son rêve ; le saint répondit :

« — Repens-toi, Bahader ; les figures gigantesques de ton rêve sont tes péchés, et le petit enfant qui contre-balançait le poids de tes crimes une bonne action. Dépêche-toi d'en ajouter d'autres qui lui viennent en aide, ou bien tes forces s'épuiseront, et le fatal plateau du châtiment l'emportera.

« — Une bonne action ? murmura Bahader, je ne me rappelle point en avoir jamais fait.

« — Ne te souvient-il pas, reprit le savant, d'avoir passé hier près d'un porc attaché par la patte, trop loin d'une auge pour pouvoir y atteindre sa nourriture ? Tu ne dédaignas point de pousser du pied cette auge, et de la mettre à portée de l'animal immonde. Voilà ta bonne action, Bahader ! voilà ce que t'a valu l'avertissement salutaire de cette nuit. Profites-en et repens-toi.

« Bahader se repentit, et à l'heure de la mort il prit place dans le paradis, à la droite d'Allah et en face du divin prophète.

« Dieu est Dieu, et Mahomet est son prophète. Voilà ce que j'avais à t'enseigner.

« Le santon, en achevant ces mots, se leva et retourna à sa place habituelle.

« Le lendemain, le soleil sévissait avec plus de violence encore que le jour précédent. La chienne, pressée par la soif, malgré le mauvais accueil qu'elle avait reçu, la veille, du marchand, s'approcha encore de sa boutique et de la jarre pleine d'eau. Au lieu de la repousser, cette fois, Hussein (on appelait ainsi le marchand), non-seulement la laissa boire en liberté, mais encore lui donna à manger les restes du couscoussou de son dîner. Le santon vit cette œuvre de miséricorde, et cria au jeune homme :

« — Khodjad (marchand), tu as profité du conseil du santon ; le santon priera Dieu pour toi.

« La boutique de Hussein était établie dans la rue Franque, sous un de ces toits avancés qu'on nomme *mercherabeh*, et qui servent à garantir du soleil les rues et ceux qui les traversent. Si vous alliez à Alexandrie, vous reconnaîtriez encore sans peine l'emplacement de cette boutique, à côté d'un corps de garde de soldats, sous un sphinx de granit égyptien, et au milieu de deux pilastres avec les chapiteaux en bas, suivant l'usage du pays [1].

---

[1] Cette boutique est habitée aujourd'hui par un savetier français;

La chienne du santon prit l'habitude d'aller, chaque jour, boire et manger à la boutique du marchand de tabac. Cette habitude, et la déférence que Hussein avait montrée pour les conseils de mon maître, établit entre eux une sorte d'amitié.

« Trois mois s'écoulèrent ainsi. Ce temps passé, le santon vint s'asseoir un matin en face du marchand, et commença par lui réciter son inévitable formule :

« — Dieu est Dieu et Mahomet est son prophète. Voici ce que j'ai à t'enseigner :

« Tu es né à Smyrne, et ta mère se nomme Parizade. Ton père, Bahman, était baigneur.

« — La vérité sort de ta bouche, répondit le marchand.

« — Tu vas partir pour Alger.

« — Partir pour Alger ! s'écria Hussein. Qu'a de commun ce départ avec ma naissance ? Abandonner mon commerce, quitter Alexandrie, faire trois cents lieues ! Non, jamais !

« — Arrivé dans la ville d'Alger, continua le santon sans paraître entendre cette interruption, tu te rendras sur-le-champ près d'Abdallah, capitaine de la milice, il t'enrôlera parmi ses soldats.

« — Mais je ne veux pas quitter mon paisible métier pour la vie militaire ! repartit Hussein. Je ne me sens point le goût des combats, et encore moins celui de la discipline.

« — Il te suffira de montrer à Abdallah ce chasse-mouche pour qu'il t'enrôle aussitôt.

« Et comme Hussein allait protester encore contre ses ordres :

« — Va, continua le santon, va, Hussein. L'homme du prophète, le sage des déserts tient sa main étendue sur toi. Tu monteras au sommet de la colline de la puissance, si haut que tous devront renverser la tête en arrière pour apercevoir tes pieds. Va, et emmène avec toi cet esclave noir ; quand tu auras besoin de mes conseils, tu me les enverras demander par lui. Il est fidèle, interrompit-il en jetant sur moi un regard terrible, car il sait que me désobéir c'est mourir.

« — Vos conseils ! reprit douloureusement Hussein : vous me promettez vos conseils ! Hélas ! comment les recevrai-je à temps, si vous habitez Alexandrie et moi Alger ? Pendant que l'esclave fera le chemin, l'occasion de profiter de votre sagesse s'échappera. Différer, c'est perdre, a dit le Sage.

« — Crois-tu que je ne lise pas dans ta pensée, interrompit le santon avec son calme imposant et ses allures de prophète. Quand tu auras besoin de moi, ton esclave aura tout au plus quelques pas à faire pour venir me trouver.

« Dieu est Dieu, et Mahomet est son prophète. Voilà ce que j'avais à t'enseigner.

« Là-dessus, il s'éloigna avec sa chienne, en me faisant signe de rester.

« Mon nouveau maître passa la nuit dans l'indécision et les larmes. Enfin, il s'arrêta à la résolution de revoir une nouvelle fois le santon, de l'interroger, et d'en obtenir des renseignements plus précis, car il y avait de la démence à quitter tout pour aller, sur la foi des paroles d'un homme qui peut-être était fou lui-même, courir les

chances d'une fortune, imaginaire selon toutes probabi-
lités.

« Le santon ne reparut plus dans la rue Franque, ni
le lendemain, ni les jours suivants.

« Une semaine s'écoula, au bout de laquelle le feu prit
ou fut mis à la boutique du marchand Hussein. Toutes
ses denrées périrent dans l'incendie. Ruiné, poursuivi
par ses créanciers, il lui fallut bien se résigner à obéir
au santon. Nous nous mîmes en route pour Alger. »

Ici le nègre interrompit son récit. Tandis qu'il racontait, je ne pouvais assez admirer le changement survenu
en lui, et l'intelligence qui brillait dans ce visage, naguère
empreint de stupidité. Mais à peine eut-il cessé de parler,
qu'il retomba dans son premier engourdissement. Ses
yeux, qui brillaient comme deux flammes, s'éteignirent ;
tous les muscles de son visage s'affaissèrent ; l'homme
cessa de se montrer et le singe reparut. Il tira de la
poche de sa veste, qui gisait en un coin, un morceau de
tabac et le plaça dans sa bouche, entre la mâchoire et la
joue, qui s'arrondit. Alors la ressemblance de cette créature avec un quadrumane devint plus saisissante encore.
Sa face gonflée figurait, à s'y méprendre, les poches buc-
cales d'un macaque ou d'un sapajou.

Quand il eut bien tourné et retourné, entre ses grosses
lèvres, le morceau de tabac, quand il se fut chauffé de
tous les côtés devant la plaque ardente du poêle, il sourit
niaisement, ramassa le chasse-mouche qu'il avait laissé
tomber, en examina soigneusement les plus petits détails, et finit par se laisser aller insensiblement à une
rêverie profonde.

« Eh bien, lui dis-je, et la fin de votre histoire? »

Il ne répondit point d'abord, car il ne m'entendait point.

Je lui frappai sur l'épaule. A peine l'eus-je touché, qu'il tressaillit et se retourna si vivement vers moi, par un mouvement de panthère, la bouche ouverte, les dents en avant et l'œil furibond, que je fis à mon tour un mouvement machinal d'effroi et reculai en arrière. Mais une seconde avait suffi pour rendre au Nubien son air sournoisement servile et lui faire reprendre son attitude nonchalante.

« La fin de votre histoire! la fin de votre histoire! répétai-je.

— La voici, » dit-il.

« Quoique la route d'Alexandrie à Alger, malgré sa longueur, ne soit pas bien difficile à faire, nous n'arrivâmes pas néanmoins dans cette ville sans obstacle et sans peine. La pauvreté de mon nouveau maître en était la cause principale. Nous ne mangions guère, chemin faisant, que les restes de couscoussou que j'obtenais en allant mendier; quant aux nuits, nous les passions à la belle étoile, avec le ciel pour rideaux et le sable pour divan. »

Le noir trouva sans doute excellente cette plaisanterie, car il se mit à rire si fort, et ouvrit si largement la bouche, que le petit épagneul de Dupré fit un bond de terreur et se mit à japper.

Quoi qu'il en soit, continua le Nubien, nous arrivâmes sans autre malheur que d'avoir singulièrement avarié nos costumes. Le mazchelah de mon maître n'était plus

qu'une guenille vivante. Je l'avais vu soigneux de ses
habits et recherché dans sa mise, professant à Alexandrie
la *tanir fantazia*, et portant une fleur sous son turban
(ce qui est le comble de la fashion orientale). Maintenant
il marchait pieds nus, la tête à peine abritée d'un chif-
fon crasseux, le crâne mal rasé et la barbe en désordre.
Aussi, quand nous nous présentâmes chez le capitaine
de la milice algérienne, et que nous sollicitâmes une
audience de Sa Seigneurie, elle fit dire que, si nous per-
sistions à lui rendre visite, ses esclaves nous recevraient
désormais à grands coups de bâton.

« Hussein se désespérait, et eût volontiers maudit tout
haut le Santon ; mais il se contenta de le faire intérieu-
rement ; car je voyais bien qu'il me regardait comme un
espion du prophète du désert. Cependant il se trompait :
quelque misérable que fût ma position près de lui, je la
préférais encore à celle que j'avais naguère près du
santon. Misère pour misère, j'aimais autant me trouver
en Algérie que d'errer au milieu de sables brûlants. Aussi
tâchai-je de persuader de ma fidélité le marchand, et de
lui rendre courage ; mais chaque jour il devenait de plus
en plus désespéré, et je ne sais à quelle extrémité il se
serait porté sans un incident qui survint fort à propos
pour mettre un terme à cette crise.

« Un soir le capitaine traversait la ville à la tête d'une
partie de sa milice ; nous nous rangeâmes, Hussein et
moi, afin de laisser passer les soldats. Le marchand
d'Alexandrie, qui regardait avec tristesse celui vers qui
le santon l'avait envoyé dérisoirement, tira, par un mouvement machinal, son chasse-mouche, et s'en servit pour

se rafraîchir en guise d'éventail. Le capitaine porta par hasard les yeux vers nous; à la vue du chasse-mouche et des pierres verdâtres qui se trouvaient, contre l'ordinaire, enchâssées au milieu de la poignée, il quitta sa troupe, piqua des deux vers Hussein, se pencha, et lui dit à l'oreille d'un air d'intelligence :

« — Chez moi après la prière du soir. Dieu est Dieu et Mahomet est son prophète!

« Ce soir-là mon maître dormit dans la caserne de la milice, et il revêtit le lendemain l'uniforme des gardes du dey.

« Pendant plusieurs mois rien de nouveau ne se passa dans la destinée du nouveau soldat. Seulement il s'ennuyait à périr, et aurait donné la moitié de sa vie pour en passer le reste, comme naguère, au coin de la rue Franque d'Alexandrie et au bord de sa petite boutique, à vendre du tabac et des dattes. La seule consolation qui lui restât consistait dans les trafics continuels qu'il faisait avec ses nouveaux camarades; trafics qui lui valaient toujours des bénéfices considérables, eu égard au peu d'importance des objets qu'il achetait, qu'il vendait ou qu'il échangeait. Il ne touchait à rien qu'il ne lui en restât quelque chose aux doigts. A cette unique consolation près, je le répète, la destinée d'Hussein à Alger ne valait certes point celle dont il avait joui à Alexandrie.

« Les choses en étaient encore à ce point quand le dey d'Alger, Ali-Pacha, tomba gravement malade. Personne ne pouvait s'expliquer sa maladie; elle déconcertait toutes les idées reçues; les médecins les plus habiles, même les Européens, ne savaient rien y comprendre. Un

-soir que les gardes de la milice gémissaient dans la consternation (car Ali était aimé à cause de sa générosité envers les soldats) ; et, comme je traversais la cour de la caserne, je sentis une main froide se poser sur mon épaule. Je tressaillis de tous mes membres... J'avais reconnu, malgré l'obscurité, mon ancien maître le santon.

« — Esclave, me dit-il, va dire ceci à Hussein : « Dieu « est Dieu, et Mahomet est son prophète ; déclare que tu « veux guérir le dey Ali, et demande à être conduit près « de lui pour opérer cette cure. »

« Et il disparut.

« Quand j'allai répéter cet ordre à Hussein, il s'arracha la barbe avec désespoir.

« — Il veut ma perte ! C'est mon mauvais génie ! La bastonnade et le pal m'attendent ! Suis-je médecin pour guérir le dey ?

« — Maître, répondis-je, le santon possède mille secrets précieux. S'il vous jette dans un péril, je le connais, c'est qu'il a des moyens sûrs pour vous en tirer.

« Je fis tant par mes exhortations que le pauvre diable, tout pâle de crainte qu'il était, alla déclarer au premier ministre qu'il se chargeait de la guérison du pacha.

« — Bien, lui dit celui-ci, qui nourrissait une haine secrète et profonde contre les miliciens ; demain tu seras conduit près du dey. Si tu ne réussis pas, comme je ne veux point me donner le ridicule d'avoir été la dupe d'un fourbe, tu périras sous le bâton.

« Hussein vint me trouver dans un état à faire pitié. Il passa la nuit en prières ; et, le lendemain au point du jour, il m'envoya à la recherche du Santon. J'eus beau parcourir

toute la ville d'Alger, je ne parvins point à le découvrir.
Il fallut bien rapporter cette triste nouvelle à Hussein;
Hussein faillit en mourir de désespoir.

« Cependant l'heure de se rendre près du dey arriva;
mon pauvre maître, prêt à se mettre en chemin pour lé
marabout, recommandait déjà son âme à Dieu, quand
je sentis que l'on me glissait un papier dans la main. Je
me retournai, et vis le santon qui disparaissait à toutes
jambes. Je remis le papier à Hussein; voici les seuls mots
qu'il contenait :

« — *Une des pierres bleues du chasse-mouche!*

« Hussein, sans trop comprendre, bénit Mahomet, le
santon et Allah, puis il se rendit avec un peu plus de
confiance près du pacha.

« Le dey se mourait de douleurs violentes aux en-
trailles et dans la poitrine. Hussein, avant de commencer la cure, exigea que toutes les personnes qui entouraient le malade sortissent et le laissassent seul avec lui.
Alors il tira le chasse-mouche de sa poitrine, en détacha
une des pierres bleues, la mit dans un verre plein d'eau,
et la vit, à sa grande suprise, se dissoudre promptement.
Il engagea le dey à boire cette potion; le dey obéit; et ne
tarda point à s'endormir profondément.

« Le lendemain le mourant était guéri, et le premier
ministre destitué : mon maître Hussein remplaçait ce
dernier dans son autorité et dans la confiance du dey.

« Hussein se montra digne de la haute dignité qui était
venue si brusquement le jeter, du rang infime de soldat,
à côté du souverain lui-même. Il administra sagement,
remplit le trésor sans trop pressurer la population d'Alger,

et appliqua si bien son adresse et son économie de marchand à la science de gouverner, que chacun s'en émerveillait. Il faut ajouter cependant que, s'il venait à se présenter quelque question difficile, le nouveau ministre me dépêchait aussitôt vers le santon, lui demandait ses conseils, et les mettait rigoureusement à exécution, comme si Mahomet lui-même eût parlé.

« Les choses durèrent ainsi pendant deux années, après lesquelles l'ancien ministre, à force d'intrigues et secondé par notre protecteur d'autrefois, le capitaine de la milice, parvint à inspirer au pacha de la défiance contre Hussein. Mon maître, qui ne se piquait point d'un courage bien énergique, retomba dans les terreurs qui l'avaient poursuivi le jour de la cure du dey. A chaque instant il sentait son pouvoir devenir plus précaire et le fatal cordon s'approcher davantage de son cou. Il m'envoya vers le santon ; celui-ci, que je trouvai dans les plaines de sable qui avoisinent Alger, se contenta de me répondre :

« — Le manche du chasse-mouche dans un sorbet.

« Je revins rapporter cette réponse à Hussein, qui se sentit plus inquiet que jamais, car il ne comprenait pas comment une si puérile chose pouvait le tirer de péril. Cependant d'un autre côté il savait que le santon ne disait rien qui ne renfermât un sens caché, mais profond.

« Une semaine s'écoula, durant laquelle il m'envoya plusieurs fois vers le santon, sans que je pusse découvrir ce dernier.

« Enfin, un soir, je vis Hussein rentrer pâle, se soutenant à peine et dans un état à faire pitié.

« — Va trouver le santon, me dit-il, apprends-lui que

tout à l'heure le dey m'a annoncé ma disgrâce dans les termes les plus menaçants. Poussé par le désespoir, j'ai profité d'un moment où il détournait la tête pour enfoncer le manche du chasse-mouche au milieu d'un sorbet qu'un esclave venait d'apporter au pacha. Je l'y ai laissé tremper durant une minute. Va et demande lui, — ajouta-t-il en insistant sur ces derniers mots, — demande au saint homme si j'ai bien compris sa pensée?

« Comme presque toujours je cherchai en vain le santon par toute la ville, dans la campagne, jusqu'à l'entrée du désert ; je rentrai près d'Hussein harassé de fatigue, après avoir crevé trois chevaux sans avoir pu rencontrer celui dont mon maître demandait un mot avec tant d'angoisses. Le pauvre ex-premier ministre n'espérait plus qu'en Allah. Sans doute il mettait sa conscience en ordre, et il se préparait à la mort, car assis sur ses talons dans un coin de l'appartement, il balbutiait des prières à voix basse, quand Méhémet, un des petits nègres attachés au service d'Ali-Pacha accourut tout à coup.

« — Mon maître est mort ! s'écria-t-il : je viens d'entrer dans le marabout du dey pour lui présenter le café, suivant l'usage ; je l'ai trouvé sans mouvement et comme endormi. Je me suis approché..... Mes pieds, en touchant la natte sur laquelle il reposait, l'ont fait tomber ; ce n'était plus qu'un cadavre déjà glacé.

« Hussein sortit plein de trouble et de joie. Une heure après, il était proclamé pacha et dey d'Alger. Le capitaine de la milice et l'ancien ministre, naguère ses ennemis acharnés, se montrèrent des plus ardents à lui valoir cet honneur. Il est vrai que j'aperçus derrière eux, dans la foule, le santon qui s'y tenait caché, mais qui conduisait évidemment toute cette affaire. Quels étaient les moyens dont se servait cet homme pour diriger les événements et les volontés des autres à son gré? Je n'en sais rien. Je ne vois de possibilité d'expliquer ce mystère que par le pouvoir prophétique et surnaturel qu'il avait reçu du ciel.

« Dieu est Dieu, et Mahomet est son prophète, ajouta le nègre comme pour donner encore plus de poids à cette expression naïve de sa superstition.

« Quoi qu'il en soit, reprit-il, Hussein, une fois au pouvoir souverain, en usa plus sagement encore qu'il ne l'avait fait du ministère. Seulement, il s'entoura de précautions excessives, trouva que le palais de la Jennina, au milieu de la ville, n'était pas une résidence assez sûre, et alla s'établir à la Casbah, édifice très-vaste, fortifié de tous les côtés. En outre, il fit un choix de serviteurs dévoués; s'en entoura exclusivement, et eût bien voulu ne point m'admettre parmi eux.

« Car, il faut le dire, Hussein-Pacha supportait avec impatience le joug que lui imposait l'ancien protecteur de Hussein-khodjah. Tout ce qui venait du saint homme, y compris moi, lui était secrètement odieux. Le santon, il faut l'avouer du reste, en usait sans façon avec le souverain maître d'Alger. A tout moment, il lui faisait parvenir des ordres ou des menaces.

« Bien que Hussein eût fini par interdire l'entrée de la Casbah au vieillard et à ses émissaires mystérieux, le dey me punit des torts du santon, m'éloigna de sa personne et me relégua dans un quartier du palais avec un emploi subalterne, et défense expresse de jamais me présenter à ses yeux.

« Pour toute vengeance et pour toute menace, le Santon se contenta d'envoyer à jour fixe, tout les ans, au dey, un billet sur lequel se trouvaient écrits ces deux seuls mots :

« — *Le chasse-mouche.*

« La douzième année du règne d'Hussein-Pacha, le santon ajouta à sa phrase ordinaire *le chasse-mouche*, la formule : Dieu est Dieu, et Mahomet est son prophète.

« Ce peu de mots nouveaux inquiétèrent Hussein. Il cessa d'aller, comme d'habitude, au jardin fortifié qu'il avait fait construire au bord de la mer, près de la pointe de la Pescade. Le nombre des gardes fut doublé partout ; enfin il me fit appeler. Je restai surpris du changement et de la vieillesse précoce qui caractérisaient maintenant son visage.

« — Va trouver le Santon, me dit-il. Si tu parviens à le rencontrer, ta faveur près de moi sera sans égale. Jette-toi à ses pieds, supplie-le de me visiter à la Casbah, pour que je puisse lui expliquer ma conduite à son égard et me justifier à ses yeux. Dis-lui enfin que j'implore mon pardon, et que, s'il daigne me l'accorder, il n'aura point d'esclave plus dévoué, plus fidèle et plus humble que Hussein-Dey.

« J'obéis ; je me mis en route et je n'eus point beaucoup de peine à rencontrer celui que je cherchais ; car je le trouvai assis aux portes de la ville, comme s'il eût prévu et attendu mon arrivée. Je m'acquittai du message dont m'avait chargé pour lui mon redoutable maître, et j'exposai, dans les termes les plus énergiques, le désir qu'il avait d'obtenir une entrevue avec son ancien bienfaiteur.

« Pour toute réponse, le santon se tourna vers l'Orient avec majesté, leva les mains vers le ciel et murmura :

« — Le chasse-mousse : Dieu est Dieu, et Mahomet est son prophète.

« Mes prières, mes supplications, rien ne put obtenir un mot de plus. Il me fallut revenir à la Casbah avec cette réponse.

« Hussein-Pacha tomba dans une tristesse plus sombre encore que par le passé. Il devint irritable, impatient, injuste : un mot suffisait pour le jeter dans les plus violentes colères ; sa raison saine et son jugement excellent semblaient tout à fait altérés. Il se trouvait sous le poids de la vengeance de son bienfaiteur ; il comprenait qu'elle allait éclater ; il se sentait pris dans un filet invisible qui se resserrait de plus en plus autour de lui et l'étreignait invinciblement.

« Le vendredi, jour de la fête hebdomadaire des mahométans, Hussein-Pacha avait l'habitude de recevoir les consuls accrédités près de lui par les diverses cours européennes, et entre autres par la France et l'Angleterre. On le sait, moyennant un tribut considérable appelé *capitation,* tous ces peuples, qui croyaient ridiculement à la puissance barbaresque, obtenaient du dey qu'il ne fit point courir sus à leurs vaisseaux. Durant l'une de ces réceptions, Hussein, qui, je vous l'ai dit, était en proie à une irritation nerveuse, pleine de fébrilité, se plaignit en termes insolents au consul de France, M. Deval, de n'avoir point encore pu obtenir qu'on lui payât une créance de sept millions : elle était due à la régence d'Alger pour fournitures de blés faites, depuis plus de trente ans, à l'expédition d'Égypte[1]. Je vois encore cette scène à laquelle j'assistais, car j'étais rentré, depuis ma dernière visite au santon, dans la faveur et dans la familiarité du pacha.

« La chaleur avait fait quitter à Hussein ses appartements ordinaires : il se promenait avec les consuls dans une vaste galerie.

« — Quand me payera-t-on ? finit par s'écrier le dey.

« — Mon maître n'est point votre débiteur, répondit M. Deval, consul de France.

« — Ton maître est un déloyal ! fit Hussein.

« — Mon maître ne daigne pas répondre à un homme tel que toi, répliqua M. Deval.

« Hussein, éperdu de colère, tira de son sein le chasse-mouche du santon et en frappa au visage le consul. Celui-ci sortit aussitôt et déclara que la vengeance ne se ferait pas attendre.

« Hussein ne prêta point d'abord une attention bien sérieuse à cette menace ; il était dans une ignorance profonde de la puissance militaire de l'Europe, et il regardait la France, sa tributaire, comme une poignée de barbares qu'un souffle suffirait pour dissiper. Mais, le len-

---

[1] Le juif Bacri, envoyé en France par Hussein-Bey, pour obtenir le payement des sept millions dus à la Régence depuis l'expédition d'Égypte, était parvenu à faire considérer cette créance comme lui étant personnelle, et avait, à ce titre, gardé les fonds remis entre ses mains par le gouvernement français. — Le dey d'Alger ne trouvait pas naturellement que la France fût quitte envers lui, et réclamait de M. Deval le solde des sept millions, ainsi que l'extradition de son ancien sujet Bacri, associé avec Michel Busnach, pour des opérations de banque. La France ne voulait accorder au dey ni l'une ni l'autre de ces demandes.

demain, la crainte s'empara de lui, car il reçut du santon le billet suivant :

« — L'étourneau croit l'oiseau rock plus petit que lui, parce qu'il le voit de loin : le rock cache le ciel sous ses ailes. »

« Trois années environ, vous le savez, s'écoulèrent entre l'insulte et la vengeance. Durant ces trois années, le dey se rassura tout à fait. Il cessa même de croire au moindre péril. Néanmoins quand il vit la flotte française se diriger vers Sidi-Ferruck, il m'envoya vers le santon. Le santon, assis sur le sable, ne daigna pas lever la tête, et dit, de sa voix monotone :

« — Dieu est Dieu, et Mahomet est son prophète.

« Je ne pus pas même deviner, d'après l'inflexion de sa voix, si ces paroles étaient une menace ou simplement la continuation de la prière qu'il récitait à mon arrivée.

« Je n'ai pas besoin de vous conter la suite de cette histoire ; vous le savez, le 13 juin, la flotte française débarqua sur le sol africain ; le 4 juillet, Hussein-Pacha m'envoyait offrir au général commandant l'expédition l'offre d'indemniser la France des frais de la guerre.

« Le 5, le santon apparut tout à coup devant Hussein.

« — La puissance que je t'avais donnée est finie, dit-il. Je te laisse la vie, car la vie est désormais pour toi le malheur et la honte ! Du jour où l'ingratitude est entrée dans ton cœur, le talisman qui faisait ta force a fait ta faiblesse et ta perte. Écoute ! le peuple se révolte et demande ta tête ! l'ennemi écrase et incendie la ville ! Capitule ou meurs.

« Hussein, qui ne se piquait point d'héroïsme, préféra capituler.

« Voilà ce qui fait que je suis venu en France à la suite du dey, que j'ai assisté au grand opéra dans la loge de mon maître déchu, qu'il a fait des visites à M. le directeur des Variétés pour en obtenir une loge gratis ; qu'il a dîné chez le ministre de la marine, où il n'a voulu manger qu'une poule cuite à l'eau, préparée par moi ; qu'il a montré partout sa barbe blanche et ses lunettes vertes, et qu'enfin il n'est guère de maison de Paris où il n'ait laissé une carte portant ces mots : *Hussein-Pacha, ex-dey d'Alger.*

« Hussein se fatigua bientôt de poser devant la curiosité parisienne, qui, d'ailleurs, commençait, de son côté, à se fatiguer de lui. Il partit donc avec ses cinquante-huit femmes et moi, d'abord pour Mahon, puis pour Naples, puis pour Livourne. De là nous gagnâmes Smyrne, où il comptait, disait-il, se fixer désormais. Mais les exilés et les princes déchus ne se trouvent bien nulle part ! De Smyrne nous revînmes à Alexandrie.

« La première personne que nous aperçûmes, en débarquant, fut le santon, debout sur le rivage.

« — Pardonnez-moi ! protégez-moi encore ! s'écria Hussein au prophète. Si vous le voulez, ma fortune peut redevenir plus brillante et plus grande que jamais. La France, si vous l'ordonnez, me rendra Alger...

« — Il ne te reste qu'un seul recours, répondit solennellement le Santon.

« — Lequel ? Dites, oh ! dites.

« — Le chasse-mouche.

« Et il disparut.

« Hussein comprit le conseil du santon, car un matin je

le trouvai endormi sur son divan, comme jadis le petit noir Méhémet avait trouvé Ali-Pacha. La seule différence qu'il y eût, c'est que Hussein tenait serré entre ses dents le manche du chasse-mouche fabriqué par le santon.

« On a prétendu, en France, que Hussein avait emporté d'Alger huit millions. Je n'en sais rien ; mais le fait est qu'il laissa des dettes à Alexandrie après sa mort, et que, pour les payer, on vendit ses esclaves et ses meubles. Voilà comment ce chasse-mouche a pu être acheté par M. Dupré chez un marchand d'Alexandrie, rapporté en Europe, et accroché contre un mur de cet atelier.

« Quant à moi, qui me trouvais être affranchi, on me mit à la porte sans une piastre. Je gagnai l'Europe en mendiant. Je puis désormais renoncer à cet expédient, puisque voilà que je possède, grâce à Dieu et à vous, une profession ; puisque j'exerce le noble métier de modèle. »

Le pauvre diable ne l'exerça pas longtemps, du reste ; car, un jour, en allant voir faire, à l'hôpital Saint-Louis, une des savantes et hardies opérations qui placent si haut nos maîtres de la science chirurgicale, j'aperçus par hasard, sur la table de l'amphitéâtre, le cadavre d'un vieux nègre. Je reconnus parfaitement l'ancien esclave d'Hussein-Dey. L'interne qui avait disséqué ce corps noir me raconta qu'il avait trouvé, dans son estomac, une énorme quantité d'eau-de-vie ; il ajouta que l'ivrogne était mort du *delirium tremens*.

Quant au chasse-mouche, il fut vendu, à la mort de Dupré, par le ministère d'un commissaire-priseur, qui me l'adjugea pour la modique somme de trois francs, et qui sans doute ignorait l'importance historique de cet objet oriental.

Du reste cette importance est-elle réelle ou fausse? Faut-il religieusement accepter l'authenticité que lui donnait le vieux nègre? Je n'en sais rien. On m'assure que le musée d'artillerie prétend posséder le chasse-mouche de Hussein ; d'un autre côté, on en montre un second à Alger, que l'on donne pour celui qui menaça le consul de France. Je ne puis être juge et partie dans cette cause ; seulement, jusqu'à preuve contraire, je garderai mon illusion à ce sujet ; — si toutefois c'est une illusion.

UN HÉROS DE ROMAN

I

Lorsque les Français veulent désigner les terres lointaines où les Anglais exilent leurs déportés, ils ne manquent jamais de désigner ces terres par le nom de Botany-Bay. En cela, ils commettent une erreur grave. Botany-Bay est une assez vaste étendue de pays, au bord de la mer. On tenta d'abord, il est vrai, d'y établir la ville que l'on voulait fonder dans ces plaines découvertes par Cook. Mais bientôt on les abondonna aux peuplades indigènes, pour aller fonder, plus au sud et sur un sol d'une grande fécondité, Sydney, aujourd'hui séjour principal des convicts et de ceux à qui l'on a confié le soin de leur direction et de leur surveillance.

Il est bien permis, du reste, aux Français d'avoir des idées inexactes sur cette partie d'une autre hémisphère, puisque les Anglais eux-mêmes n'en possédaient guère de plus complètes avant le retour en Europe du botaniste Caley et le livre remarquable qu'il publia. Ce livre produisit une vive sensation à Londres, attira sur son auteur la curiosité et l'intérêt publics, et lui valut non-seulement d'honorables récompenses du gouvernement britannique mais encore une popularité véritable. Chacun voulait voir, féliciter et interroger l'observateur profond et heureux qui venait enfin d'apprendre à ses compatriotes quelle était, en réalité, la mystérieuse contrée dont on avait dit tant de fables et où, chaque année, allaient s'engloutir des milliers de malheureuses créatures dont on pouvait se figurer *ad libitum* ou le sort affreux ou l'existence presque digne d'envie.

Parmi les personnes qui firent à sir Caley l'accueil le plus empressé, il faut citer le docteur Lachlan Macquarie. On avait proposé à cet homme, que recommandaient une grande fermeté et une rare science administrative, le gouvernement de la colonie. Avant d'accepter une si grave mission, il voulait connaître, par un témoin oculaire et capable d'apprécier justement les faits, l'état réel de Sydney et des autres parties de l'établissement.

Après quelques conférences, sir Lachlan Macquarie ne tarda pas à reconnaître le mérite du savant et à éprouver pour lui une vive amitié. Il l'invita donc, pour resserrer plus intimement leurs rapports bienveillants, à venir passer quelques jours à sa maison de campagne, qui se trouvait à huit ou dix milles de Londres.

Quelque plaisir que fît cette invitation à sir Caley, la satisfaction qu'il en ressentit n'approcha en rien de l'émotion qu'elle causa à la sœur et aux deux jeunes filles du docteur Macquarie, condamnées, depuis la mort de leur mère, à la vie solitaire de la campagne, et sans autre distraction que les rares visites de leur père. Les jeunes filles ressentaient d'autant plus d'activité d'imagination qu'elles ne savaient comment dépenser cette activité. En vain elles avaient épuisé la bibliothèque de leur père, depuis Shakspeare jusqu'aux romans de Richardson. Les aventures imaginaires, le mouvement immobile, le fracas muet que l'on trouve dans les livres ne les satisfaisaient pas ; elles éprouvaient un ardent désir d'entrer dans la vie réelle et de s'en prendre à des luttes véritables avec la destinée ; le bonheur paisible dont elles jouissaient leur semblait odieux et il tardait à ces jeunes insensées d'arriver en face de l'adversité, qui, du moins, pensaient-elles, n'était ni monotone, ni froide, ni régulière dans sa marche. Elles s'exaltaient l'une l'autre dans leurs conversations romanesques, et il faut l'avouer, leur tante, vieille fille, idolâtre de ses nièces et qu'une laideur sans exemple avait jetée forcément dans le cercle de paix où la prudence de sir Macquarie retenait ses filles, ne contribuait pas médiocrement à exciter les rêveries de Sarah et de Lucy.

Je vous laisse donc à penser la joie et le mouvement qui se répandirent dans tout le château quand le docteur donna des ordres pour que deux appartements fussent préparés et réunissent tout le confortable qui pouvait les rendre agréables à des hôtés attendus dans trois jours. Ce fut le signal d'un bouleversement général du logis et de suppositions sans nombre, parmi lesquelles resplendissait, en lettres de feu et tourbillonnait, comme le plus riche soleil d'un feu d'artifice, le mot de *maris.* Car quels autres que des futurs pouvait amener à ses filles le docteur, qui jusque-là avait fait de sa maison de campagne une sorte de forteresse où il retenait ses deux filles prisonnières, loin de tout étranger et même de toute relation extérieure ?

Après trois jours d'insomnie, de suppositions, de rêves extravagants et d'agitation, le jour attendu si vivement et avec une impatience fiévreuse se leva et trouva, dès ses premières lueurs, les trois curieuses debout et occupées de leur toilette. Pendant que ses nièces nouaient, de la façon la plus coquette qu'elles pouvaient inventer, leurs magnifiques cheveux blonds, mistriss Britton allait, venait, montait, descendait, donnait des ordres, entrait dans les deux chambres destinées aux étrangers, s'assurait, pour la dixième fois, de la blancheur virginale du linge, régularisait l'harmonie des tentures et donnait la dernière recherche aux dispositions savamment combinées par ses nièces et par elle. Le temps se traîna en véritable cul-de-jatte jusqu'à midi. Enfin, après ce siècle d'attente, l'oreille aux aguets de Lucy distingua, au loin, le bruit imperceptible d'une voiture, et l'œil perçant de Sarah ne tarda point à reconnaître la calèche de son père, qui venait rapidement. Alors, les jeunes filles se réfugièrent dans le salon, tandis que leur tante, en grande parure, s'avançait vers le perron pour recevoir ses hôtes. Il faut ajouter,

pour ne déroger en rien à l'exactitude d'historien de petites choses, que miss Sarah et miss Lucy, cachées derrière un rideau, regardaient sans être vues et attendaient
là, avec anxiété, que la voiture entrât dans la cour et leur
montrât les deux mystérieux personnages destinés,
comme elles le croyaient, à vivifier leur existence mor-
tellement heureuse.

Un grand désappointement suivit leur grande attente.
Un seul voyageur descendit de la calèche avec le docteur.
C'était un homme âgé, laid, dont le front nu se cachait sous
une horrible perruque et qui semblait boiter beaucoup de
la jambe gauche. Leur œil inquisiteur plongea vainement
au fond de la voiture : il ne s'y trouvait personne d'autre !
plus rien ! Ce n'était point la peine de se cacher pour un
pareil hôte ! Aussi les deux jolies misses, le front quelque
peu rembruni par le désappointement, se trouvèrent-elles
sur le perron, aux côtés de miss Britton, lorsque celle-ci,
avec une de ses plus profondes et plus belles révérences,
salua d'une emphatique et verbeuse bienvenue l'ami de
son beau-frère et lui présenta ses nièces. Sir Caley répondit par quelques paroles simples et grimpa l'escalier
en s'appuyant de tout son poids sur le bras du docteur.

Après quelques minutes de causerie dans le salon,
durant lesquelles l'esprit élégant et fin de sir Caley commença à trouver grâce devant les jeunes filles et à se faire
pardonner leur désappointement, on vint annoncer que
le déjeuner était servi.

« Il ne fallait point servir sitôt, dit le docteur ; j'attends
encore un convive, vous le savez. »

A ces mots, la joie des jeunes misses se ranima comme

une pauvre fleur grillée par le soleil se relève aux premières gouttes d'une douce pluie d'été.

« Si Daniel se faisait attendre, ce serait la première fois, objecta sir Caley ; d'ordinaire sa fougue habituelle le fait toujours arriver trop tôt. Oh ! c'est qu'il est jeune, lui, » objecta-t-il en jetant presque avec regret un regard sur les jolies recluses.

Il parlait encore que des pas de cheval éclatèrent dans la cour : c'était un ardent cavalier qui accourait de toute la vitesse de son impatiente monture. La sueur et l'écume ruisselaient sur les flancs du noble animal.

« Que vous est-il donc arrivé, Daniel ? demanda le botaniste.

— Rien qui vaille la peine d'être conté, une fantaisie de mon cheval qui s'est avisé de s'emporter, et que j'ai bientôt réduit à l'obéissance, » répliqua le jeune homme qui sauta de cheval et vint saluer la compagnie, réunie sur le perron pour le recevoir.

Il y avait dans tous les mouvements de ce hardi cavalier, une grâce et une prestesse qui empruntaient un charme étrange du caractère singulier de ses traits et de la couleur olivâtre de son teint. On pouvait reprocher à sa bouche des proportions un peu larges, à son nez des formes qui ne rappelaient en rien le type grec. Mais son regard brillait de tant d'ardeur, ses lèvres entr'ouvertes montraient l'émail de dents si pures que, dès l'abord, on se sentait disposé à le trouver beau. Enfin, les cheveux d'un noir brillant, qui couronnaient son front, n'en laissaient pas remarquer les formes un peu étroites. Quant à son costume, il réunissait toute la recherche qui caracté risait alors un gentleman à la mode, et faisait valoir une taille un peu maigre et des membres auxquels un statuaire eût reproché des contours trop grêles.

Vous le savez, on n'attendait que Daniel pour déjeuner ; on passa donc de suite dans la salle à manger, où il fit preuve d'un merveilleux appétit. Il ne négligeait son assiette que pour attacher, sur les jeunes misses timides et rougissantes, ses deux grands yeux noirs brûlants d'une flamme sauvage. Il répondait avec concision aux questions que lui adressait le docteur, mais il le faisait toujours d'une manière nette et satisfaisante. Il n'en était pas de même de sir Caley, qui aimait à conter et qui contait longuement l'état inquiétant dans lequel se trouvait la colonie : les magasins et les dépôts étaient vides ; les convicts, mal disciplinés, menaçaient à chaque instant d'entrer en pleine révolte ; enfin les indigènes, race terrible et barbare, se disposaient à profiter de ces troubles pour apporter le pillage et le massacre au milieu des divisions et des conflits des Européens. Il raconta, à l'appui de la férocité de ces anthropophages, un événement qui s'était passé sur les bords du Hunter et dont il avait, six années auparavant, été témoin.

Un planteur écossais s'était établi sur cette rivière, et des affaires l'ayant appelé à Sydney, il laissa, pour diriger ses intérêts, son cousin avec un domestique irlandais déporté en dernier lieu. Leur situation isolée poussa les noirs à la résolution d'assassiner ces deux hommes et de piller le domaine. Dans ce but ils s'approchèrent, comme à l'ordinaire, sous des apparences bienveillantes, et pendant que le maître était assis, lisant, près de la cabane, un misérable, de taille élevée, boiteux et au regard atroce, nommé Nullan-Nullan (le batteur), se glissa derrière lui avec une massue et lui écrasa la tête. Les cannibales mangèrent ensuite la cervelle. On trouva à soixante pas de là le cadavre du domestique couvert de branches et la maison fut entièrement pillée. Les troupeaux étaient à quelque distance, paissant sous la garde d'un chien écossais. Un détachement de soldats et de constables se mit à la poursuite des assassins, et alors on vit une preuve d'affection maternelle bien frappante. Une femme, pourchassée, fuyait tenant son fils sur son dos. Bien qu'elle dût s'attendre à recevoir un coup de fusil, elle prit la résolution de sauver son enfant au risque de sa vie, et se mit à courir avec son fardeau en appelant son mari à l'aide. Enfin, épuisée par ces efforts, elle tomba avec le petit garçon dans une terre molle et marécageuse. Tout espoir paraissait évanoui, quant le père apparut sur la crête d'une hauteur voisine, défia ses ennemis, et leur annonça sa présence par des cris épouvantables. La mère vit qu'elle était secourue ; elle poussa l'enfant en avant vers son père, qui l'encourageait et l'appelait à haute voix, et disparut dans l'abîme. La petite créature grimpa rapidement vers le sommet de la colline et allait se trouver en sûreté quand une balle frappa le sauvage, qui tomba dans les marais et fut englouti près de l'endroit où avait péri sa femme.

« Et l'enfant? demandèrent à la fois Sarah et Lucy.

— L'enfant fut recueilli par moi, mesdemoiselles. Je l'ai élevé, je l'ai initié aux mœurs de l'Europe, et j'espère qu'un jour il initiera à son tour ses compatriotes à ces mêmes mœurs et leur en fera comprendre les avantages.

Il est devenu maintenant un jeune homme intelligent, plein de cœur et de courage. Et cependant il a fallu littéralement lui faire violence pour l'obliger à quitter ses horribles goûts de sauvage et pour lui faire adopter les bienfaits de la civilisation. A diverses reprises, il s'est échappé de chez moi pour aller rejoindre les hordes hideuses parmi lesquelles il était né, se couvrir le corps d'huile de coco, manger des fourmis, errer sans asile dans les bois, ravager, incendier et peut-être porter une dent sacrilége sur des cadavres humains. Voilà ce qu'il regrettait! voilà ce qu'il voulait reconquérir! voilà la vie qu'il mènerait sans ma persévérance! Grâce à Dieu, j'en ai la conviction, il ne lui reste plus rien désormais de ces fatals goûts. Je vous le répète, aujourd'hui c'est un homme de mérite, qui ne le cède à aucun Européen en supériorité de jugement. Il civilisera son pays, il le régénèrera; il acquerra de la puissance et de la gloire; car le gouvernement anglais a résolu non-seulement de seconder ses efforts, mais de lui donner une puissance absolue et consacrée sur les indigènes de la Nouvelle-Hollande. C'est donc presque un roi que je vous présente en mon ami Daniel. Sa vue seule, je l'espère, suffira pour vous prouver qu'il ne reste plus rien en lui du sauvage d'autrefois.

Comme pour confirmer ce que disait sir Catey, Daniel offrit son bras à miss Sarah avec une grâce que lui eût enviée le plus accompli dandy de Londres, et on quitta la table pour descendre dans le parc.

Le cœur de Sarah battait avec violence, et le sang bourdonnait dans ses oreilles et dans son cerveau de manière à ne point lui laisser entendre bien distinctement les paroles que lui disait sir Daniel. Mais peu à peu elle reprit du calme, et elle ne prêta que trop d'attention aux propos attrayants de l'étranger. Il fallait moins que les circonstances étranges au milieu desquelles était né le jeune homme pour agir vivement sur l'imagination innocemment romanesque de Sarah. Comme Desdemona, elle voyait le front de Daniel dans son âme et elle oubliait la couleur de son visage par la couleur de sa pensée. Avant la fin de la journée il s'était établi entre les deux jeunes gens cette sorte d'intelligence qui mène à la passion, si déjà elle n'est la passion elle-même. Egalement attentif et empressé près des deux sœurs, Daniel trouvait moyen de témoigner à Sarah, par mille nuances irrécusables, la préférence qu'il établissait entre elle et sa sœur. Cette préférence n'échappa point du reste à la clairvoyance de Lucy : femme, il était impossible qu'elle ne devinât point le secret, encore si vague pourtant, d'une autre femme. Le soir, quand elles se furent retirées dans leur chambre, Lucy embrassa tendrement sa sœur.

« Sarah ! chère Sarah ! dit-elle, n'est-ce pas, jamais tu n'auras de secret pour Lucy ?

— Jamais ! je te le jure par notre sainte mère ! répliqua Sarah avec non moins de tendresse.

— Ma sœur, tu aimes ce jeune homme ?

— Je ne saurais lire clairement dans mon âme, reprit Sarah en appuyant sa jolie tête sur l'épaule de sa sœur : on ne peut aimer si vite ; et cependant j'éprouve je ne sais quel vague attendrissement qui amène, sans motif, des larmes dans mes yeux. On dirait que mon cœur bat plus vite. Pose là ta main. Sens-tu des palpitations accélérées? Oh ! si tu savais combien il m'a intéressée par le récit des aventures de sa jeunesse étrange ! Et puis avec quelle noble intelligence il comprend la grande mission qu'il s'est conquise : civiliser un pays, faire des hommes et des chrétiens de toutes ces peuplades barbares ! Lucy, ma chère Lucy, ne serait-ce pas une noble mission que de s'associer à de si merveilleux projets ? Enseigner la foi du Christ à toutes ces pauvres âmes ignorantes, donner le bonheur à tous ces infortunés et puis soutenir leur bienfaiteur, leur législateur, au milieu des épreuves difficiles qui l'attendent ! le consoler quand il céderait au chagrin, lui rendre du courage quand le courage lui manquerait! Oh ! ma sœur! ma sœur ! qui n'envierait un pareil sort?»

Elle cachait, en disant cela, son visage dans le sein de sa sœur.

« Je vois que tu l'aimes, dit doucement Lucy.

— Non : mais je sens que je l'aimerai peut-être, murmura Sarah plus bas encore. »

Croire que l'on aimera, c'est déjà aimer. Daniel et Sarah se retrouvèrent le lendemain avec la joie que l'on éprouve à se retrouver après une longue absence. On aurait dit à la fois qu'ils ne s'étaient jamais séparés depuis leur enfance et qu'ils ne s'étaient pas revus depuis de longues et lentes années Il y avait, dans le regard qu'ils échangèrent, mille tendres bonjours et mille joies mystiques.

Sarah présenta son bras à Daniel sans que Daniel songeât à lui offrir le sien, tant il trouvait naturel de le prendre. Après une promenade dans le parc, promenade que rendit délicieuse une causerie pleine d'émotions et dans laquelle les mots les plus insignifiants se transfi-

guraient d'une splendeur passionnée, il entendit avec
un véritable chagrin les aboiements de la meute annoncer
que tout était prêt pour une partie de chasse projetée la
veille.

Sarah n'en ressentit pas moins de tristesse et alla se
placer au balcon d'une fenêtre pour échanger du moins
un regard d'adieu... Hélas! Daniel était tout entier à la
chasse! Une vivacité joyeuse remplaçait, sur son front
brun, le désappointement qui tout à l'heure l'avait as-
sombri. Il manœuvrait avec habileté son cheval, et à
peine pensa-t-il à tourner les yeux vers le balcon avant
de s'élancer au galop. Il n'était plus le même; le sauvage
semblait revenu tout entier, son œil brillait et montrait sa prunelle jaunâtre; ses narines dilatées humaient
le vent comme pour flairer la piste du gibier. Au premier signal du cor, il partit avec la rapidité de l'éclair,
laissant tous ceux qu'avait amenés la chasse surpris de
cette ardeur surhumaine.

Le soir, quand il revint près de Sarah, la jeune fille,
qui s'était senti le cœur plein d'amertume contre le chas-
seur, ne se trouva que de la joie et du pardon pour celui
qu'elle accusait absent et contre qui elle n'avait plus un
reproche depuis qu'il était là. Du reste il s'accusa comme
s'il eût été coupable et avoua que son sang australien ne
pouvait rester froid à un signal de chasse.

Trois jours s'écoulèrent ainsi au milieu des agitations
et des joies d'une tendresse naissante. Ces trois jours
écoulés, sir Caley annonça son départ pour le lendemain
au point du jour. Il fallut que Lucy soutînt sa sœur pâle
et défaillante, à ces fatales paroles. Le soir, on fit une

dernière promenade dans le parc. Daniel et Sarah marchèrent quelque temps en silence l'un près de l'autre, la tête baissée, le cœur serré douloureusement.

« Adieu, dit enfin Daniel; adieu, miss Sarah! car je ne saurais me résoudre à ne vous donner d'autre adieu que le froid salut de demain.

— Écoutez-moi, Daniel, dit la jeune fille en surmontant sa timidité; écoutez-moi! ce que je vais vous dire ne saurait être mal! Une voix secrète me répète que j'ai raison d'en agir ainsi : prenez cet anneau et donnez-moi en échange celui que vous portez à la main. Vous allez partir pour la Nouvelle-Hollande : mon père ne tardera pas à vous y suivre. J'obtiendrai de lui de l'y accompagner. Là, j'en suis sûre, vous trouverez les moyens de mériter la main de la fille du gouverneur de Sydney. Ni les épreuves, ni le temps, ni rien au monde ne sauraient m'empêcher de tenir la foi que je vous jure.

— Je veux, murmura Daniel ému, je veux devenir roi, pour mettre ma couronne à vos pieds. Sarah! Vous venez d'éteindre en moi ce qu'il y restait encore du sauvage. Vous serez ma femme, mon doux ange! Oui, vous porterez un jour avec orgueil le nom encore obscur de Daniel. »

Quand Sarah se retrouva seule avec Lucy, elle lui prit les deux mains et lui dit d'une voix ferme et vibrante:

« Ma vie est à lui, ma sœur! à lui pour toujours! Ajoutons désormais, aux noms de ceux pour qui nous prions Dieu, le nom de mon fiancé Daniel.

—Priez pour votre fiancé, jeune fille, dit tout à coup la voix de sir Lachlan Macquarie. Priez pour lui, car votre père lui a promis de lui donner sa fille pour femme, s'il se rendait bientôt digne de devenir le gendre du gouverneur de Sydney. »

En effet, l'amour de Daniel pour Sarah était si favorable aux projets du futur gouverneur de Sydney, que lui-même avait été au-devant du jeune homme, qui n'eût peut-être point osé avouer l'espoir qu'il nourrissait, lui avait parlé le premier de ses projets de mariage et les avait encouragés.

II

Aujourd'hui Sydney est une charmante ville, dont s'enorgueillirait l'Europe. Située au bord de la mer, défendue par de puissantes fortifications, on dirait Londres en miniature ; mais Londres idéalisée, Londres sans les quartiers malpropres qui la déshonorent, Londres sans ses mortels brouillards. Les rues, macadamisées, endorment le bruit des voitures; le gaz, dès les approches de la nuit, jette, en mille endroits, de splendides gerbes de lumières. Certes, dans ses plus riants désirs, un poëte ne saurait rêver de plus délicieuses retraites que les petites maisons qui s'élèvent partout, blanches et mignonnes, entre une cour pavée de larges dalles et un jardin planté de magni-

fiques arbres de l'Australie. On emploie, pour les construire, un grès qui réunit l'éclat du marbre à son scin-
tillement. Sydney compte de nombreux édifices publics,
d'un style large et d'une architecture pittoresque, témoins
la Banque, l'Hôtel de Ville, l'église Saint-Jean avec son
haut clocher, la maison de justice, l'hôtel du gouverneur
et deux colléges. Elle ne manque ni de casernes, ni d'hôpitaux, ni de prisons ; les campagnes fertiles et savamment cultivées qui l'entourent au loin fournissent en
abondance à ses approvisionnements ; ses manufactures
produisent tout ce qui peut être nécessaire à l'industrie,
aux arts, au commerce, à la navigation et même aux
fantaisies du luxe : les bazars regorgent des mille objets
utiles, riches, charmants et coûteux, qu'invente l'Europe;
enfin cinq journeaux, quotidiens ou hebdomadaires, pa-
raissent à Sidney sous ces titres divers: *Gazette du Gouvernement*, *Gazette de Sydney*, le *Hérald*, le *Moniteur*
et l'*Australien*. En 1833, les docteurs Ralp Mansfield et
Job Blossk y ont fondé un recueil consacré à la littérature
et aux sciences, sans compter les brochures d'intérêt
local, les livres d'économie politique, les romans et même
les recueils de poésie, qui s'éditent très-fréquemment. Un
théâtre occupe les loisirs du soir; des courses de chc-
vaux se renouvellent souvent. Sydney compte une société
philosophique, une académie d'horticulture, un jardin
botanique, des tavernes aussi célèbres et aussi lucratives
que les plus célèbres et les plus lucratives de Londres.
Que vous dirai-je! Trois diligences partent chaque jour de
Sydney pour Paramatta, la seconde ville de la Nouvelle-
Galles, sans compter un bateau à vapeur, qui fait un ser-

vice régulier entre ces deux cités importantes. D'autres pyroscaphes, naviguant le long des côtes et réunissant la capitale aux établissements de la rivière Hunter, partent de New-Castle, de Port-Stephens et de Port-Macquarie. Enfin, on s'occupe d'établir des chemins à rails dans la construction desquels le bois de fer remplacera le métal dont il porte le nom.

Telle est aujourd'hui la colonie australienne; mais cette prospérité se trouvait bien loin d'être pareille à l'époque où le docteur Lachlan Macquarie fut appelé à la gouverner. Ses prédécesseurs, soit négligence, soit avidité, soit impéritie, avaient réduit la ville naissante à une situation déplorable. Les convicts, sans discipline, jetaient partout le désordre; les magasins et les approvisionnements publics étaient épuisés; les sauvages, enhardis par l'impunité, ravageaient les récoltes et massacraient les colons jusque sous les murs mêmes de Sydney. Sir Lachlan Macquarie ne consentit à prendre la régence de la colonie pénale qu'à la condition de recevoir les doubles pouvoirs civils et militaires de gouverneur du pays et de colonel du 73e de ligne, qui formait la garnison de Sydney.

Dur, résolu, persévérant, lent à prendre une résolution, mais inflexible à la faire exécuter, le docteur Macquarie était une de ces volontés qui vont droit à la fin sans trop tenir compte des moyens et pour lesquels l'intérêt public fait disparaître tous les intérêts privés. Installé dans son nouveau gouvernement au mois de décembre 1805; il publia trois arrêtés, par lesquels il réunissait en lui seul l'autorité éparpillée parmi plusieurs fonctionnaires. Il sévit avec une telle rigueur contre les convicts indisciplinés,

que bientôt ceux-ci, épouvantés par l'exécution à mort
de plusieurs de leurs complices, rentrèrent dans l'ordre
et se soumirent aux règles sévères auxquelles le gouverneur les assujettissait. Les verges et la prison attendaient
tous ceux qui se refusaient au travail. Au contraire, des
concessions de terrains et un affranchissement graduel
récompensaient les convicts qui se faisaient remarquer
par leur bonne conduite et leur intelligence. Quant aux
indigènes, le gouverneur les chassa des environs de Sydney par des chasses fréquentes et terribles contre les
hordes les plus redoutables. Quand il leur eut imprimé
une terreur suffisante, il changea de méthode et leur permit même l'entrée de la ville, pourvu qu'ils consentissent
à couvrir la nudité absolue dans laquelle ils avaient eu
jusque-là l'habitude de se montrer à Sydney. Non content
de ces améliorations, sir Macquarie fit ouvrir des routes,
ordonna des excursions dans les montagnes Bleues, confia le soin de ces expéditions à M. Caley, revenu avec lui
en Australie, et ne négligea rien des moyens qui pouvaient
engager les sauvages à se réunir, à fonder des villages et
à échanger leur mœurs nomades et leurs habitudes féroces
contre un genre de vie plus régulier et plus utile. Pour
arriver à cette dernière amélioration, qui devait assurer
plus que toutes les autres peut-être le repos et la prospérité de la colonie, il comptait beaucoup sur Daniel, qui
l'avait précédé de deux années environ dans la Nouvelle-
Galles, et qui, par son organisation heureuse et l'éducation qu'il avait reçue, pouvait démontrer à ses compatriotes les avantages de la civilisation européenne.

Cependant sir Macquarie n'avait point reçu de nouvelles

du jeune homme depuis le jour où ce dernier avait quitté Sydney pour aller convertir les hordes australiennes aux mœurs européennes et tenter de se fonder un royaume.

Si le docteur, ou plutôt le colonel Macquarie éprouvait de vives inquiétudes sur le sort de Daniel, il y avait à Sydney deux autres personnes qui attendaient avec plus d'anxiété encore le retour de ce jeune homme : miss Sarah et sa sœur Lucy, que leur père avait emmenées avec lui à la Nouvelle-Gallés du Sud, n'étaient occupées que de la seule pensée de Daniel. Chaque jour elles interrogeaient avec anxiété leur père sur la destinée de l'Australien ; mais il n'arrivait aucune nouvelle de lui, et souvent des larmes inondaient les yeux des deux sœurs ; souvent un affreux désespoir déchirait le cœur de Sarah en entendant les tristes conjectures que l'on formait sur le sort probable de cette victime d'une tentative généreuse. L'opinion générale croyait qu'en échange des doctrines sociales qu'il venait prêcher à ses compatriotes, le missionnaire avait reçu la mort.

Vivement contrarié par la perte du jeune sauvage, perte qui décourageait les espérances qu'il avait fondées sur lui pour commencer la civilisation des indigènes d'Australie, le gouverneur n'en continuait pas moins, avec l'esprit de persévérance qui le caractérisait, ses tentatives vers ce but, d'où, selon lui, dépendait surtout l'avenir de la colonie. Aussi, tout en continuant les fortifications de Sydney, en la dotant d'un phare, en la peuplant d'édifices, il ne négligeait pas les moyens qui devaient mettre à exécution à l'égard des sauvages le *compelle intrare* de l'Évangile. Il les poursuivait au fond de leurs retraites les plus sûres ; il

les obligeait à descendre dans la plaine et, bon gré, mal
gré, à essayer de la vie européenne. Dans une de ces mis-
sions à main armée, on s'empara d'une vieille femme,
mère d'un chef; une fièvre violente l'avait empêchée de
fuir avec les siens.

Sir Lachlan Macquarie la fit transporter dans sa propre
maison et voulut qu'on lui donnât les soins les plus grands.
On parvint à faire disparaître les symptômes dangereux
de la maladie qui la dévorait et à l'amener à convalescence. Alors on l'interrogea et on obtint d'elle des détails circonstanciés, non sur Daniel, qui n'appartenait pas
à la horde de cette femme, mais sur un autre jeune chef,
amené en Europe à peu près en même temps que le
fiancé de miss Sarah. Ces détails ne donnaient que trop
de réalité aux conjectures formées sur la destinée du
malheureux Daniel.

« Lorsque Ben-Mi-Long, dit la vieille Ra-Mo-Roo, après
avoir visité l'Europe, revint dans sa tribu, il y produisit d'abord une vive sensation; on ne se lassait pas
d'admirer son costume européen, son uniforme brodé et
son jabot de dentelles: tandis que les curieux l'entouraient, une de ses sœurs, Car-Rang-Ar-Rang, accourut
pour l'embrasser: elle était dans son costume habituel,
c'est-à-dire qu'elle était à demi-nue. Ben-Mi-Long fit à la
jeune fille, sur son inconvenance, un sermon qui excita la
colère des sauvages; sans une paire de pistolets qu'il portait à la ceinture, peut-être eût-il été massacré. Ses armes
lui sauvèrent la vie; mais à quelque temps de là, on s'introduisit furtivement dans sa hutte, on s'empara de ses
armes, et un coup de massue sur la tête débarrassa la

tribu de cet Australien dégénéré ; sans compter qu'il fournit à ses assassins un excellent repas. »

Le gouverneur avait voulu que ses filles elles-mêmes donnassent des soins à la vieille Ra-Mo-Roo ; mais malgré ces soins attentifs, la convalescente ne retrouvait pas l'appétit ; les mets les plus délicats la laissaient indifférente. Un jour miss Lucy, après avoir vainement offert à l'Australienne tout ce qu'elle put imaginer de nature à la tenter, finit par l'engager à chercher elle-même si quelque ragoût de son pays lui plairait.

« Il en est un, répondit la vieille, qui me remettrait en appétit : mais vous ne m'en avez point parlé et je ne sais pas si vous avez l'habitude d'en manger.

— Qu'est-ce donc ? insista miss Lucy.

— Une main de petit enfant. Si je pouvais grignoter une main d'enfant, rôtie avec de la sauce de fourmis pilées, avant deux jours ma guérison serait complète. »

Je vous laisse à penser l'horreur que ces paroles causèrent aux jeunes filles et le dégoût qu'elles éprouvèrent désormais à venir s'asseoir au chevet de l'anthropophage. Elles n'eurent pas, du reste, longtemps à supporter ce dégoût.

Une nuit, Ra-Mo-Roo prit la fuite et alla sans doute se livrer, dans les montagnes, au friand régal qu'elle convoitait.

Peu de temps auparavant, le gouverneur avait ouvert une large route de Sydney à Paramatta. Plusieurs fois les sauvages y commirent des assassinats, et l'on finit par regarder comme dangereux d'entreprendre ce voyage. Sir Macquarie, pour démontrer le peu de réalité de pareilles terreurs, résolut d'emmener ses filles jusqu'à Para-

matta et d'y passer quelques jours avec elles. En cela il
se montrait fidèle à son système habituel de compter pour
rien le péril même des siens, quand il s'agissait de l'intérêt général.

Ce fut avec un sentiment de joie profonde que miss Sarah apprit ce voyage, car il allait lui permettre d'essayer
des recherches actives sur Daniel, dont l'absence n'avait
fait que rendre plus vif et plus tendre le souvenir, dans
le cœur de la romanesque et solitaire jeune fille. Son imagination avait, du reste, le champ libre pour doter son
fiancé des plus brillantes qualités et en faire un héros
épique, puisqu'elle ne l'avait vu que durant trois journées et à travers les préventions d'un premier amour.

Le lendemain de leur arrivée à Paramatta, sir Macquarie revint près de sa fille le front soucieux et le mécconten-
tement dans tous les traits.

« Ce misérable Daniel ! qui l'aurait cru ! » s'écria-t-il
enfin.

— Daniel ! Vous avez reçu des nouvelles de Daniel !
demanda Sarah éperdue.

— Et d'étranges nouvelles ! reprit le gouverneur.

— Mon Dieu, soyez béni pour avoir épargné ses jours !
continua la jeune enthousiaste. Merci ! puisqu'il vit encore !

— Oui ! et il se sert de cette vie d'une manière honorable, et qui vraiment mérite la joie que vous montrez. Le
traître tourne contre ses bienfaiteurs les bienfaits qu'il en
a reçus ! Il s'est mis à la tête de deux hordes d'Australiens ; il leur a organisé une sorte de discipline, et c'est
lui qui jette partout la désolation et la terreur dans le pays !

— Ce qu'il fait est d'un digne cœur : il défend sa patrie contre ceux qui l'oppriment ! » pensa Sarah. Mais un regard de sa sœur Lucy réprima sur les lèvres de la jeune miss ces paroles imprudentes prêtes à éclater.

« Il ne tardera point, continua le gouverneur, il ne tardera point à subir le juste châtiment de sa trahison. Mes dispositions sont prises ; il sera bien habile s'il ne tombe pas dans le piége que je lui ai préparé ! Demain, la potence fera justice des meurtres qu'il a commis ; cela donnera un salutaire exemple à ceux qui tenteraient de l'imiter. Demain il ne sera plus à craindre ! »

Ces paroles tombèrent fatalement sur le cœur de Sarah.

« Je le sauverai ! dit-elle ; je le sauverai, dussé-je périr moi-même ! Ma vie pour la sienne ! et je bénirai mon sort. Lucy, il faut que je sache quel est le piége que l'on tend à mon noble Daniel ! Il faut qu'il en soit prévenu cette nuit même.

— Oh ! ne parle pas ainsi, tu me glaces d'effroi ! Ma sœur, renonce à ces dangereux projets.

— Que tu aies peur, toi, je le comprends : tu n'aimes pas ! Mais moi, moi, si j'hésitais un seul moment, je serais indigne du héros que j'aime. Regarde, Lucy ; je n'ai ni pâleur au visage ni tremblement dans les mains ! c'est que je veux le sauver, vois-tu ! »

Elle parlait encore quand sir Caley entra.

« Eh bien, dit-elle avec un sang-froid apparent, mon vieil ami, il se prépare pour demain une expédition.

— Oui, répondit le naturaliste, et quoique Daniel, ou plutôt Go-Roo-Bor-Roo-Boo-Lo, comme il s'appelle maintenant, n'ait que trop mérité le sort qui l'attend, je ne

puis m'empêcher de m'en affliger, moi qui l'ai si longtemps regardé comme un ami et, pour ainsi dire, comme
un fils.

— Il peut échapper au péril qui le menace.

— Impossible. Deux cents soldats, arrivés en secret et
sous des déguisements, gardent l'entrée des montagnes
Bleues. Daniel descendra avec les siens pour piller un
convoi que l'on fait passer exprès sur la route. Il sera
inévitablement massacré ou fait prisonnier.

Miss Sarah, sans paraître prêter une attention sérieuse
à ces paroles, prit sa guitare et se mit à chanter. Vers la
nuit, elle se coucha, comme d'habitude, près de sa sœur,
dans leur lit commun, et dormit ou feignit de dormir jusqu'au moment où il n'y eut personne d'éveillé au logis.
Alors elle se leva, se vêtit précipitamment, embrassa sa
sœur sans la troubler dans son sommeil, ouvrit une petite porte dont elle avait dérobé la clef à son père et
gagna les montagnes Bleues.

Une nuit profondément noire protégea d'abord la jeune
fille : elle marcha hardiment vers un bois épais qui enton-
rait le pied des montagnes. Mais quand un mille et demi
l'eut séparée de Paramatta, qui commençait à cette époque
à devenir déjà une ville de quelque importance, le vent
commença à souffler avec violence, déchira les nuages qui
couvraient la lune et fit tomber sur miss Sarah une clarté
vive et presque égale au jour. Elle s'arrêta quelques
instants, et, le cœur plein d'effroi, elle eut besoin de prier
pour retrouver le courage d'aller plus loin ; car l'horreur
des lieux sauvages qui l'entouraient et les périls dont elle
était menacée lui apparaissaient maintenant dans toute

leur réalité. Là, un serpent noir, à la morsure mortelle, roulé sur lui-même et la tête haute, attachait sur elle ses regards sinistres ! Plus loin, un de ces torrents dangereux qu'improvisent les orages soudains, si fréquents dans l'Océanie, lui barrait le passage, et il lui fallut faire un long détour pour trouver un endroit guéable.

Sur ces entrefaites, la lune se cacha de nouveau dans les nuages ; la nuit redevint plus épaisse que jamais, et Sarah, épuisée de fatigue, égarée, incertaine du point vers lequel elle devait diriger ses pas, s'arrêta et se prit à pleurer avec amertume. Tout à coup, une lumière vive et rougeâtre apparut au loin. Cette vue ranima toute son énergie. Sans tenir compte ni des précipices qui pouvaient l'engloutir ni des animaux venimeux dont la morsure la menaçait, elle courut jusqu'à ce que les vêtements en lambeaux, le visage ensanglanté par les épines qui la frappaient, et les cheveux en désordre, elle fût arrivée près de la lumière. Alors elle s'arrêta, car le plus hideux spectacle s'offrit à ses regards. Trente ou quarante sauvages, dans un état complet de nudité, entouraient un petit monticule formé par un nid de fourmis et l'entouraient d'un cercle de bûches enflammées. A chaque instant ils rétrécissaient le cercle, tandis que le chef frappait à coups de sagaie sur l'amas de terre. Puis ensuite ils s'assirent tous et attendirent.

Bientôt l'enveloppe du monticule se crevassa et laissa voir, sous son écorce qui tombait en poussière, une masse noire formée par les fourmis étouffées. Aussitôt chacun s'élança sur cet affreux mets et le dévora gloutonnement.

Jugez de ce qu'éprouva Sarah !... Parmi les plus affamés elle avait reconnu Daniel...Oh !!oui, elle ne pouvait le méconnaître. C'était bien, lui, malgré ses cheveux en désordre, malgré son regard farouche, malgré l'huile immonde. qui couvrait son corps et y tenait fixée une couche de poussière!. La pauvre enfant tomba sans connaissance.

Quand elle revint à elle, on l'avait dépouillée de ses vêtements, et des feuilles de phormium tenax l'attachaient au tronc d'un eucalyptus. Les sauvages, accroupis en rond autour d'elle, tenaient fixés sur la prisonnière, dans une immobilité farouche, leurs yeux stupidement féroces.

Lorsqu'ils virent que la prisonnière avait repris connaissance, un d'eux se leva : c'était Daniel ou plutôt Go-Roo-Bor-Róo-Boo-Lo. Il adressa à ses compagnons quelques paroles en langue australienne, et ces paroles étaient accompagnées des muets éclats de rire particuliers aux sauvages. Après cela, il se plaça droit devant Sarah et lui dit quelques mots. Mais à peine se rappelait-il assez d'anglais pour se faire comprendre.

« La blanche Anglaise arrive à propos pour le festin de mes noces, » ricana-t-il.

Et il alla chercher parmi les sauvages une jeune fille qu'il plaça debout contre l'eucalyptus, à côté de Sarah, qui se croyait le jouet d'un horrible cauchemar. Elle ne pouvait croire à une si complète dégradation de Daniel ! Le stupide abrutissement dans lequel l'avait replongé la vie sauvage paraissait trop abject pour être la réalité. Le misérable prit de la poudre rouge dans une petite vessie, puis, avec le pouce et le premier doigt, il en barbouilla la laide créature sa fiancée de longues lignes tracées depuis le front

jusqu'au ventre. Quand il eut fini, il recommença avec
une sorte de glaise blanche. Ces préliminaires terminés,
il prit par la main celle qu'il venait de parer d'une si
étrange façon, la promena au milieu des sauvages et se mit
à sauter lentement, tantôt sur un pied, tantôt sur l'autre.
Après quoi il ramena la femme contre l'eucalyptus, tira
du sac où il avait puisé la couleur rouge un petit morceau
de bois de fer, le plaça dans la bouche de l'Australienne
et frappa dessus avec une pierre. Bientôt, il montra à la
foule deux dents qu'il avait abattues ; puis une ronde dia-
bolique, un véritable sabbat se mit à tournoyer autour de
l'arbre, tandis que la fille sauvage trépignait des pieds et,
de ses lèvres sanglantes, murmurait des mots barbares.

Ils s'arrêtèrent enfin.

« Repas de noce ! Bon repas de noce ! » hurla Daniel,
en promenant ses mains armées de sorte de griffes sur
l'épaule de Sarah défaillante.

Puis il s'approcha de ceux qui allumaient le feu et les
aida à le souffler. Quand la flamme brilla claire et vive,
il prit une massue et s'avança, en la brandissant, pour
frapper la jeune Anglaise.

Une explosion d'arme à feu partit comme un coup de
tonnerre ; le sauvage tomba blessé à la poitrine, et tous
ses compagnons prirent la fuite ; car sir Caley, accompagné de sept à huit soldats, s'était mis à la recherche de
miss Sarah dès que le naturaliste avait appris la fuite de
la jeune fille. Guidé par la flamme qu'avaient allumée
les Australiens, il était arrivé assez à temps pour sauver
la fille du gouverneur.

Go-Roo-Bor-Roo-Boo-Lo, dont la blessure n'était pas

mortelle, fut fait prisonnier et ramené à Sydney. Il ne restait plus rien en lui de l'homme civilisé ; la nature sauvage avait repris tout à fait le dessus et étouffé l'éducation européenne sans presque en laisser de traces. Tout ce qu'on put en tirer fut que la nudité, la chasse au kanguroo, les fourmis brûlées et la chair humaine des prisonniers lui avaient paru préférables aux entraves des habits, au grimoire des livres et aux mets insipides des Anglais. Convaincu de tentative d'assassinat, le grand prévost de Sydney le condamna à être pendu, et il subit sa peine avec sa brutalité ordinaire, sans vouloir écouter les exhortations du ministre, qui cherchait à ramener dans le cœur du patient les germes du catholicisme qu'y avait semés autrefois le naturaliste Caley. Ce dernier, de son côté, tenta d'user de son ancienne influence sur celui dont il avait été le bienfaiteur, et ne put rien obtenir, pas même un regard, de cet être abruti.

A ceux-là qui voudraient révoquer en doute l'exactitude et la vérité de cette histoire, l'auteur répondra que, pour être invraisemblable, elle n'est pas moins vraie dans tous ses détails. Non-seulement les faits qu'il a racontés sont attestés par Cunnyngham et Caley, mais encore ils se trouvent confirmés par plusieurs exemples analogues que rapportent, dans leurs ouvrages sur l'Australie, MM. Rienzi et Jules de la Pilorgerie.

Sir Lachlan Marequarie continua, pendant onze années, à régénérer la colonie anglaise, et il y parvint de manière à lui donner une prospérité durable. Il fit de Paramatta une ville aussi importante que Sydney et ajouta aux améliorations et aux travaux dont on a déjà entretenu le lecteur la conquête et la culture d'une grande partie des montagnes Bleues. Convaincu de l'impossibilité de civiliser les indigènes, il ne s'occupa plus que de les décimer et de les détruire par une guerre à mort.

Miss Sarah et sa sœur miss Lucy revinrent en Angleterre après un séjour de six années à la Nouvelle-Galles du Sud.

Miss Sarah, désabusée de ses illusions romanesques, est aujourd'hui une des femmes les plus spirituelles de Londres et fait justement l'orgueil de lord B...., son mari.

FIN DU TROISIÈME VOLUME

TABLE

ETHNOLOGIE

FIN DE LA TABLE.

PARIS. — IMP. SIMON RAÇON ET COMP., RUE D'ERFURTH, 1.